Der Teichbau

Anleitung zur Anlage und zum Bau von Teichen für Kulturingenieure, Studierende und praktische Teichwirte

von

F. A. Zink
Oberingenieur des Fürsten Schwarzenberg, Zitolib

Mit 133 Textfiguren und 3 Tafeln

Springer-Verlag Berlin Heidelberg GmbH

1914

Additional material to this book can be downloaded from http://extras.springer.com.

ISBN 978-3-662-24292-6 ISBN 978-3-662-26406-5 (eBook)
DOI 10.1007/978-3-662-26406-5

Softcover reprint of the hardcover 1st edition 1914

Vorwort.

Es besteht gewiß kein Mangel an Büchern, welche sich mit der Fischzucht und Teichwirtschaft in der eingehendsten Weise befassen; eine fühlbare Lücke bleibt in der Literatur nur hinsichtlich der Anleitung zur Herstellung von Teichen, der Grundablässe und Hochwasserüberfälle in technischer Beziehung.

Die meisten der bestehenden Teiche sind auf empirischem Wege, ohne jedwede Anwendung der technischen Errungenschaften, der Statik, der Hydromechanik u. a. m. hergestellt worden, so daß füglich der Vorwurf gemacht werden könnte, wozu es nötig wäre, beim Bau neuer Teiche technische Berechnungen in Anwendung zu bringen, wenn die seit Jahrhunderten stehenden Teiche bis heute bestehen und wiederholt verschiedenen Hochwassergefahren Widerstand geleistet haben.

Hierzu wird die Bemerkung angeknüpft, daß nicht immer alle Teiche bei ihrer Anlage der dynamischen Wirkung des Wassers Trotz geboten haben, sondern es sind viele Dämme durch Hochwässer zerstört worden. Bei Wiederherstellung der Teiche und ganzer Anlagen machte man sich die Erfahrungen zu eigen und besserte die gemachten Fehler oft mit sehr bedeutenden Kosten aus.

Dieses Buch wurde unter Anlehnung an die zahlreiche, im Anhange angeführte Literatur zusammengestellt und durch die zahlreichen in der praktischen Ausübung gewonnenen Erfahrungen ergänzt. Und wird nunmehr die Anleitung zum Teichbau der öffentlichen Benutzung übergeben, so soll mit dem nicht gesagt werden, daß hierdurch der ganze Stoff vollständig erschöpft worden wäre, ohne daß Ergänzungen oder Verbesserungen sich nicht notwendig erweisen würden.

Der Bau von neuen Teichen in Österreich ist durch die geltenden gesetzlichen Maßregeln und Verordnungen geregelt; alle in dem Werke enthaltenen Berechnungen fußen auf den im Anhange abgedruckten Verordnungen, welche bei Verfassung von neuen Projekten im vollsten Maße Berücksichtigung finden müssen.

Bezüglich der Königreiche Bayern, Preußen und Sachsen sind die auf die Teiche Bezug habenden gesetzlichen Bestimmungen auszugsweise abgedruckt. Während des Erscheinens des Buches sind die einschlägigen Durchführungsvorschriften noch nicht zur Veröffentlichung gekommen und werden daher erst bei allenfälliger Neuauflage nachgetragen.

Von einer Wiedergabe der Ableitungen bereits bestehender und bekannter Gleichungen und Formeln wurde abgesehen.

Seiner Durchlaucht, dem Fürsten Johann Adolf zu Schwarzenberg, Herzog zu Krummau, wird für die zuteil gewordene Unterstützung und Förderung an dem Zustandekommen des vorliegenden Buches der ergebene Dank abgestattet.

Dank schulde ich dem Fischereikonsulenten im Ackerbauministerium, Herrn Ritter von Gerl, dem o. ö. Professor an der Technischen Hochschule in Brünn, Herrn P. Kresnik, Herrn Zentraldirektor Jaroschka-Frauenberg, Herrn Herrschaftsdirektor Kottas-Wittingau für die mir erteilten wertvollen Ratschläge und Anweisungen.

Dem Herrn Verleger danke ich für sein bereitwilliges Eingehen auf meine Wünsche und die gediegene Ausstattung des Buches.

Indem das vorliegende Werk als ein Beitrag zur Hebung der Fischzucht der wohlwollenden Beurteilung der Fachgenossen und Fischzüchter überwiesen wird, rufe ich allen Interessenten ein kräftiges

„Petri Heil"

zu.

Zitolib, im März 1914. F. A. Zink.

Inhaltsverzeichnis.

Einleitung.

> **Viele wichtige Fragen, über welche weder die Fischer noch die Gelehrten im klaren sind, und deren Entscheidung von der größten Wichtigkeit für die Hebung der Fischerei ist, harren der Lösung.**
> **Benecke.**

Die wahre Heimat der Fische ist wohl das Meer, doch entbehren auch die süßen Gewässer der Fische nicht. Die Kunst, Fische zu züchten, sie zu warten und zu pflegen, finden wir bereits bei den Juden vor, denn die Bibel berichtet von Teichen bei Hesbon, welche mit „den Augen der Braut Christi" verglichen werden (Hohelied VII 4), ferner von dem bei Jerusalem durch König Salomon errichteten sog. „oberen Fisch- oder Königsteiche", welcher für den Gebrauch des königlichen Hauses verwaltet wurde, dann von dem später erbauten „unteren Teiche", dessen sich die Bewohner Jerusalems bedienten.

Die Anfänge der Kulturgeschichte des Karpfens beschreibt Dr. Ludwig Reinhardt in seiner außerordentlich gehaltreichen „Kulturgeschichte der Nutztiere" etwa folgendermaßen: Kossiodor, Geheimschreiber des großen Ostgotenkönigs Theoderich (475—526) teilt mit, daß in einem scharfen Rundschreiben den verschiedenen Provinzstatthaltern vorgeworfen wird, daß sie nicht dafür sorgen, daß des Königs Tisch auch königlich beschickt werde. Die Stelle lautet wörtlich: „Der Privatmann mag essen, was ihm die Gelegenheit biete; auf fürstliche Tafeln aber gehören seltene Delikatessen, wie z. B. der in der Donau lebende Fisch ‚carpa'." Vermutlich wird dieser Fisch auch in den im mittelalterlichen Latein vivaria genannten Süßwasserteichen mit Fischen der Landgüter Karls des Großen in erster Linie gehalten worden sein. Jedenfalls ist in einem Glossar des 10. Jahrhunderts mehrfach von ihm als Karpho die Rede.

Auch bei den Römern finden wir bereits die Kenntnisse der Teichwirtschaft; sie haben in großen teichähnlichen Behältern verschiedene Arten von Fischen gezüchtet, gemästet und bei Gelagen verzehrt.

Einen nennenswerten Erfolg der geregelten Fischzucht finden wir im Mittelalter bei der christlichen Bevölkerung, nachdem die Fische als „Fastenspeise" anerkannt worden sind. So finden wir in der Nähe von Klöstern und Bischofsitzen eine große Anzahl von Teichen angelegt, in denen hauptsächlich der Karpfen gezüchtet worden ist. Im 13. Jahrhundert spricht der Geistliche Vicentius von Beauvai im Speculum naturale vom Fisch **corpera**, womit nur der Karpfen gemeint sein kann, und der Mönch Cäsarius von Histerbach sagt in seinem Dialogi miraculorum, Bruder Simon habe den Teufel gesehen, und dieser habe Helm und Panzer getragen, beide mit Schuppen wie die des Fisches carpo. Aus dieser Zeit stammt auch das Sprichwort:

„Schäfereien, Bräuhäuser und Teich
Machen die böhmischen Herren reich."

Dasselbe erscheint dadurch gerechtfertigt, daß die Großgrundbesitzer in Böhmen die Schafzucht, die Biererzeugung und die Fischzucht mit großem Erfolge und Nutzen betrieben haben, deren Erträgnisse sodann den Grundstock ihres Vermögens bildeten.

Mit der Zeit verfiel jedoch die Fischzucht wieder; viele Teiche sind als solche aufgelassen, und die sonst vom Wasser bedeckten Flächen, einstens von Fischen und Wasservögeln belebt, sind der landwirtschaftlichen Benutzung überwiesen worden.

Nach der vom Kaiser Josef eingeleiteten Vermessung steuerbaren Grundes Böhmens bestanden im Jahre 1793 76 358 ha Teiche, im Jahre 1885 wurde bereits bloß die Hälfte, nämlich 38 598 ha Fläche — als Teiche — unter Wasser gehalten.

Erst die letzten 3 Dezennien umfassen eine Wandlung zum Besseren. Hervorragende Fischzüchter haben in richtiger Erkenntnis der Lebensweise der verschiedenen Fischgattungen deren Lebensbedürfnisse erforscht, gestützt auf wissenschaftliche Fortschritte, und auf Grund exakter Forschungen die Mittel und Wege angegeben, in welcher Weise die Fischzucht zu dem einträglichsten Betriebe der Landwirtschaft ausgebildet werden kann.

Die Aufgabe der Fischzucht und Teichwirtschaft ist eine mehrseitige und besteht:

a) In der Zucht verschiedener Fischarten.
b) In dem Ansammeln von Niederschlägen, der Quell- und Hochwässer, wodurch die Gelegenheit zu
c) einer Verminderung der Hochwassergefahr einerseits, andererseits aber auch
d) zu einer Vermehrung der Gelegenheit, das Betriebswasser für verschiedene Wasserwerke zu beschaffen, sowie
e) das zu Wiesenbewässerungen erforderliche Wasser aufzuspeichern, gegeben ist.

Aus dieser Zusammenstellung ersieht man, welche mannigfache Aufgaben den Teichen im allgemeinen zufallen; daraus kann man auch entnehmen, wie die Teiche gebaut werden müssen, um all diesen Zwecken entsprechen zu können. Darin liegt der Zweck des Buches:

den **Leser mit allen zum Baue von Teichen nötigen Erfahrungen und Errungenschaften aus Theorie und Praxis vertraut zu machen.**

In Böhmen sind in den letzten Jahren viele neue Teiche gebaut und viele wiederbespannt worden, nachdem die Erträgnisse der Fischzucht einen bedeutenden Aufschwung erreicht haben. Einige Teiche wurden zum Zurückhalten der Hochwässer umgebaut und mit den entsprechenden Ablaßvorrichtungen versehen. Daß in derartig ausgestalteten Teichen an eine rentable Fischzucht nicht zu denken sein wird, ist leicht erklärlich. Mit Ausnahme gewisser Raubfischarten lieben die Friedfische ein ruhiges Wasser, welches wohl öfters erneuert werden soll, den Teich jedoch nicht durchströmen darf. Nach jedem Hochwasser steigt das Wasser in einem solchen Teiche bis zur höchsten Bespannung, sinkt nach und nach wieder in dem Maße, als die Abflußvorrichtungen profiliert sind. Derartige Teiche müssen, wenn sie genügend aufnahmefähig sei sollen, mehrere Meter tief sein und können über den Winter nicht leer stehen, damit der Boden melioriert werden kann, wodurch die Fischzucht ungemein leidet.

Kann die Bespannung des Teiches nicht nach Bedarf geregelt werden, so kann auch zur Zeit der höchsten Fischnahrungsproduktion, in den Monaten Juli und August, der Teich nicht so hoch gespannt werden, damit die Fische zu den seichten Stellen gelangen und dort ihre Nahrung finden können.

Da es sich bei derartigen Stauanlagen ausschließlich um die Retention der Hochwässer handelt, so dürfen auch keine Abweisgräben angelegt werden, sondern die Hochwässer müssen unmittelbar in den Teich einmünden.

Die Erfahrung lehrt jedoch, daß zur Aufzucht und zum Zwecke des Abwachsens (Mastung) namentlich karpfenartiger Fische ziemlich seichte Teiche die besten sind, und bloß zur Überwinterung von Fischen wählt man mehrere Meter tiefe Teiche.

Böhmen besitzt eine ausgedehnte Fischzucht, welche sich zumeist in den Händen der Großgrundbesitzer oder einiger Städte befindet. Die kleinen Teichwirte haben jedoch noch viel versäumt, denn sehr viele Teiche geringen Umfanges werden entweder schlecht oder gar nicht bewirtschaftet. Gerade die kleinen Teiche aber gehören zu den wertvollen Liegenschaften, weil sie verhältnismäßig viel mehr fruchtbringende Anschwemmungen und Zuflüsse erhalten als die größeren Gewässer. Legen wir den sehr leicht erreichbaren Durchschnittswert des Zuwachses von 150 kg für das Jahr und Hektar zugrunde, halten wir uns ferner an den sehr gering veranschlagten Preis von K 1,25 für 1 kg Fischfleisch, so würde die jährliche Ertragsfähigkeit einen Nutzen von K 187,50 für ein Hektar ergeben.

Bei Anwendung der Sustaschen und Burdaschen Lehren wird die Fischzucht wieder an Boden und Erfolg gewinnen. Man gelangt nunmehr zu der Überzeugung, daß die Fischzucht der rentabelste Zweig der Landwirtschaft sei. Daß man sich dieser Überzeugung nicht mehr verschließt, beweist der Umstand, daß die alten Teiche, welche in Wiesen umgewandelt worden sind, neuerlich unter Wasser gesetzt werden.

Zur Hebung der Teichwirtschaft gehört auch die systematische Erforschung der fließenden Wässer, um zu ermitteln, wo die natürlichen Lebensbedingungen der Fische und Krebse vorhanden oder herzustellen und zu erhalten sind; an welchen Orten und an welchen Fluß- oder Bachstrecken mit der Hebung der Fischerei einzusetzen sei, welche Fischgattungen hierbei in Betracht kommen, und wie und welche Mittel von Fall zu Fall zweckmäßige Verwendung finden können.

Wir stehen, wie bemerkt, vor einer erfreulichen Wendung. Das Interesse für die Teichwirtschaft ist allseitig im Zunehmen begriffen. Die Gründe dafür liegen einmal in dem Niedergange der Flußfischerei und weiter, wie bereits erwähnt, in dem neuerlichen Aufschwung der teichwirtschaftlichen Methoden und Erträge, welche die Teichwirtschaft unter den heutigen landwirtschaftlichen Verhältnissen in das hellste Licht stellen.

Zweckmäßige Teichwirtschaft hat auch die Aufgabe die natürliche Fischnahrung im Teiche so weit als möglich zu vermehren.

Die Fischzucht in richtig angelegten Teichen, nämlich in solchen Anlagen, welche nach jeder Richtung den Errungenschaften der Praxis entsprechend und sachgemäß hergestellt worden sind, welche dem Zwecke, weshalb sie angelegt wurden, vollkommen dienen und überdies richtig betrieben werden, ist fast ausnahmslos gewinnbringend. Gut angelegte und richtig bewirtschaftete Teichanlagen werfen unter Umständen einen größeren Ertrag ab als gleich große Flächen Ackerlandes. Man darf natürlich die Anlagekosten nicht zu hoch werden lassen, und muß es dann verstehen, den Betrieb ohne unnütze Ausgaben zu führen. So haben viele unfruchtbare Täler und natürliche Bodensenkungen öde Flächen in verschiedenen Lagen durch Ausgestaltung zu Fischteichen Anlaß zu ergiebigen Einnahmen gegeben.

Die Teichwirtschaft hat gegenüber der Fischerei in anderen Gewässern viele Vorzüge: Die Abfischung ist bequemer; die Raubfische werden leichter und zuverlässiger beseitigt; die kleinen Fischfeinde, Wasserkäfer und dgl., welche dem Laich nachstellen, werden durch die Überwinterung der Teiche mühelos beseitigt. Die Fischnahrung wird durch die Auswinterung und Sämerung vermehrt; endlich kann die Besatzung solcher Gewässer im richtigen Verhältnis zur Fischnahrung gehalten werden.

Das vorliegende Werk soll die Kenntnis von der Anlage und den Erfordernissen der Fischteiche in dem Maße verbreiten, wie sie ihrer Wichtigkeit nach verdient. Mit dem Werke wollte man einen Leitfaden schaffen, damit der Projektant an dessen Hand, vor Anlage eines Teiches oder einer ganzen Teichgruppe, alles hierzu Notwendige richtig erwägt, welches für die Fischzucht maßgebend ist, und jene Art von Teichen (Brut-, Streck-, Winterteich) dorthin verlegt, wo die Bedingungen zur richtigen Fischaufzucht bzw. Fischzucht gegeben sind. Nur nach reiflicher Erwägung sämtlicher in dieser Richtung maßgebenden Faktoren, unter Ausnützung der wissenschaftlichen und praktischen Errungenschaften, kann eine rentable Teichanlage geschaffen werden.

I. Einteilung der Teiche.

Unter Teichen versteht man im Gegensatz zu Seen solche geschlossene Gewässer beliebiger Größe, die willkürlich trockengelegt werden können. Im § 4 des Entwurfes für das neue Wasserrechtsgesetz für Böhmen ist auch eine Definition der Teiche enthalten, welche lautet: „Unter Teichen sind auf Privatgründen künstlich hergestellte obertägige Wasseransammlungen zu verstehen.“ Seen sind hingegen geschlossene Gewässer, bei denen ein Ablassen und Trockenlegen ausgeschlossen erscheint. Manche Fischzüchter unterscheiden auch „ablaßbare“ und „nicht ablaßbare“ Teiche; die letzteren sind die Seen. Das Entleeren eines Teiches pflegt man Abziehen, Ablassen, Abschlagen, das Füllen mit Wasser Anspannen oder Spannen zu nennen. Ein Fischteich erfüllt seinen Zweck nur dann vollkommen, wenn das Ablassen und Anspannen mit Sicherheit und nach Erfordernis erfolgen kann.

Nach der Art des Speisewassers unterscheidet man die Teiche als: Himmelteiche, Quellteiche und Flußteiche.

1. Himmelteiche.

Unter Himmelteichen verstehen wir diejenigen, welche ohne ständigen und dauernden Zufluß von Bächen oder Quellen, ausschließlich von atmosphärischen Niederschlägen (Regen und Schnee) gespeist werden. Sie haben den Vorteil, daß sie vollständig abgeschlossen von anderen Gewässern sind, und daß sich daher weit weniger leicht schädliche Tiere, Raubfische und dgl. einfinden können, obwohl es nicht ausgeschlossen ist, daß gelegentlich durch Wasservögel Laich von Hechten und anderen Fischen ihnen zugetragen wird.

Die Himmelteiche haben jedoch den großen Nachteil, daß ihre Speisung sehr langsam und unregelmäßig erfolgt, und nicht zu jener Zeit vor sich gehen kann, wenn es das Interesse des Fischzüchters erheischt. In heißen Sommern erwärmt sich das Wasser in den Himmelteichen, namentlich bei geringer Tiefe, sehr stark zum Nachteile der Fischzucht. Bei starker Verdunstung und in Ermangelung von ergiebigen Niederschlägen kann der Wasserstand leicht zu tief sinken, der Teich kann ganz austrocknen. Bei starken Frösten besteht die Gefahr, daß Teiche, insbesonders wenn sich die Eisdecke bei niedrigerem Wasserstande gebildet hatte, bis auf den Grund frieren und die im Teiche befindlichen Fische umstehen.

Die Himmelteiche müssen, so lange sie besetzt sind, immer genügenden Wasservorrat haben. Da nun aber der Zulauf bei Himmelteichen sehr unregelmäßig ist und vom Zufall, von den mehr oder weniger reichlichen Niederschlägen abhängt, so ist zu empfehlen, den erforderlichen Wasservorrat in geeigneter Weise sicherzustellen. Dies geschieht dadurch, daß man die Himmelteiche so anlegt, daß sie eine größere Spannung ertragen können, als im allgemeinen nötig ist. Indem man den Teich bei reichlicherem Wasservorrat in dieser Höhe spannt, kann man die Verluste während der Trockenzeit besser ertragen. — Man baut aus diesem Grunde die Himmelteiche mit einer größeren Wassertiefe, von mindestens 1 m.

Durch reiche, wertvolle Zuschwemmungen sind die Himmelteiche in gewitterreichen Jahren sehr fruchtbar und zur Karpfenzucht geeignet, besonders dann, wenn sich im Einzugsgebiete der Teiche Äcker befinden. Weniger fruchtbar sind die Teiche inmitten des Waldes.

Bei den Himmelteichen müssen die Notauslässe und Überfluter reichlich bemessen sein, damit die Teiche eine plötzliche Steigerung über den Hochwasserstand vertragen können.

2. Quellteiche.

Quellteiche nennt man solche Teiche, die durch Quellen, also durch unterirdische Zuflüsse, gespeist werden. Solche Teiche haben den Vorzug eines beständigen Zuflusses frischen Wassers, wodurch eine nachteilige Erwärmung desselben im Sommer und ein Ersticken der Fische im Winter, unter starkem Eise, vermieden wird. Auch ist Sicherheit gegen fremde Eindringlinge, wie bei den Himmelteichen, gegeben.

Ein Nachteil der Quellteiche ist der, daß das Wasser mit der Temperatur derjenigen Erdschichten eindringt, welches es durchströmt hat, und daher gewöhnlich zu kalt ist, auch zu arm an Nahrungsstoffen und an Sauerstoff. Der Sauerstoff ist aber für das Leben der Fische nötig; deshalb macht die Kälte des Wassers Quellteiche in der Regel für Friedfische ungeeignet, weniger hingegen für manche Raubfische und besonders Forellen. Immerhin muß auch bei diesen Teichen dafür Sorge getragen werden, daß durch geeignete Vorkehrungen das Nachdringen von Raub- und Nebenfischen, welche dem Karpfen die vorhandene natürliche Nahrung beeinträchtigen, verhindert wird.

Wenn Karpfenteiche mit Quellwasser gespeist werden sollen, so muß das Wasser vorerst in flache Lagen gebracht werden, um sich zu erwärmen, sodann über Kaskaden geführt werden, um durch innige Berührung mit der Luft Sauerstoff aufzunehmen.

Ganz ungeeignet zur Fischzucht ist jenes Quellwasser, welches viel freie Kohlensäure (mehr als etwa 50 mg in 1 l Wasser) enthält.

3. Bach- und Flußteiche.

Die Bach- und Flußteiche werden durch regelmäßig laufende Zuflüsse aus Bächen, Flüssen oder Kanälen gespeist. Das Spannen (Anfüllen) des Teiches sowie das Ablassen desselben ist gesichert und kann nach Belieben erfolgen. Das Wasser besitzt eine gleichmäßige Wärme, ist sauerstoff- und auch nahrungsreich, daher der Fischzucht zuträglich.

Auch bei diesen Teichen besteht die Gefahr des Eindringens fremder Fische und anderer der Fischzucht schädlicher Tiere.

Immerhin ist es aber vor Verfassung des Projektes zur Erbauung eines neuen Teiches nötig, Untersuchungen über die verfügbare Wassermenge und die Zeit, wann diese vorhanden ist, anzustellen. Wasser aus Wäldern ist nicht zu hoch zu schätzen, denn solches Wasser ist kalt und führt wenig Nährstoffe mit sich. Ebenso wenig eignet sich das Wasser aus torfigen oder moorigen Gegenden zur Fischzucht. Auch eisenschüssiges Wasser ist schlecht und den Fischen gefährlich. Trübes Wasser, hervorgerufen durch die Abschwemmungen von den Äckern, ist jedoch zu schätzen. Es ist von großem Nutzen, wenn das Wasser vor dem Eintritt in den Teich eine längere Strecke bebauten Landes durchflossen hat; weil es sich erwärmt und mit düngenden Bestandteilen sättigt.

Ist der Boden in höherem Maße kalkhaltig, so leidet darunter die Schmackhaftigkeit der Fische, auch werden deren Schleimhäute hart. Ist der Boden jedoch kalkarm, so werden Schuppen und Haut leicht abgestreift. Ist der Untergrund eisenhaltig, so lockert sich die Haut der Fische, viele gehen zugrunde, nur Karauschen und Goldfische sind hiefür weniger empfindlich. Wenn Moor den Teichgrund bildet und im Moore sich Vivianit und phosphorsaures Eisen vorfindet, so sind nur die Karauschen widerstandsfähig, andere Fische kränkeln, leiden unter Schimmelpilzen und sterben. Lehmiger Untergrund ist für Karpfenteiche von großer Bedeutung, er steigert deren Erträge, weshalb der Teichschlamm von Lehm vorteilhaft ist. Die an den Teichrändern wachsenden Pflanzen lassen einen untrüglichen Schluß rücksichtlich der Eigenart des Wassers, mit welchem der Teich angelassen wurde, zu. Finden sich Süßwasserpflanzen, so kann das Wasser als der Fischzucht sehr zuträglich angesehen werden; das Gegenteil ist der Fall, wenn an den Teichrändern sauere Gräser vorgefunden werden.

II. Die Benutzung der Teiche.

In den Seen, Flüssen und Bächen sind die Fische der Natur und dem Zufalle überlassen, in Teichen aber werden sie nach erprobten rationellen Grundsätzen gehalten und bilden den Gegenstand der Fürsorge des Züchters.

In jedem geregelten Fischereibetriebe muß eine größere Anzahl von Teichen verschiedener Bauart und Größe vorhanden sein. Wichtig ist die Einteilung und Wahl der Teiche. Die hier zu beachtenden Umstände sind im ganzen so mannigfaltig und von örtlichen Verhältnissen bedingt, daß der Teichwirt dabei fast nur zu Erfahrungen seine Zuflucht nehmen muß.

Hinsichtlich der Benutzung der Teiche und deren Besetzung mit Fischen verschiedenen Alters werden bei Teichen folgende Unterschiede gemacht: Aufzuchtteiche, Abwachsteiche, Hauptteiche und Mastteiche, sodann Winterteiche.

Aufzuchtteiche. Zu den Aufzuchtteichen zählen wir: Laich-, Streich- oder Brutteiche und Streckteiche.

4. Laich-, Streich- oder Brutteiche.

Laichteiche, Streichteiche oder Brutteiche werden lediglich zum Zwecke der Brutgewinnung errichtet. Sie werden klein, 1 bis 4 a, nur unter besonderen Umständen auch 1 ha groß, von länglicher Form, nicht allzu breit angelegt. Die sog. Brutbeete dürfen nur 0,1—0,5 m hoch sein und müssen mit Gras oder Kräutern bewachsen sein. Zwischen ihnen befinden sich Gräben von 0,3—0,5 m Tiefe. Diese haben den Zweck, beim Ablassen des Teiches eine Senkung des Grundwasserspiegels soweit zu erzielen, um damit ein vollkommenes Austrocknen der Brutbeete herbeizuführen. Hierdurch werden alle schädlichen Tiere, wie Frösche, Käfer, Larven und dgl., die der Brut ganz besonders gefährlich sind, entfernt, überdies wird der Boden entsäuert.

Bei manchen Teichwirtschaften findet sich die verhältnismäßig größte Tiefe in der Mitte, bei manchen wieder längs der Ränder der Laichteiche.

Gute Streichteiche sind die Grundlage einer geregelten Fischzucht. Ihre Anlage setzt indessen eine recht entwickelte und räumlich ausgedehnte Wirtschaft voraus; der Besitzer kleinerer Teichgelegenheiten von beschränktem Umfange wird besser tun, seinen Bedarf an ein- oder zweisommerigen Satzfischen aus renommierten Teichwirtschaften zu beziehen.

Die Wahl der Örtlichkeit, an welcher Streichteiche errichtet werden sollen, ist oft schwierig und gewagt; sie muß von Erfahrungen geleitet werden. Streichteiche sollen gegen Ost und Nord geschützt, eine sonnige, möglichst südliche Lage haben, dem Wellenschlage nicht ausgesetzt sein. Derartige Teiche sollen nicht mit Schilf und Gestrüpp bewachsen, von nahen Wäldern nicht beschattet, und wo tunlich in der Nähe der Wohnungen des Teich- oder Forstschutzpersonals angelegt sein.

Der Grund der Streichteiche darf weder aus Moor, Torf noch Sand bestehen, sondern er sei ein milder Lehmboden.

Die Erhebungen zwischen den Gräben nennt man Brutbeete, sie sollen mit Gras und zarten Kräutern besetzt sein. Als Ablagerungsplätze für den Laich dienen den karpfenartigen Fischen verschiedene Wassergewächse, Faschinen aus Koniferenästen, manche Teichwirte ziehen den Wacholder vor, oder selbst das Einlegen von Rasenziegeln schafft die zur Eiablage nötige Gelegenheit. Fehlt die Vegetation auf den Brutbeeten, so würden sich die Fische nur schwer oder gar nicht zum Laichen entschließen. Ganz besonders wird durch das Austrocknen, Düngen und Durchfrieren des Teichbodens die Vermehrung der kleinen krebsartigen Tiere (Wasserflöhe, Flohkrebse, Hüpferlinge u. a. m.) begünstigt, welche die Hauptnahrung der jungen Fische bilden. Diese Tiere vermehren sich im Sommer durch kleine, sehr schnell auskommende Eier. Im Herbste legen sie dagegen größere hartschalige „Wintereier" ab, welche zu Boden sinken und erst im Frühjahre eine neue Generation ausschlüpfen lassen. Diese Wintereier werden in ihrer Entwickelung durch die Trockenlegung des Teichbodens außerordentlich gefördert, so daß in den erst im April oder Mai bespannten Teichen, also vor Eintritt der Laichzeit, eine weit größere Menge von Krebstieren sich zeigt als in den über Winter gestaut gebliebenen.

Die Laichteiche müssen stets auf dem gesundesten Boden angelegt werden und die allerbeste Vorflut haben. Sie müssen auch möglichst nahe den Wohnungen erbaut werden, weil sie einer besonderen Aufsicht bedürfen. Niemals dürfen sie mit Wasser gespeist werden, das viele erdige oder humose Bestandteile enthält, zumal solches Wasser den abgesetzten Laich mit einer Schlammschichte überziehen würde. Das Wasser muß durch einen kleinen Kiesrechen oder Kiesfilter eingeleitet werden und muß an der Eintrittsstelle einen kleinen Wasserfall bilden.

Kiesrechen oder Kiesfilter sind Kästen von 20 bis 50 cm im Geviert, von 2—4 m Länge; die Längsseiten bestehen aus schmalen Latten in engem Abstand (Fig. 1). Sie erhalten eine Füllung vom reingewaschenen Sand, Kies von Bohnen- (10—20 mm) bis Wallnußgröße (20—40 mm), je nach der Länge der Filterkästen. Überdies sind die

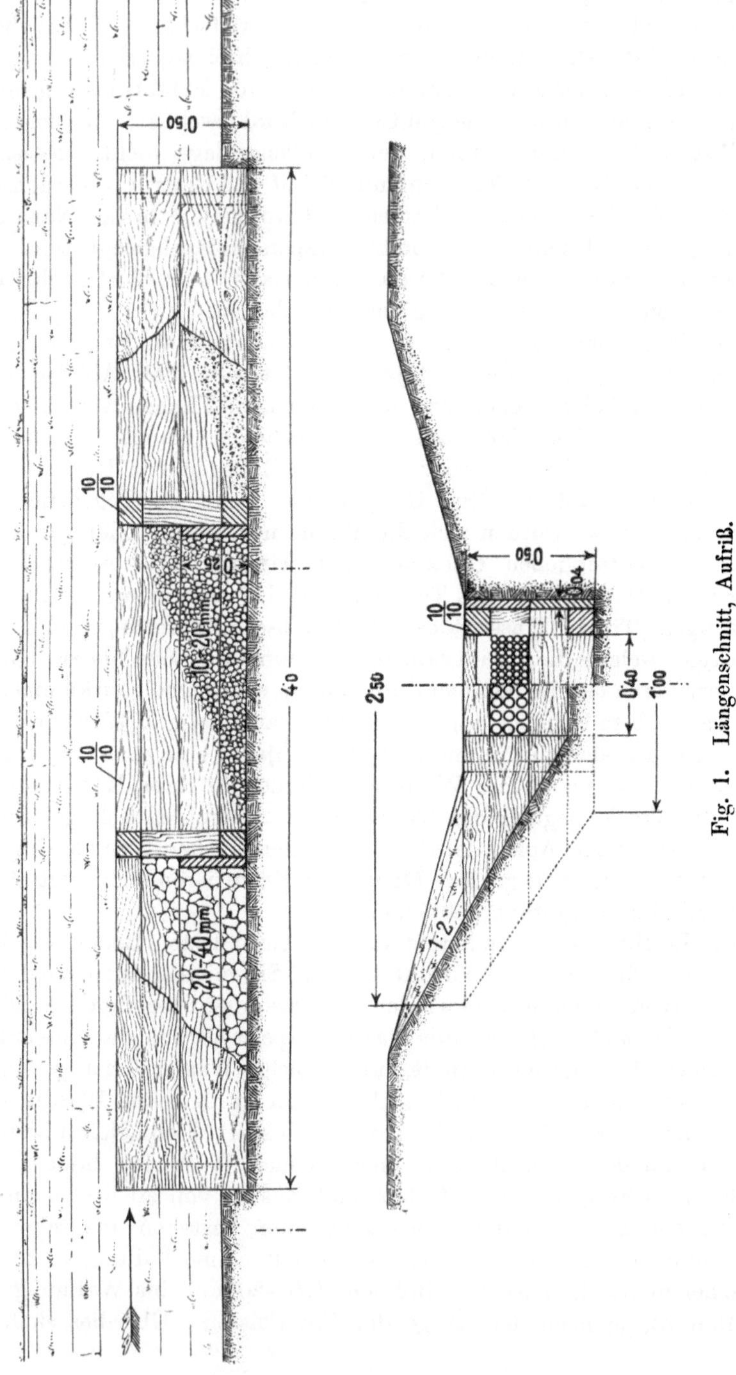

Fig. 1. Längenschnitt, Aufriß.

Kästen sowohl beim Einlaufe als dem Ausflusse mit engmaschigen Sieben versehen. Die Dimensionen der Kiesrechen richten sich nach der Menge des für den Laichteich benötigten Wassers, und der zum Durchfiltrieren des bestimmten Wasserquantums erforderlichen Zeit. Wenn z. B. der Wasserzufluß in den Laichteich innerhalb 24 Stunden 10 m³ betragen soll, so berechnet man die sekundliche Wassermenge

$$\frac{10 \cdot 1000}{24 \cdot 60 \cdot 60} = 0{,}12\,\mathrm{l}.$$

Durch den Sand und Kies werden alle Beimengungen des Rohwassers, ob nun organischen oder anorganischen Ursprungs, die größer sind als die Öffnungen der Ausflußflächen, zurückgehalten. Je sorgfältiger der Kiesfilter hergestellt ist und auch unterhalten wird, um so größere Gewähr bietet er gegen das Eindringen der Raubfische und der sonstigen Feinde der Fischzucht. Durch Aufstellung der Kiesfilter wird auch das Entweichen der jungen Brut stromaufwärts abgehalten, zumal sie sonst durch die dichtesten Rechen durchschlüpfen könnten. Werden mehrere Laichteiche eingerichtet, so muß jeder einzelne unabhängig von dem anderen bespannt und abgelassen werden können, so daß er für sich allein völlig austrocknen kann.

Die Streichteiche dürfen auch nicht unmittelbar unterhalb eines großen Teiches angelegt werden; denn an solchen Stellen ist stets Sickerwasser vorhanden, welches das Gelände versumpft, dadurch die Entwickelung der für die Brut außerordentlich gefährlichen Insektenwelt begünstigt, auch das Aufkommen von Schilf, Rohr und ähnlichen für Laichteiche ungeeigneten Wasserpflanzen befördert.

In sehr zweckmäßiger Weise hat der um die Fischzucht hochverdiente A. Hübner in Frankfurt a. O. Laichteiche angelegt. Er verwendet stets mindestens zwei Laichteiche, in denen ein möglichst zarter Pflanzenwuchs gehalten wird, und verbindet sie mit einem sog. Vorwärmer (Fig. 2) und erläutert dies an den Laichteichen von Köchritz. Der Vorwärmer ist ein sehr kleiner flacher Teich, der den Sonnenstrahlen genügend ausgesetzt ist, so daß sich das Wasser in ihm schnell auf 15—20° C erwärmt. Er dient nur dazu, die Laichteiche zur rechten Zeit mit dem geeigneten Wasser zu speisen; er muß deshalb unmittelbar, aber in etwas höherer Lage, mit den Laichteichen in Verbindung stehen.

Viele Züchter legen Wert darauf, daß sich der Laichprozeß ziemlich zeitig im Frühjahr abspielt. Da die Wassertemperatur im Laichteiche (15—20°) von dem Klima der Gegend, vom früheren oder späteren Eintritte des Frühlings abhängt, so erscheint es für den Züchter rationell, sich solcher Vorwärmer zu bedienen.

Das Zuchtmaterial an Karpfen wird während des Winters in einem Hälter mit regulierbarem Zu- und Abfluß aufbewahrt. Kurz vor

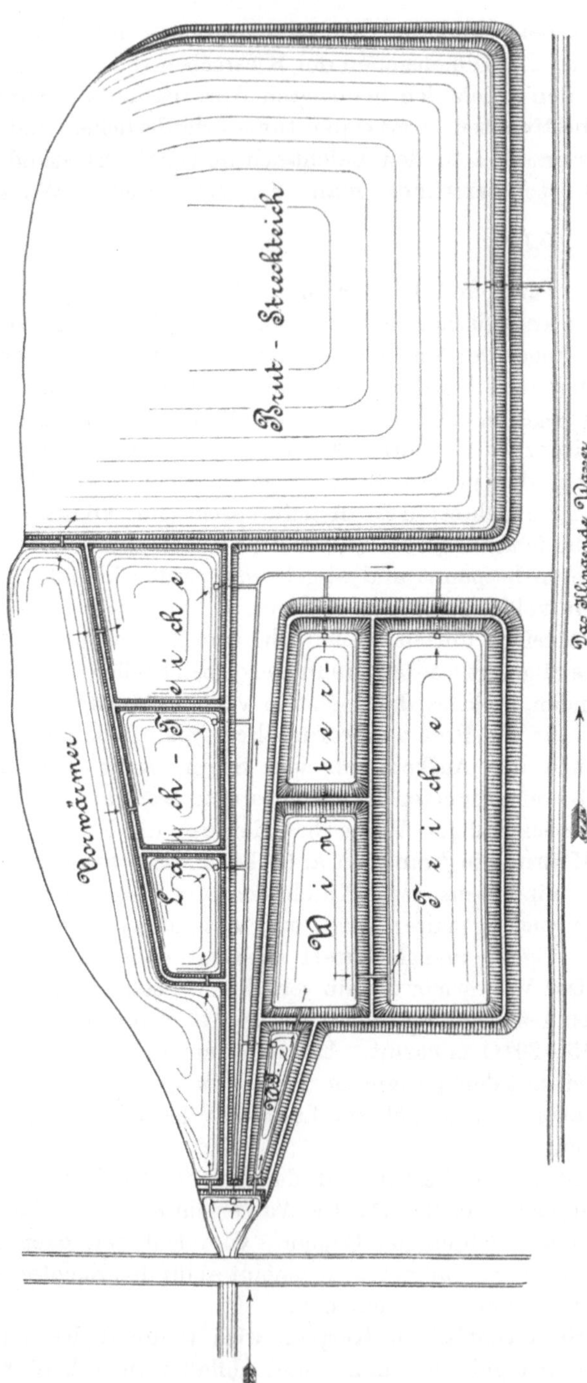

Fig. 2. Die Laichteiche und Winterteiche in Köckeritz.

Beginn der Laichzeit werden die Karpfen nach Geschlechtern getrennt und in zwei besondere Winterteiche, die man dann Entwickelungsteiche nennt, überführt. Sind die Karpfen „laichreif“, so wird der eine Laichteich aus dem Vorwärmer bespannt und darauf mit je einem sog. „Satz“ von Zuchtkarpfen, entweder einem Rogner und zwei Milchnern oder zwei Rognern und vier Milchnern besetzt. In dem 15—20° C warmen Wasser laichen die Tiere zumeist sehr bald. Sollte das Laichen nicht stattfinden, so versetzt man den „Satz“ in den Reserve-Zuchtteich, in welchem sich das Laichgeschäft vollzieht. Ist dies geschehen, so wird das Wasser noch an demselben Tage spät abends so weit abgelassen, um die Generationskarpfen, die den Laich schädigen könnten und die Entwickelung der Jungbrut beeinträchtigen würden, herausnehmen zu können. Die Eier haften an dem Grase und erleiden durch das Ablassen keinen Schaden. Der Teich selbst wird sofort nach Beseitigung der Eltern mit warmem Wasser aus den Vorwärmern von neuem bis zur vollen Höhe bespannt. Dasselbe Verfahren wird mit den anderen Laichteichen wiederholt. Auf die Weise, daß stets warmes Wasser aus dem Vorwärmer in den Laichteich zugeführt wird, laichen die Fische sehr bald und kann in kurzer Zeit eine große Menge Brut erzeugt werden.

5. Streckteiche.

Streckteiche nennt man diejenigen Teiche, in denen die jungen Fische durch gute Pflege und reichliche Nahrung schnell heranwachsen — sich strecken — sollen. Die Ränder eines Streckteiches müssen flach sein, und wo es als zweckdienlich erscheint, mit Mannagras oder anderen guten Gräsern bebaut werden. Bei Karpfenteichen bezeichnet man den Teich als Vorstreckteich, Brutstreckteich, wenn er mit ganz jungen Fischen, d. i. mit Brut besetzt wird, welche die Dotterblase verzehrt hat und angewiesen ist, sich durch Nahrungsaufnahme von außen zu ernähren.

Die zwei bis drei Monate alten Fische werden, nachdem sie 10—12 cm Länge und 30—50 g Gewicht erhalten haben, in den Brutstreckteich eingesetzt. Dieser ist größer als der Vorstreckteich, bietet darum mehr Nahrung, die Karpfen wachsen schneller und erreichen am Ende des Herbstes als einsömmerige Fische 15—20 cm Länge und 100—200 g Gewicht. Die Vorstreckteiche sollen stets in der Nähe der Laichteiche angelegt werden, ihre Bauart muß derjenigen des Laichteiches ähnlich sein.

Es kann nicht unerwähnt bleiben, daß die Abfischung der einsömmerigen Karpfen im Herbste ihnen in der Regel nicht gut bekommt und nicht selten Erkrankungen und Verluste im Gefolge hat. Es empfiehlt sich, überwinterungsfähige Brutteiche im Herbste nicht abzufischen, im anderen Falle aber für besondere Vorsicht bei der Abfischung und für nahrungsreiche gute Winterteiche vorzusorgen.

Nach der Überwinterung in den Winterteichen, also im Frühjahre des zweiten Jahres, kommen die Fische in den sog. Hauptstreckteich. In diesem Teiche nehmen die Karpfen so zu, daß sie als zweisömmerige Fische 500—800 g schwer sind. Für die Produktion massenhafter Fischnahrung ist es vorteilhaft, größere Streckteiche, deren Wasserstand genau geregelt werden kann, im Frühjahre nur etwa zu $^2/_3$ ihrer Oberfläche zu stauen und erst allmählich, in Pausen von mehreren Wochen, bis zur normalen Höhe zu füllen. In den von der Sonne durchwärmten und erst nach und nach überstauten Teichrändern wird die Entwicklung des niederen Tierlebens, welches die Hauptnahrung der bevorzugten Fische bildet, ungemein gefördert, deshalb werden Teiche mit seichten grasigen Rändern als Streckteiche den anderen vorgezogen. In solchen Teichen finden auch die kleinen Fische zu den Rändern leichteren Zutritt und daselbst eine ausgiebige Nahrung. Von der Brutfütterung sehen die meisten Teichwirte ab. Sind die Streckteiche der verschiedenen Kategorien auf die angegebene Weise nahrungsreich gemacht worden und werden sie nicht übersetzt, so ist das Erreichen des angegebenen Zuchtzieles auch ohne künstliche Fütterung zu gewärtigen.

Im 2. Lebensfrühling kommen die Fische in die letzte Teichkategorie, in die Streckteiche III. bzw. IV. Ordnung, werden im 3. Lebensfrühling in die Abwachsteiche versetzt, in welchen sie bis zum 3., vielerorts aber bis zum 4. Jahre, je nach dem 3 oder 4 jährigen Turnus, verbleiben und ein durchschnittliches Stückgewicht von 1—5 kg erzielen. Diese Teichkategorie, die sog. **Abwachsteiche,** auch als Mast- oder Zuwachsteiche bezeichnet, bilden die ausgedehntesten Anlagen des Züchters.

6. Mastteiche.

Zweckmäßig ist die Beigabe von Hechten, Aalen oder Zandern, Forellenbarschen, beziehentlich auch von Regenbogenforellen. Fische welche nicht größer sein dürfen als die eingesetzten Karpfen, werden das Aufkommen etwaiger Karpfenbrut hindern, die Nahrungskonkurrenten der Karpfen verzehren und schließlich eine erwünschte Nebeneinnahme abwerfen. Die geringste Wassertiefe soll bei Abwachsteichen 0,5 m betragen.

Rücksichtlich der Beigabe von Raubfischen zu dem Karpfen- oder Schleienbesatz ist zu bemerken, daß man,

sofern Hechte gewählt werden, bloß 5 kleine Hechte auf 100 Karpfen oder Schleien, oder auf je 20 Stück Karpfen 100 Regenbogenforellen rechnet.

Für den eigentlichen Karpfenteich eignet sich als Beisatzfisch lediglich der Hecht, allenfalls Aal und Zander. Die Raubfische werden durch die Vertilgung der häufig in Abwachsteichen erscheinenden Karpfen- bzw. Schleienbrut nützlich.

Da tiefere und deshalb kühlere Gewässer weniger Nahrung für die Karpfen produzieren als flache Teiche, so dürfen die Abwachsteiche, namentlich wenn sie zwei Jahre stehen bleiben sollen, nur schwächer besetzt werden. Die Besetzung solcher Abwachsteiche wird, da in ihnen die Fische gut überwintern, um die eigentlichen Winterteiche nicht zu überfüllen, manchmal schon im Herbste bei der Abfischung der Streckteiche vorgenommen. Ihre Abfischung kann, da es sich nur um Herausnahme der Verkaufsware handelt, nach Belieben im Herbst oder Frühjahre stattfinden.

7. Winterteiche, Winterungen oder Kammerteiche.

Winterteiche, Winterungen oder Kammerteiche werden die für die Überwinterung der Fische bestimmten Anlagen genannt. Sie müssen eine möglichst geschützte Lage, konstanten Wasserstand und sollen behufs Erzielung einer gleichmäßigen Temperatur von 4—5° C 3—4 m Tiefe besitzen, damit die Fische, welche im Winter gewöhnlich keine Nahrung zu sich nehmen, nicht durch Temperaturschwankungen des Wassers gestört werden. Die Winterteiche müssen mit gutem und reichlichem Zufluß versehen sein. Drain- und Quellwasser ist zur Winterzeit, der höheren Temperatur wegen, dem kühleren Fluß- und Bachwasser vorzuziehen. Eine große Ausdehnung für derartige Teiche ist nicht notwendig, denn im Winter fressen, wie bemerkt, die Karpfen in der Regel nicht oder nur so wenig, daß unter gewöhnlichen Verhältnissen eine Futterzugabe nicht erforderlich erscheint.

Zur Überwinterung der Fische kann man auch die Streck- oder Abwachsteiche benützen, sobald sie genügend (3—4 m) tiefe Stellen haben. Eine besondere Sorgfalt muß bei den Winterteichen auf die Erhaltung und Erneuerung des Sauerstoffes im Wasser gerichtet werden. Bei anhaltenden starken Frösten, wenn eine dicke Eisschicht wochen- oder monatelang die Teiche überlagert, und eine dichte Schneedecke noch hinzukommt, tritt für die Fische im Winterteiche, selbst wenn sie in frostfreier Tiefe lagern, die Gefahr ein, daß ihnen der zur Atmung nötige Sauerstoff fehlt. Die Eis- und Schneedecke verhindert das Eindringen der atmosphärischen Luft und damit des Sauerstoffes in das Wasser. In einem solchen Falle hört auch die Tätigkeit der Sauerstofferzeugenden Bakterien fast gänzlich auf, es tritt an Stelle der Oxydationsprozesse Reduktionswirkung mit schädlicher Gasentwicklung ein, und wenn nicht rechtzeitig für genügende Luftzufuhr gesorgt wird, steht der Fischzüchter vor einer Katastrophe, bewirkt durch den sog. Fischaufstand. Selbst in dem Falle, als dieser Fischaufstand nicht eintritt, und keine Verluste an Fischen zu beklagen wären, sind schlecht überwinterte Fische mit Rekonvaleszenten zu vergleichen, die längere Zeit zur völligen Genesung bedürfen. Die Zeit der allmählichen Erholung von der schlechten Überwinterung bedeutet für den rationellen Fischzüchter eine kürzere Wachstumsperiode, demzufolge einen Gewichtsverlust, der sich unter sonst gleichbleibenden Umständen in dem darauffolgenden Betriebsjahre kaum einbringen läßt.

Durch die Schneedecke wird das Übel vergrößert, denn die Sauerstoffaufnahme des Teichwassers erfolgt nicht nur aus der Luft und dem zuströmenden Wasser (je weiter es in freier Luft fließt, bevor es in den Teich gelangt, desto besser), sondern auch die weichen, süßen Unterwasserpflanzen, die chlorophyllbildenden Pflanzen atmen im Licht, und zwar während des Tages Sauerstoff, in der Nacht und im Dunkeln, also auch unter der undurchsichtigen Schneedecke, ebenso wie alle Pflanzen Kohlensäure aus. Wird diesen Pflanzen durch längere Zeit das Licht entzogen, so sterben sie ab und verbrauchen, in Verwesung übergehend, den im Wasser vorhandenen Sauerstoff. Zur Hintanhaltung des Fischaufstandes werden verschiedene Mittel angewendet.

Wuhnen, zumeist ziemlich große viereckige Löcher in der Eisdecke, sollten womöglich auch zu einer Zeit und an Stellen geschlagen werden, wo sich die Karpfen in der nächsten Nähe gelagert haben. Durch das Schlagen der Wuhnen und die zur Offenhaltung derselben nötigen Arbeiten werden die Fische beunruhigt und aufgescheucht, weshalb es sich empfiehlt, die Eisdecke zu sägen uud nicht mit der Hacke zu bearbeiten. Viele Teichwirte legen den Wuhnen nur einen problematischen Wert bei, denn bei starken Frösten friert die aufgeeiste Wasserfläche sofort zu, und die Wuhnen sind wirkungslos, höchstens haben sie den Wert eines „Fensters". Hingegen ist die Erhaltung der Durchlichtung des Wassers durch die Entfernung der Schneedecke von größter Bedeutung, wie durch wiederholt angestellte Versuche in unzweifelhafter Weise nachgewiesen worden ist.

Ein anderer Umstand wäre noch zu berücksichtigen: Die große Menge organischer Stoffe, die sich im Schlamm des Teichbodens befinden, wird gewöhnlich durch die Belichtung und den genügend großen Sauerstoffvorrat des Wassers unschädlich gemacht. Fehlt die Erneuerung des Sauerstoffs, so gehen diese Stoffe in Fäulnis über, und es entstehen große Mengen von schädlichen Gasen, wie Schwefelwasserstoff, Sumpfgas, Ammoniak usw., welche die Fische vergiften.

Es wird angenommen, daß sich ein zweisömmeriger Karpfen in 1 m^3 Wasser, sofern keine Erneuerung des Sauerstoffes erfolgt, höchstens

3 Wochen unbeschadet aufhalten kann. Wird in einem kleinen Wasserbehälter, in welchem z. B. Goldfische aufgezogen werden, auf die Wasserspiegelfläche Öl aufgegossen, wodurch jede Lufterneuerung unterbunden wird, so sterben sie in kurzer Zeit, lediglich infolge Sauerstoffmangels.

Wenn die Fische „aufstehen", so kommen sie an die Oberfläche, schwimmen, frische Luft suchend, unruhig hin und her, werden allmählich matter, frieren oft unter der Eisdecke fest und gehen stets nach kurzer Zeit aus Mangel an Sauerstoff elend zugrunde. Man nennt dies einen Fischaufstand.

Hieraus ergibt sich, daß für die Winterteiche schlammiger, mooriger Grund zu vermeiden ist, ein fester Boden, der aber einen weichen Sandüberzug hat, ist für diese Teiche am vorteilhaftesten. Von großem Nutzen für die Überwinterung der Fische ist es, den Winterteich während des Sommers trocken legen zu lassen, damit der Teichboden hinreichend entsäuert und gesund erhalten wird.

Als Schutzmittel gegen die Verringerung des Sauerstoffgehaltes werden anempfohlen:

1. Die besprochenen Löcher oder Wuhnen in das Eis zu sägen. Man betrachtet die Wuhnen weniger als Mittel zur reichlichen Luft- und Sauerstoffzufuhr, sondern vielmehr als Entlüftungsstellen für schädliche Gase, während ihre Wirkung rücksichtlich der Luftzufuhr als unbedeutend angesehen wird. Da aber die Aufnahme des Sauerstoffes durch das Wasser davon abhängt, ob dasselbe bewegt ist, so erfüllen die Wuhnen nicht immer ihren Zweck.

2. Der Wasserstand im Teiche wird insoweit erniedrigt, daß sich zwischen Eis und Wasser eine Luftschichte bildet. Das Eis bricht darauf zwar ein, aber es ist genügend Luft unter die Eisdecke gedrungen, um das Wasser mit Sauerstoff zu bereichern.

3. Luft in den Teich mittels einer Druckpumpe, deren Schlauch, um die Luft fein zu verteilen, am Ende mit Badeschwämmen verstopft ist und auf den Teichgrund gelegt wird, einzupumpen. Natürlich kann dieses Mittel bloß bei kleinen Teichen Anwendung finden.

Mancherorts beobachtet man folgenden Vorgang: Man schlägt in der Nähe der Ufer im Umkreise des ganzen Teiches eine Anzahl von Löchern, ungefähr 30 cm im Geviert. Sodann wird inmitten des Teiches und der nahen Fischgrube ein einziges armstarkes Loch geschlagen, durch das ein langer Schlauch bis auf den Boden hinabgelassen wird. Vermittels dieses Schlauches wird mit Hilfe einer Luftpumpe täglich 1—2 Stunden lang Luft in das Wasser gepreßt. Die eingedrückte Luft steigt in kleinen Blasen an die Oberfläche des Wassers empor und gleitet unter dem Eise entlang, bis sie durch die Randlöcher entweicht. Auf dem Wege durch das Wasser verteilt sich die Luft nach allen Richtungen bringt es in langsamere Bewegung und entreißt ihm die Fäulnisgase in solcher Menge, daß sie bei dem Austritte aus den Uferlöchern durch unangenehmen Geruch auffallen.

Die Lüftung wird in einfachster Weise auch dadurch ausgeführt, daß man mit großen Besen oder an Stangen befestigten Holz- oder Lederscheiben wiederholt heftig ins Wasser stößt.

4. Es hat sich hie und da bewährt, in den Winterteichen einzelne, fast bis zum Wasserspiegel reichende Erdhaufen einzubauen, welche beim Sinken des Wasserspiegels die Eisdecke tragen helfen.

5. Das beste Mittel jedoch, den Fischaufstand zu vermeiden, ist die Herbeiführung eines gut geregelten Zu- und Abflusses mit gutem, sauerstoffreichem Wasser. Die Wasserzufuhr hat der Länge nach und zwar in jener Tiefe, in welcher sich die Fische befinden, zu erfolgen. Wird das Wasser in größerer Höhe über dem Fischlager eingeführt, so werden die Fische unruhig, sie kreisen an der Oberfläche und springen an den Einlaufstellen in die Höhe.

Hie und da geschieht die Luftzufuhr in der Weise, daß das in die Winterteiche einzuleitende Wasser über Überfälle stürzen muß, um sich auf die Weise mit Sauerstoff zu bereichern. Den Winterteichen werden in der Regel bloß kleinere Wassermengen zu- und abgeleitet. Die Zuleitung erfolgt, wie erwähnt, nicht weit oberhalb der Teichsohle, also an derjenigen Stelle, an der das sauerstoffarme Wasser lagert. Die Ableitung erfolgt an der Teichsohle selbst, so daß eine sehr mäßige Wasserströmung in den Winterteichen entsteht, bei der die Geschwindigkeit nur Bruchteile eines Millimeters in der Sekunde beträgt, wodurch dei Zweck: die Zufuhr Sauerstoff reichen Wassers, vollständig erreicht wird, ohne daß hierdurch die Fische in ihrer Winterruhe gestört werden.

Die Ufer des Winterteiches müssen steil abfallen, der Boden muß fest, weder hart noch schlammig, und an einer Stelle von entsprechender Größe besonders vertieft sein. An dieser Stelle, welche man das Winterlager oder die Fischstätte nennt, sammeln sich die Karpfen bei eintretendem Frost und bleiben dort, bis sich das Wasser wieder erwärmt, ruhig liegen, indem sie in einen, je nach der Wassertemperatur festeren oder leichteren Winterschlaf verfallen. Zu dieser Zeit muß jedoch jede Beunruhigung der Fische, ob durch das Gehen, Schlittschuhlaufen oder Eisgewinnung verursacht, nach Tunlichkeit vermieden werden. Größere Wasserzuströmungen, wie sie leicht infolge der Schneeschmelze oder durch heftige Regenfälle entstehen können, sind insofern von schädlicher Wirkung, als durch die entstandene Strömung die Fische in Aufruhr gebracht werden, der Oberfläche zuströmen und durch Auffrieren an die Eisdecke umkommen.

Um sich daher vor Beschädigungen des Fischbestandes zu wahren, muß jeder Teichbesitzer den Zufluß der Niederschläge in der Weise regeln, daß nur jene Wassermengen in den Teich eingelassen werden, welche zur Erhaltung des Fischbestandes unbedingt nötig sind. Größere Wassermengen über dieses Maß sind durch Seitengräben abzuleiten und vom Teiche fernzuhalten.

8. Fischeinsätze.

Die Fischeinsätze, Hälter, sollen in allen Teichwirtschaften vorhanden sein und dienen teils zur Aufnahme der verkaufsfähigen Ware, teils zur vorübergehenden Aufnahme der Besatzfische vor ihrer Verteilung in die im Frühjahr zu besetzenden Teiche

Die Größe der Hälter ist so zu bemessen, daß 1 m^3 Halterraum für ungefähr 0,5—1 q Speisefische oder 0,3—0,5 q Schleien oder 12,5—25 kg Salmoniden ausreicht. Es empfiehlt sich, mehrere kleinere Hälter anzulegen, damit einesteils die einzelnen Fischgattungen sortiert werden können, anderntteils jene Fische zusammengegeben werden können, welche zum Versand bestimmt sind, während jene Fische, welche über Winter im Hälter verbleiben sollen, abgesondert aufbewahrt werden.

Die Form der Einsätze soll lang und schmal gewählt werden, es können die Fische dem Hälter leichter entnommen werden, es wird das auf der einen schmalen Seite eingelassene und bei der anderen schmalen Seite abfließende Wasser den ganzen Hälter durchfließen, wodurch für eine stete Erneuerung des Wassers vorgesorgt ist.

Sowohl die Zufluß- als auch die Abflußvorrichtung muß verstellbar sein, damit der Fischzüchter je nach Bedarf und in jeder Lage das Wasser ein- und ableiten kann. Die Wasserzufuhr sollte womöglich vom Hauptleitungsgraben für jeden Behälter gesondert angelegt werden. Dasselbe Wasser soll nur ein- oder zweimal zur Wässerung der Einsätze verwendet werden.

Die Sohle der Karpfenbehälter muß mit fettem Letten oder Ton ausgestampft werden und alle Jahre zur Sommerszeit, während ihrer Trockenlegung, ausgebessert werden.

Um das Wasser, welches zumeist aus tieferen Lagen der Teiche in die Fischeinsätze eingeleitet wird und deswegen weniger sauerstoffreich ist, wieder mit Sauerstoff zu bereichern, bedient man sich verschiedener Vorrichtungen. So fällt das aus den Ablaßröhren fließende Wasser (Fig. 3, 4) auf kleine darunterstehende, in den Einsätzen aufgestellte Tischplatten, wodurch der Parallelismus des Ausflußstrahles gestört wird, und das Wasser, in Tropfen zerteilt, mit der Luft in Berührung kommt und hierbei Sauerstoff aufnimmt. Anderswo sind an die Ausflußröhren Kaskaden angesetzt, hier und da läßt man das zufließende Wasser in einem dünnen Strahl emporsteigen, damit eine innige Berührung mit der Luft erzielt wird.

In Fig. 5 sind die auf der fürstl. Schwarzenbergschen Domäne Wittingau in Verwendung stehenden Fischeinsätze abgebildet. Sie bestehen aus 25 Abteilungen verschiedener Größe und einer ganz kleinen Einsätze mit 7 Hältern. In den letzteren werden besondere oder auch kranke Fische aufbewahrt.

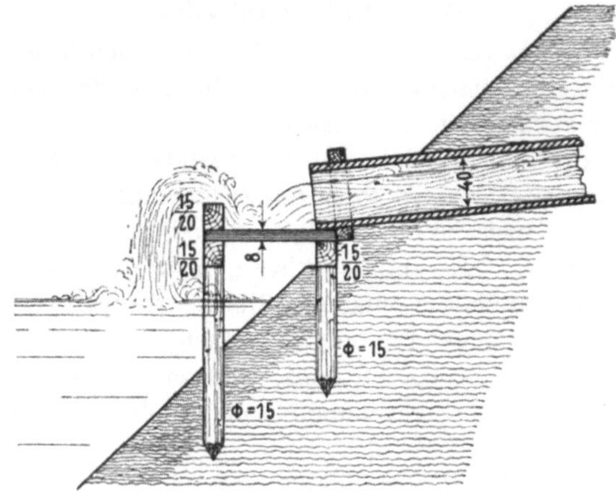

Fig. 3.

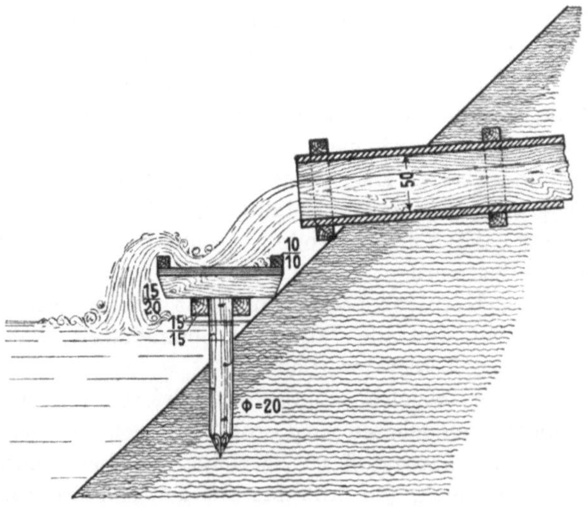

Fig. 4.

Der Wasserzufluß erfolgt aus dem höher gelegenen Teiche durch den Hauptzuleiter, von welchem aus mittels offener Gerinne oder auch durch geschlossene Röhren die einzelnen Abteilungen, und zwar unabhängig voneinander, gespeist werden können. Es ist aber daselbst überdies noch möglich, das Wasser aus einem Hälter in den nächst-

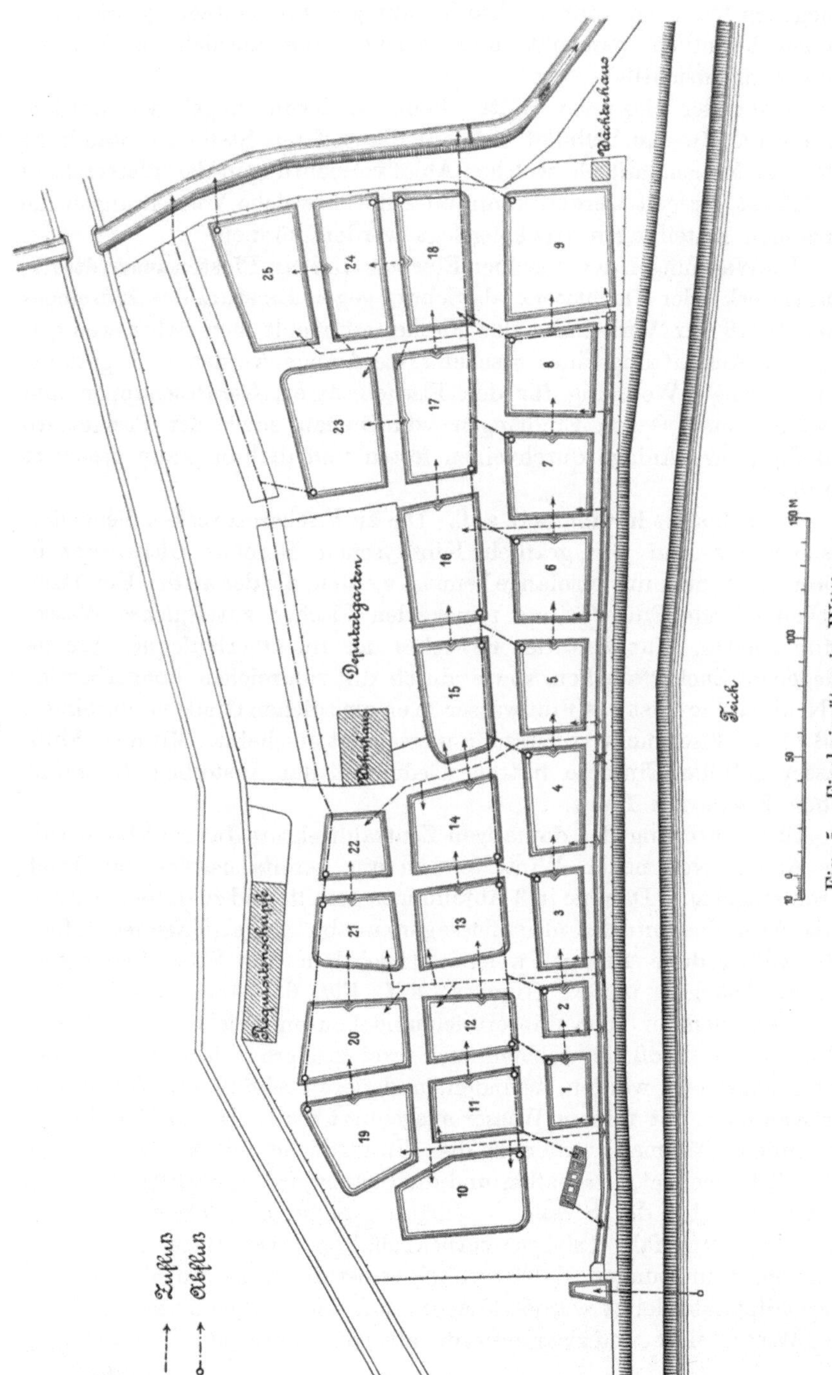

Fig. 5. Fischeinsätze in Wittingau.

gelegenen leiten zu können. Die Zuleitungen mit einfach gestrichelten Linien kenntlich gemacht und machen die ausgiebigste Wasserbenutzung ersichtlich.

Jeder der einzelnen Hälter kann wiederum abgelassen werden. Zu diesem Zwecke befindet sich auf der tiefsten Stelle ein Standrohr oder ein Mönch, mittels welcher Ablaßvorrichtungen der Wasserstand im Hälter geregelt werden kann, oder durch welche Vorrichtungen die einzelnen Abteilungen trockengelegt werden können.

Die Wandungen der einzelnen Einsätze sind mit Pfosten ausgefüttert; Mauerwerk oder Flechtwerk als Schutz gegen Einsturz des Erdreiches gibt Anlaß zur Verletzung der Fische, empfiehlt sich daher weniger.

Zur Ausstattung einer Fischeinsätze-Anlage werden noch gezählt: Zufahrtswege, Wohnung für den Fischeinsätzer, Geräteschuppen und Wächterhaus. Gegen Eindringen von Dieben sowie der Fischottern soll die ganze Anlage durch einen festen und dichten Zaun gesichert werden.

Fischeinsätze in Chlumetz a. C. Die zu Fischereizwecken dienenden Fischeinsätze auf der gräflich Kinskyschen Domäne Chlumetz in Böhmen konnten nur insolange benutzt werden, als der an den Einsätzen vorbeifließende Fluß Cidlina reines, den Fischen zuträgliches Wasser geführt hatte. Zur Zeit des Betriebes der im Oberlaufe des Flusses gelegenen Zuckerfabriken sowie durch die zahlreichen Lohgerbereien in Neubydschow ist das Flußwasser in einem solchen Grade verunreinigt, daß es zur Fischzucht vollständig ungeeignet erscheint. Mit dem Flußwasser gefüllte Einsätze hatten wiederholt das Absterben der sämtlichen Fische zur Folge.

Über Anregung des damaligen Zentraldirektors Jaroschka wurde zur Anlage von neuen Winterteichen ein bereits bestehender Teich durch eingebaute Dämme in 3 Abteilungen geteilt, und zu dessen Wasserversorgung eine von dem Cidlinaflusse ganz unabhängige Anlage geschaffen. Wir wollen diese Anlage, welche hinsichtlich der Wasserdisposition einzig dasteht, unter Hinweis auf Fig. 6 näher beschreiben.

Bis zu dem, in einen Winterteich umgebauten, Teiche ist das Regengebiet 37 km^2 groß, in welchem sich zwei größere Teiche, welche jedjährig abgefischt werden, befinden, und deren Abfluß zur Versorgung der Kammern mit reinem Wasser ausgenutzt wird. Durch Herstellung von einigen Dämmen wurden die drei Winterteiche, mit den Buchstaben A, B, C bezeichnet, geschaffen und die Gräben a, b, c hergestellt. Vermittels der bei der Straße aufgebauten Schütze wird eine Wassermenge von ungefähr 1800 m^3 zurückbehalten. Der Graben a besitzt derartige Abmessungen, daß durch ihn selbst die katastrophalen Wässer unschädlich abgeleitet werden können. Mit den Gräben b und c können die 3 Winterteiche, und zwar entweder alle gleichzeitig oder nach Belieben der eine oder der andere Teich, mit Wasser versorgt werden. Zu diesem Zwecke sind sowohl in den Gräben als auch in den Teichen selbst, Mönche eingebaut und überdies zwischen dem Teiche B und C Düker hergestellt.

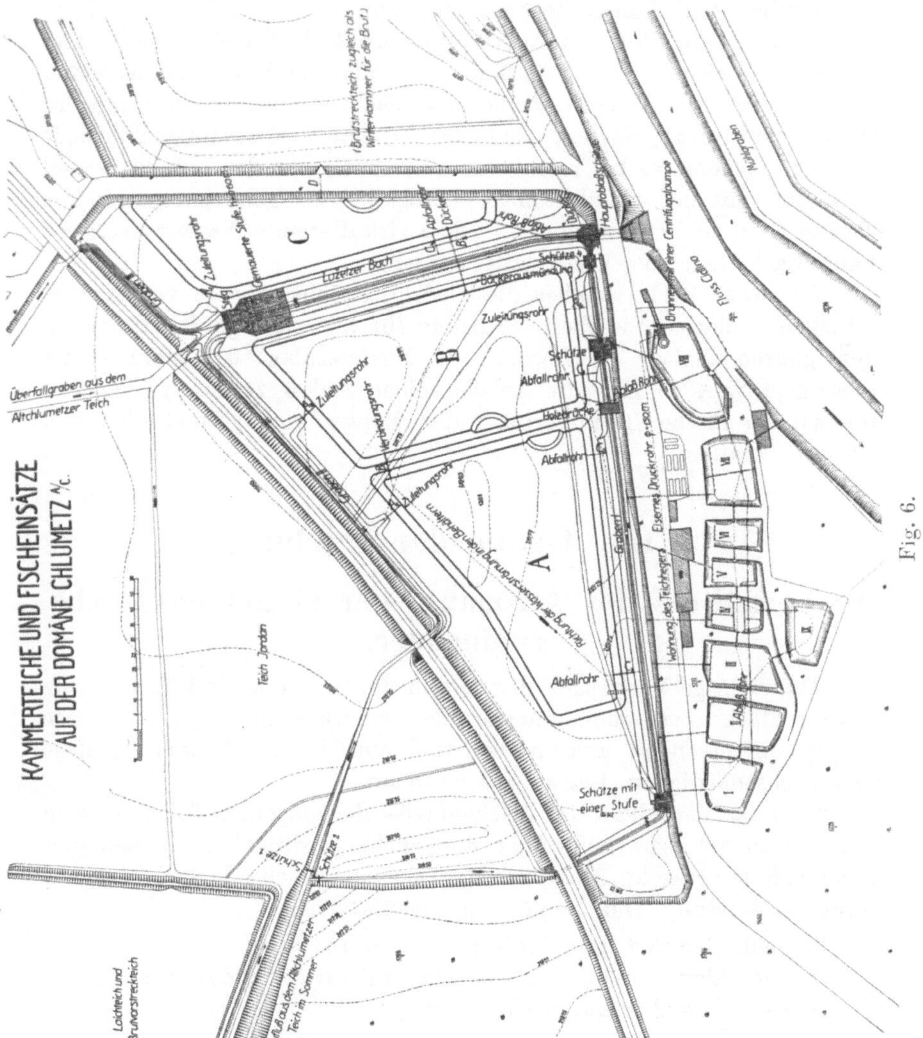

Fig. 6.

Durch die Anordnung von Mönchen ist es nunmehr möglich, das Wasser entweder in die Teiche A, B, C, in den Entlastungsgraben c, oder schließlich in die unterhalb der Straße belegene alte Fischeinsätze einzulassen.

Für den Fall jedoch, wenn, durch welche Ursache immer, Wassernot eintreten sollte, so wurde zur Abwendung derselben in dem mit VIII bezeichneten Einsatzteiche ein Brunnen hergestellt, aus welchem im Bedarfsfalle mittels einer Zentrifugalpumpe das durch die einzelnen mit I bis VIII bezeichneten Einsätze durchfließende Wasser gehoben und den Teichen A, B, C zugeführt werden kann.

In dem Falle, daß das in den Kammern A, B, C befindliche Wasser längere Zeit nicht erneuert werden konnte und der Mangel an Sauerstoff sich in empfindlicher Weise bemerkbar macht, so werden die Kammern A, B, C zum Teil abgelassen, das in der Einsätze VIII zusammenfließende Wasser, nachdem es bei reichlicher Berührung mit der Luft Sauerstoff aufnahm, mit der erwähnten Zentrifugalpumpe gehoben und in die Teiche A, B und C eingeleitet. Diese zirkulierende Wasserversorgung kann nach Belieben wiederholt werden.

Das Jahr 1911, welches die niedrigste Jahresmenge von Niederschlägen nachweist, war ein Prüfstein für das richtige Funktionieren der ganzen Anlage. Wiewohl der Niederschlag seit Jahren der niedrigste war, so gab die Anlage keinen Anlaß zur Klage, und es blieben die Fische in unverminderter Menge und gesund über den Winter erhalten.

III. Größe der Teiche.

9. Verhältnis des Ausmaßes der einzelnen Teiche zueinander.

Das richtige Verhältnis der verschiedenen Karpfenteiche in bezug auf ihr Flächenmaß zueinander ist die erste Bedingung, eine derartige Anlage entsprechend auszunutzen und aus der geschaffenen Anlage den höchstmöglichen Ertrag zu gewinnen.

Über das Verhältnis des Flächenmaßes der einzelnen Teiche zu dem Gesamtausmaße sämtlicher der Fischzucht gewidmeten Flächen gibt es keine festen Regeln. Die Größe der einzelnen Teiche, je nach Maßgabe ihrer Verwendung und Benutzung, richtet sich:

1. nach der Art der Teichbewirtschaftung,
2. nach den lokalen und klimatischen Verhältnissen,
3. nach den Absatzverhältnissen.

Für die Bemessung der einzelnen Teiche nach ihrer Verwendung als Streckteiche, Kammer- oder Winterteiche gibt es keine Leitsätze; es muß daher jedem Teichwirte überlassen werden, die Größe der einzelnen Teiche nach den eigenen und örtlichen Verhältnissen und Bedürfnissen festzulegen.

Bei rationellem Betriebe der Teichwirtschaft und entsprechender Zugabe von künstlicher Nahrung ist ein dichteres Besetzen der Teiche zulässig, und was die Größe der einzelnen Teiche anbelangt, so würde sich das Verhältnis der Größe der Laich-, Streck-, Abwachs- und Winterteiche zueinander ungefähr ziffermäßig in dem Verhältnisse 1 : 10 : 25 : 50 ausdrücken lassen.

Durch Umfrage bei den einzelnen Fischzuchtanstalten erhielten wir nachfolgende ziffermäßige Ansätze, welche jedoch wohl keinen Maßstab für das Flächenmaß der einzelnen Teiche abgeben sollen.

Auf den Besitzungen des Bukowiner griechisch-orientalischen Religionsfonds in Kotzman waren mit Ende des Jahres 1907 im ganzen 32 Teiche und Hälter mit zusammen 121,82 ha Wasserfläche angelegt. Hiervon haben die einzelnen Teichgattungen an Flächenmaß erhalten:

8 Laichteiche mit 0,48 ha Wasserfläche . . .	0,4 %
12 Streck- und Aufzuchtteiche mit 118,93 ha Wasserfläche	97,7 %
4 Winterteiche mit 1,4 ha Wasserfläche	1,0 %
4 Hälter mit 0,77 ha Wasserfläche	0,6 %
überdies 4 Versuchsteiche mit 0,24 ha	0,2 %

Auf der Domäne Blatna werden bespannt:

35 ha Laichteiche	4 %
66 ha Streckteiche	7 %
353 ha Aufzuchtteiche	38 %
470 ha Winterteiche	51 %.

Die Größe, welche die einzelnen Teichgattungen in einer geordneten Teichwirtschaft haben sollen, gibt von dem Borne in dem Zirkulare des Deutschen Fischerei-Vereins vom Jahre 1884 wie folgt an:

Laichteiche 0,01 ha	0,02 %
Vorstreckteiche 0,30 ha	0,55 %
Brutstreckteiche 7,14 ha	13,11 %
Aufzuchtteiche 13,71 ha	25,17 %
Winterteiche 33,30 ha	61,15 %.

Die Teichwirtschaft auf der Domäne Chlumetz a. d. C. in Böhmen umfaßt:

	ha	a	m²
Laichteiche	9 ha	32 a	21 m²
Streckteiche I. und II. Ordnung . . .	303 ha	60 a	09 m²
Abwachsteiche	536 ha	46 a	05 m²
Winterkammer	4 ha	4 a	15 m²
Zusammen	853 ha	42 a	50 m²

Auf der Domäne Teschen (Österr.-Schlesien) ist das Verhältnis der einzelnen Teichgattungen in nachfolgendem Prozentsatz ausgedrückt

Laichteiche	0,33 %
Streckteiche	11,67 %
Aufzuchtteiche	85,96 %
Winterteiche	1,90 %
Hälter	0,14 %.

Der Rittergutsbesitzer L. Roesing in Uhyst (Schlesien) gab uns auf die gestellte Anfrage hinsichtlich der Größe der einzelnen Teichgattungen folgende Auskunft:

Zu der Herrschaft Uhyst und Königswarte gehören 340 Teiche mit 2042,4 ha (8000 Morgen) Ausmaß. Bewirtschaftet werden 16 Karpfenlaichteiche mit 3,0636 ha (12 Morgen), 18 Vorstreckteiche (für das 1. Jahr) mit 30,6360 ha (120 Morgen), für das zweite Jahr 306,3600 ha (1200 Morgen) und zum Zwecke des Abwachsens der Zuchtobjekte rund 1447,5510 ha (5670 Morgen). Winterteiche im eigentlichen Sinne bestehen nicht, zu diesem Zwecke werden die verschiedenen günstig gelegenen Abwachsteiche benutzt. Hälteranlagen besitzen ein Außmaß von ungefähr 2,5530 ha.

Auf der Domäne Wittingau in Böhmen entfallen von der bespannten Fläche (5175,8823 ha) der auf der höchsten Stufe stehenden Teichwirtschaft ungefähr 1 % auf Laich- oder Brutteiche, 27 % auf Streckteiche, 67 % auf Abwachs- oder Hauptteiche und 5 % auf Kammer- oder Winterungsteiche, welche über den Sommer zumeist auch als Streckteiche verwendet werden.

Das Größenverhältnis der verschiedenen Arten von Teichen berechnet v. d. Borne in seinem Handbuch der Fischzucht und Fischerei in folgender Weise. Wenn ein 2 ha großer Streichteich jährlich einsömmerigen Strich liefert und in den Streckteich Nr. 1 mit 500 Stück auf 1 ha besetzt werden soll, so ist eine Fläche von $\frac{2000}{500} = 40$ ha erforderlich; bei 10 % Verlust erhält man im Herbste 18000 zweisömmerige Karpfen. Bei einer Besatzstärke von 300 Stück auf 1 ha beanspruchen diese Fische $\frac{18\,000}{300} = 60$ ha Streckteich Nr. 2, und man erhält bei 5 % Verlust im folgenden Herbste 17 000 dreisömmerige Karpfen. Für eine Besatzstärke von 100 Stück auf 1 ha bedürfen dieselben $\frac{17\,000}{100} =$ 170 ha Abwachsteiche. Auf diese Weise erhalten wir folgendes Flächenverhältnis der Teiche 2 : 40 : 60 : 170 oder 0,75 % Laichteiche, 14,6 % Streckteiche I. Ordnung, 21,95 % Streckteiche II. Ordnung und schließlich 62,6 % Abwachsteiche.

Dr. Eckstein gibt (Fischzucht. Der Mensch und Erde.) das Größenverhältnis jener Teiche, welche ein Teichsystem bilden, folgendermaßen an:

Laichteiche und Hälteranlagen betragen	1 %
Streckteiche erster Ordnung	10 %
Streckteiche zweiter Orduung	30 %
Abwachsteiche	55 %
Überwinterungsteiche	4 %
Gesamtanlage	100 %

Der Deutsche Landesfischereiverein in Prag hat in der Landesschau in Komotau hinsichtlich der in Böhmen bewirtschafteten Teiche folgende Zusammenstellung veröffentlicht.

Mit Ende des Jahres 1912 wurden folgende Flächen als Teiche bewirtschaftet:

Streichteiche	1304,93 ha
Aufzuchtteiche	2117,47 ,,
Streckteiche	9676,24 ,,
Abwachsteiche	20869,59 ,,
Hälterteiche	1480,11 ,,
	35448,34 ha

Es ist selbstverständlich, daß die angeführten Beispiele keine Regel bei Aufteilung der zur Teichanlage verfügbaren Fläche bilden können. Dies muß dem Ermessen des Projektanten vollständig zur Beurteilung überlassen werden; denn an ihm wird es gelegen sein, die für die Zucht von Fischen vorhandenen mehr oder weniger günstigen Verhältnisse zu studieren und je nach Maßgabe der Absatzverhältnisse die Größe der einzelnen Teichgattungen zu bestimmen. Einem jeden Projekte hinsichtlich der Nutzung der anzulegenden Teiche muß ein wohl erwogener und begründeter Bewirtschaftungsplan angeschlossen werden.

IV. Lage der Teiche.

10. Vorbedingungen.

Im allgemeinen werden Teiche in jenen Gegenden am vorteilhaftesten angelegt werden können, wo der Bodenwert kein hoher ist, ein reichlicher Zufluß von reinem Wasser möglich ist und die auszuführenden Arbeiten keinen hohen Kostenaufwand erfordern werden.

Zu Teichanlagen eignen sich am besten breite, flache Talmulden mit mäßigem Gefälle, deren Ränder hoch genug sind, um einen schädlichen Rückstau des Wassers auf die benachbarten Grundstücke zu verhindern. Je mehr sich die Mulden einander nähern, so daß zur Herstellung von Teichen nur kurze Dämme errichtet werden müssen, umso geringer werden sich sodann die Herstellungskosten des Teiches ergeben.

Derartige natürliche Bodensenkungen sind fast in allen Gegenden vorhanden, sie liefern sehr häufig nur saueres Gras in unzureichender Menge. Nicht selten ziehen sie sich mit mäßigem Gefälle weit hin, so daß es nicht schwer fällt auf solchem Gelände eine größere oder geringere Zahl übereinander gelegener Teiche zu errichten. Diese Anordnung ermöglicht es, daß die Versorgung des unteren Teiches mit Wasser aus einem höher gelegenen Teiche erfolgen kann. Hierdurch können selbst geringere Wasserzuflüsse mit Vorteil zu Fischzuchtzwecken ausgenutzt werden.

In jenen Fällen aber, wo flaches Gelände nur schwer die vorteilhafte Ausnutzung des vorhandenen Wassers zuläßt, sind bereits im 15. und 16. Jahrhundert künstlich angelegte Zuleiter hergestellt worden. Solche zumeist als „Goldbach" oder „Kanal" bezeichnete Wasserbauten bestehen bis auf den heutigen Tag auf den Domänen Podebrad, Pardubitz, Wittingau, Netolitz in Böhmen u. a. m. und bewähren sich hinsichtlich der Wasserversorgung für die einzelnen Teiche in der besten Weise.

Kleinere Teiche sind im allgemeinen stets den größeren vorzuziehen und rechtfertigen die Mehrkosten, welche für eine größere Anzahl von Dämmen auf die gleiche Fläche verwendet werden müssen; denn ihr Wasser ist schnell erwärmt, sie gewähren den Fischen sodann mehr Nahrung im Verhältnis zu ihrer Fläche als große Teiche, die Abfischung verursacht verhältnismäßig geringere Kosten u. a. m.

Teiche finden sich in verschiedenen Höhenlagen von 300 bis 400 m vor. Über 600 m senkrechter Erhebung gibt es nur wenige Teiche. Der lange Winter mit der oft meterhohen Schneedecke, sowie Mangel an Sonnenwärme behindern eine vorteilhafte Produktion und dementsprechend die Rentabilität derartig hoch gelegener Teiche.

Für die Teiche ist stets eine mehr oder weniger geschützte Lage mit mäßigen Winden von Vorteil. Stürme verursachen an den Dämmen und sonstigen Bauwerken oft einen sehr erheblichen Schaden. Nicht minder leidet die Fischzucht darunter. Durch starke Winde werden die Fische in ihrem Weidegange gestört, sie verlassen die seichten Stellen, wo ihnen die meiste Nahrung geboten wird, und ziehen sich in die kalten Tiefen der Teiche zurück, woselbst sie nur wenig Nahrung finden.

Aber geradezu verhängnisvoll kann Sturm einem Laichteiche gegenüber werden. Die zarte Brut wird an den Teichrändern überrascht und mit dem Wellenschlag auf trockene Stellen geworfen. Durch den anhaltenden Wellenschlag wird in den seichten Teichen der Schlamm gehoben, das Wasser wird infolgedessen trüb, die Fische verschlämmen ihre Atmungsorgane. Falls dieser Zustand längere Zeit andauern sollte, ist das Absterben der Fische zu befürchten. Hingegen ist ein mäßiger Wind der Teichwirtschaft zuträglich, besonders dann, wenn die Fische infolge großer Hitze ermatten.

Aus den vorgebrachten Darlegungen ist es ersichtlich, daß es nötig ist, vor Anlegung eines neuen Teiches auch rücksichtlich der vorherrschenden Windrichtungen und der Stärke des Windes Erhebungen zu pflegen.

Die Nähe größerer Ansiedlungen, natürlich ohne Fabriksbetrieb, sowie die Umgebung von Äckern ist bei Anlage neuer Teiche besonder. zu berücksichtigen. In solchen Lagen enthalten die in den Teich zufließenden Wässer wertvolle nährstoffreiche Beigaben, welche für das Gedeihen und Wachsen der Fische von größtem Werte sind. Derartige Teichanlagen, vornehmlich die Dorfteiche, lassen ein künstliches Füttern der Fische als nicht nötig erscheinen.

Aufzuchtteiche werden am besten inmitten fruchtbarer Äcker angelegt, umgeben von mäßigen Anhöhen, gegen Ost- und Nordwinde geschützt, nach Süden hin ganz frei, so daß sie tagsüber von der Sonne beschienen und erwärmt werden können. In flachen Teichen, welche den tieferen vorzuziehen sind, zumal die Fleischproduktion nicht von der Kubikmasse des Wassers, sondern von der Größe der Bodenfläche abhängt, erwärmt sich das seichtere Wasser viel früher als das tiefe. Die moderne Teichwirtschaft lehrt, daß die Sonne das Wasser zu durchwärmen hat und die erwärmenden Lichtstrahlen bis auf den Teichboden dringen müssen, um Leben in das Wasser zu bringen. Im erwärmten Wasser wird aber nicht allein der Graswuchs gefördert, sondern die Fortpflanzung und Entwicklung der zahlreichen kleinen Lebewesen der Mikrofauna und Mikroflora — Plankton —, welche die Hauptnahrung der Fische bilden, wird hierdurch wesentlich unterstützt.

Bei Anlage neuer, besonders der Winterteiche hat man die Entfernung von den Hältern, der nächsten Eisenbahnstation sowie die Nähe einer guten Straße ins Auge zu fassen. Besonders sollen diejenigen Wege, auf welchen die Fische transportiert werden, stets in gutem, selbst im Winter fahrbarem Zustande erhalten werden, wenn die Fische bei der Verfrachtung nicht Schaden erleiden sollen.

Bei Anlage neuer Teiche ist auch der Kostenaufwand, auf die Flächeneinheit gerechnet, maßgebend. Je schlechter das Gelände ist, je besser und ertragreicher es sich durch Anlage von neuen Teichen gestaltet, und je günstiger das Absatzgebiet für die Fische ist, desto höhere Beträge können auch zur Anlage von Teichen aufgewendet werden. In der Regel werden Herstellungskosten- und Rentabilitätsberechnungen gegenübergestellt. Hieraus ergibt sich sodann der beste Aufschluß über die Vorteilhaftigkeit einer derartigen Anlage.

Waldteiche oder Teiche, welche gar über Torf- und Moorgrund angelegt, welche einen spärlichen, unregelmäßigen Wasserzufluß, der ausschließlich aus Wäldern kommt, erhalten und infolge Beschattung der belebenden und erwärmenden Sonnenstrahlen entbehren, haben einen sehr ungünstigen Standort. Derartige Teiche liefern die geringsten Erträge und einen weniger schmackhaften Fisch.

Die Lage der Teiche kann im allgemeinen als eine günstige bezeichnet werden, wenn sie gegen Süd offen gelegen, durch mäßige Anhöhen und weit entfernte Wälder gegen Nord geschützt und den belebenden Sonnenstrahlen ausgesetzt sind. Schutz gegen herrschende Winde, gutes, an Nährstoffen reiches Wasser in entsprechend großer Menge und Vermeidung aller Störungen an den Teichrändern sowie im Teich selbst sind die ausschlaggebenden Bedingungen für das vorteilhafte Gedeihen von Fischen

Der wirtschaftliche Erfolg einer jeden Teichanlage ist, neben einer großen Reihe anderer Faktoren, auch von der betreffenden Anlage selbst abhängig.

Eine wichtige, oft nicht genügend gewürdigte Frage ist, wie erwähnt worden, die richtige Auswahl des Ortes, an dem ein Teich angelegt werden soll, und dies aus dem Grunde, da bei Projektierung von neuen Teichen nicht allein technische, sondern auch kommerzielle und volkswirtschaftliche Gesichtspunkte gewürdigt werden müssen.

In technischer Beziehung muß die Frage gelöst werden, ob der Untergrund des Geländes, über welchem der neue Teich errichtet werden soll, genügend undurchlassend ist, und ob geeignetes Schüttungsmaterial zur Herstellung des Dammes in entsprechender Beschaffenheit vorhanden ist. Das zufließende Wasser, welches Verwendung finden soll, muß rein sein, hierin dürfen keine den Fischen schädliche chemische Bestandteile enthalten sein. Nach der Menge des zufließenden Wassers wird der Umfang des Teiches bemessen; ebenso wird von der Wassermenge die Art der Benutzung der Teichanlage abhängig gemacht. Teiche mit geringem Wasserzufluß eignen sich nicht zur Überwinterung der Fische und können nur als Streckteiche (Sommerteiche) Benutzung finden.

Soll die Ertragsfähigkeit eines Teiches nicht beeinträchtigt werden, so muß derselbe durch einen vorteilhaft angelegten Weg, welcher besonders zur Zeit der Abfischung auch befahren werden kann, zugänglich gemacht werden. Auch empfiehlt es sich, natürlich soweit es zulässig ist, die Teiche in der Nähe der Absatzgebiete anzulegen, um an Frachtkosten zu sparen und die Verwertung wirtschaftlicher zu gestalten.

Bei Teichanlagen spielen auch volkswirtschaftliche Rücksichten eine bedeutende Rolle. Teiche wären daher in jenen Gegenden anzulegen, wo der Wert der Fischnahrung bisher weniger bekannt ist. Wenig produktive Täler lassen sich durch rationelle Teichanlagen in produktive

Objekte verwandeln. Auch wird der Wasserspiegel des Teiches eine an sich sonst öde Gegend beleben und verschönern, in den meisten Fällen wird selbst auf die klimatischen Verhältnisse einer Gegend vorteilhaft eingewirkt.

Fassen wir das Vorbesprochene zusammen, so müssen, bevor man zur Anlage eines oder mehrerer Teiche schreitet, folgende Punkte einer gründlichen Erwägung und Prüfung unterzogen werden:

1. Die Lage des Teiches.
2. Die geologische Formation der Baustelle.
3. Prüfung der Terrain- sowie der klimatischen Verhältnisse.
4. Die Menge des zur freien Verfügung stehenden Wassers.
5. Die Beschaffenheit des Wassers.
6. Die Beschaffenheit des Untergrundes, auf welchem der Teichdamm errichtet werden soll.
7. Die Sicherheit vor Überschwemmungen.
8. Die Rechtsverhältnisse hinsichtlich Benutzung des Wassers.
9. Der Kostenpunkt und die Rentabilität der beabsichtigten Bauten.

Schon Calver gibt in seinem Werke: Historische und chronologische Nachricht und theoretische und praktische Beschreibung des Maschinenwesens und der Hilfsmittel bei dem Bergbau auf dem Oberharz. Braunschweig, 1763, Verlag der fürstlichen Waisenhausbuchhandlung, die Gesichtspunkte für die Auswahl eines geeigneten Tales zu einer Teichanlage folgendermaßen an:

„Wenn ein Teich zu bauen ist, so wird die Lage in Obacht genommen, ob ein flaches einen Wasserzufluß habendes Tal zwischen zween nicht allzu weit von einander liegenden Bergen fürhanden, allwo mit Aufführung eines mäßigen Dammes, ein den darauf aufzuwendenden Kosten proportionirtes Wassercorpus erhalten werden kann.“

Zwecks Ersichtlichmachung von seit Jahrhunderten im Betriebe befindlichen Teichanlagen wollen wir die Leser mit zwei allgemein bekannten Fischzuchtanstalten bekannt machen und führen die Zentral-Fischzuchtanstalt in Michaelstein und die Teichanlage von Wittingau an.

11. Zentral-Fischzuchtanstalt in Michaelstein.

Die Regierungen von Preußen, Braunschweig und Anhalt haben sehr zweckmäßige Maßregeln ergriffen, um die Fischerei in den Gewässern des Harzes zu verbessern, und es können dieselben für ähnliche Verhältnisse zum Muster genommen werden, weshalb die Zentral-Fischzuchtanstalt in Michaelstein näher beschrieben werden soll (Tafel I u. II).

Die Teiche, welche im Mittelalter bloß zur Karpfenzucht benutzt wurden, sind gegenwärtig zur Forellenzucht eingerichtet worden. Sie werden von zwei Bächen gespeist, welche am Ostabhange des Harzes entspringen, wenig Wasser führen und früher keine Forellen enthielten.

Der Kloster- und Silberbach speisen gegenwärtig 27 Teiche von 9,82 ha Gesamtausmaß. Das Wildgerinne ist oberhalb des Trockenteiches abgeleitet, es führt das Hochwasser bei Regengüssen und Schneeschmelze an den Teichen vorbei und hält die sehr bedeutenden Massen von Gerölle, Sand und Schlamm von den Teichen fern. Anläßlich der Teichabfischung fließt das Wasser durch das Wildgerinne ab, so daß es möglich ist, die Teiche nach Belieben vollständig trocken zu legen.

Die Teichanlagen zu Michaelstein zeigen ferner an, in welcher Weise die Fischerei in kleinen wasserarmen Bächen verbessert werden kann; auf diese Weise können alle Gebirgsbäche ertragreicher gemacht werden. Man sollte in den Tälern ablaßbare Teiche anlegen, dadurch würde auch dem bei Dürre eintretenden Wassermangel in wirksamer Weise begegnet, wovon nicht nur die Wiesen-, sondern auch die Werksbesitzer Nutzen ziehen könnten. Für größere Bäche, welche zeitweise erhebliche Wassermengen führen, müssen stets Abweisgräben angelegt werden, durch welche die der Fischzucht schädlichen Hochwässer von den Teichen abgeleitet werden.

Sowohl aus dem Lageplane (Tafel I) als auch aus dem Längenschnitte der ganzen Anlage (Tafel II) ist ersichtlich, in welcher vollkommenen Weise das Gelände für die Anlage von Teichen ausgenützt worden ist. In dem Falle, als das Wildgerinne nicht für Ableitung der Hochwässer eingerichtet worden ist, kann für die am Unterlauf des Baches gelegenen Teiche insofern die Gefahr bestehen, daß bei plötzlich eingetretenen Hochwässern, wenn die Ablaßvorrichtungen der einzelnen Teiche nicht genügend profiliert sind, die Teichdämme durch Überflutungen wesentlich bedroht wären. Das Profil der Ablaßvorrichtungen bei den zu unterst gelegenen Teichen muß daher nicht allein für katastrophale Hochwässer, sondern auch für den ungünstigsten Fall bemessen werden, der dann eintreten könnte, wenn der eine oder andere oberhalb gelegene Teich den zufließenden Hochwässern nicht standhalten sollte.

12. Die Teichwirtschaft der Fürst Schwarzenbergschen Domäne Wittingau in Böhmen.

Über die Teiche Böhmens erfolgt die erste geschichtliche Erwähnung im Stiftsbriefe König Ottokars über das Kloster Goldenkron vom Jahre 1233. Der Teichbau auf der Domäne Wittingau verdankt sein Entstehen dem Wirken der mächtigen Witkowetz, nämlich der Rosenberger, der Landsteiner usw., welche alle die fünfblätterige Rose im Wappen führten und im 13. Jahrhundert zu Wittingau herrschten.

In der zweiten Hälfte des 14. Jahrhunderts hat die Teichwirtschaft unter der Regierung Karls IV. großen Aufschwung genommen. Pelzel schreibt: „Kaiser Karl IV. ließ Teiche auf Staatskosten mit dem Bemerken: ut regnum nostrum piscibus et vaporibus abundaret" herstellen.

Im 14. Jahrhundert ist der 340 ha große „Steinröhrenteich" angelegt worden.

Im Jahre 1450 bestanden, auf Grund der im Archive befindlichen Aufzeichnungen, auf der Herrschaft drei große Teiche mit der beiläufigen Wasserfläche von 700 ha und überdies noch 17 kleinere Teiche.

Mit dem Anfange des 16. Jahrhunderts beginnt unter der Regierung Woks dann Peter des Älteren von Rosenberg der überaus tätige und rühmlichst bekannte Fischmeister Stepanek, wegen seiner Geburtsstadt „Netolicky" genannt, in der Anlegung neuer, als durch Vergrößerung schon bestandener Teiche seine Tätigkeit. Es sei besonders seine Umsicht und kluge Auswahl der Örtlichkeiten, wo neue Teiche angelegt werden sollten, hervorgehoben, so wie es ihm zuzuschreiben ist, daß er einen Zusammenhang der einzelnen Teiche anordnete.

Unvergeßlich machte sich jedoch Stepanek durch die Anlage eines auf Kosten der Herrschaft errichteten, die meisten Teiche verbindenden künstlichen Wasserlaufes, genannt „Goldbach". Der Goldbach zweigt ungefähr 10 km südlich von Wittingau bei Pilar (in der Tafel III mit A bezeichnet) von dem Flusse „Luschnitz" ab, durchzieht den Wittingauer Talweg in der Richtung von Süd nach Nord und mündet bei Wessely (in der Tafel bei B) wieder in die Luschnitz ein. Derselbe ist teils in das Gelände eingeschnitten, oder zwischen Paralleldämmen aufgesattelt, besitzt ungefähr 8 m Kronenbreite, 1 m Tiefe und ein durchschnittliches Gefälle von 0,000 75 bei einer Gesamtlänge von 45,2 km. Bei niederem Wasserstande durchfließen im „Goldbache" 1,3m^3/s, bei vollem Profil 3,8m^3/s.

Der Verlauf des Goldbaches ist in der Tafel III mit schwarzer Farbe kenntlich gemacht. Hierbei ist ersichtlich, daß der Abfluß vieler Teiche in den Goldbach erfolgt, um wieder dem nächsten Teich das Speisewasser zuzuführen. Der Bestand vieler Teiche ist von dem richtigen Funktionieren des Goldbaches abhängig.

Durch den Einbau von einigen Mühlen, welche in fremden Besitz übergegangen sind, ist die gegenwärtige Bedeutung des Goldbaches bedeutend abgeschwächt worden.

Wiederholt sind die Fischmeister der Domäne Wittingau auf andere Besitzungen als Ratgeber bei Neuanlage von Teichen berufen worden; so wurde der Fisch- und Teichmeister Zelisko zum Bischof von Passau berufen, zuvor war er beim Kurfürsten Pfalzgrafen am Rhein. Im Jahre 1529 ersuchte Kardinal-Erzbischof zu Salzburg um Absendung eines Teichmeisters; im Jahre 1530 bat Graf zu Salm am Inn um dortseitige Intervention des Teichmeisters Stepanek; im Jahre 1576 äußerte Kaiser Rudolf II. den Wunsch, Regent Krcin möge die Teiche in Podebrad besichtigen.

In den Jahren 1584—1590 wurde der Teich Rosenberg mit 490 ha Wasserfläche unter Leitung des Teichmeisters Krcin hergestellt. Nachdem man jedoch zu der Wahrnehmung gelangte, daß ohne vorherige, größte mögliche Abkehrung des diesen Teich durchziehenden Flusses Luschnitz der Bestand dieses großen Wasserbehälters mit 1100 km^2 umfassendem Einzugsgebiete gefährdet sein muß, so errichtete man im Jahre 1585, nicht ohne bedeutende Schwierigkeiten, den künstlichen, mit einem Damme versehenen 13,4 km langen Neubach (in der Tafel III mit den Buchstaben C D bezeichnet), welcher bei Hochwassergefahr das Wasser des Flusses Luschnitz vom Teiche Rosenberg ableitet und dem „Nescharkaflusse" zuführt. Von dem Neubache, einem der genialsten Werke Krcins, gestand er selbst, „daß dieser seine grauen Haare vermehrt habe".

Seit der zweiten Hälfte des 16. Jahrhunderts erstreckte sich der teichwirtschaftliche Betrieb der Domäne Wittingau auf 250—300 Teiche mit einer Wasserfläche von 4500—5000 ha.

Bis zum Schlusse des 16. Jahrhunderts wurden weitere Teiche mit 192—415 ha Wasserfläche errichtet, es bestand das Bestreben, imponierende Wasserobjekte, ohne jede Rücksichtnahme auf deren Verwendungsweise zur Fischzucht, herzustellen.

Während des 30 jährigen Krieges wurde die Teichwirtschaft auf der Domäne Wittingau arg vernachlässigt, es wurden sogar viele Teiche jahrelang gar nicht abgefischt. Die Ablaßvorrichtungen der meisten Teiche wurden zerstört, so daß mehrere Teiche dem Verfall preisgegeben waren.

Seit dem Jahre 1661 überging Wittingau in den Besitz der Grafen zu Schwarzenberg, nunmehrigen Fürsten zu Schwarzenberg. Durch Ankauf einiger Güter sowie durch Herstellung neuer Teiche wurde die Teichfläche nach und nach wiederum vermehrt, so daß Mitte des 18. Jahrhunderts der Stand mit 188 Teichen und einer bewirtschafteten Wasserfläche von 4550 ha erzielt worden ist. Mit Beginn des vorigen Jahrhunderts standen unter Wasser:

24 Hauptteiche mit	3490,90 ha	Fläche	=	73,9 %
172 Streckteiche mit	961,53 „	„	=	20,3 %
11 Kammerteiche mit . . .	179,47 „	„	=	3,9 %
10 Streichteiche mit	90,54 „	„	=	1,9 %
	4722,44 ha	Fläche		

Im Jahre 1912 waren von den unter Wasser gesetzten Teichen:

Hauptteiche mit	3467,86 ha	Ausmaß	= 67 %
Streckteiche mit	1397,47 „	„	= 27 %
Kammerteiche mit	258,76 „	„	= 5 %
Streichteiche mit	51,76 „	„	= 1 %
	5175,88 ha	Ausmaß	

V. Die Vorarbeiten.

Für die Anlage von neuen Teichen ist die Wahl eines passenden Ortes, an welchem der Teichdamm errichtet werden soll, von großer Wichtigkeit. Dies erfordert jedoch in jedem speziellen Falle eine gründliche Kenntnis des ganzen Geländes, dessen geologischer Beschaffenheit, ebenso Erhebungen über den Verlauf der Niederschläge, über die beiläufige Hochwassermenge, die Häufigkeit der Hochwässer und schließlich selbstverständlich über die Tauglichkeit des vorhandenen Wassers zu Fischzuchtzwecken.

Die Vorarbeiten werden daher folgende Erhebungen umfassen:

1. Vermessung und Nivellement des ganzen Geländes.
2. Berechnung der Jahresniederschläge, der niedrigsten und höchsten Wassermenge.
3. Chemische Analyse des vorhandenen Wassers.
4. Geologische Verhältnisse.
5. Wasserbedarf.
6. Wasserverdunstung.

13. Geodätische Vorarbeiten.

Der Umfang dieser Arbeiten, soweit es sich um Einholung der durch das Wasserrechtsgesetz und die einschlägigen Ministerialverordnungen, welche am Schlusse des Werkes als Anhang abgedruckt sind, handelt, ist eben durch diese Verfügungen gegeben, es muß daher bei Veranschlagung eines neuen Teiches strenge darauf Rücksicht genommen werden.

Außer den Generalstabskarten und den Spezialblättern ist nach Möglichkeit alles sonst vorhandene Kartenmaterial: Katastralmappen, die Aufnahmen des Reichsgeologischen Institutes, in den neuesten Auflagen zu sammeln, zu prüfen, zu berichtigen und zu ergänzen.

Aufmerksamkeit ist allen wasserwirtschaftlichen Verhältnissen, der Eintragung der Niederschlagsgebiete, Zu- und Ableitungen, Hochwasserüberschwemmungsgrenzen, Gefälle- und Querschnittsverhältnissen, Namhaftmachung der industriellen und landwirtschaftlichen Betriebe u. a. m., zuzuwenden.

Das Kartenmaterial gewährt den notwendigen Überblick über die Möglichkeit, Teiche anzulegen. Die Flächengröße der Niederschlagsgebiete, durch Eintragung ihrer Grenzen — der Wasserscheiden — kenntlich gemacht, läßt sich mittels Polarplanimeter oder durch Auflegung von Millimeterpapier berechnen.

Die Flächengröße des Regengebietes im Verein mit den meteorologischen Erhebungen, der Oberflächengestaltung und der Höhenlage geben den ersten oberflächlichen Überblick bezüglich des zur Verfügung stehenden Wassers und über die Vorteilhaftigkeit der beabsichtigten Anlage.

Danach erfolgt die genauere Aufmessung des abzusperrenden Tales durch einen Polygonzug, nach vorhergegangener Auspflockung und Nivellierung jener der Vermessung als Grundlage dienenden Fixpunkte; die genaue Aufnahme der Längen- und Querprofile, letzterer an den besonders charakteristischen Stellen des ganzen Geländes, schließlich Nivellement des Untergrabens. Sämtliche Angaben über die Messungsresultate sind auf die Meereshöhe der Landesaufnahme zu beziehen. Als Fixpunkte sind eigens gesetzte und entsprechend versicherte Steine, massive Bauwerke, Kilometersteine, Felsen u. dgl., deren Bestand auch während des Baues als gesichert erscheint, auszuwählen und deren Meereshöhe einzuholen.

Zur Aufnahme des Geländes bedient man sich am vorteilhaftesten des tachymetrischen Verfahrens und nachfolgender Konstruktion von Schichtenlinien. Je nach der Wichtigkeit der Teichanlage und der geforderten Genauigkeit der Aufnahme wird die Entfernung der Schichtenlinien und dementsprechend auch die Anzahl der auszuwählenden tachymetrischen Standpunkte maßgebend sein.

Rücksichtlich der Vornahme des Nivellements, der tachymetrischen Aufnahme, Konstruktion der Längen- und Querprofile und sonstiger geodätischer Arbeiten wird auf die einschlägige Literatur verwiesen.

Der Beckeninhalt bestimmt sich am besten aus den Flächen, welche die Kurven gleicher Meereshöhen, aus den Querprofilen in den Lageplan übertragen, bis zur Absperrstelle einschließen. Es werden dadurch die Oberflächen und die Inhalte des Teiches als Funktionen der Staukurve erhalten. Die Flächen sind zu berechnen (planimetrieren) und das Mittel aus zwei benachbarten mit dem zugehörigen Höhenabstande zu multiplizieren. Die Inhalte der einzelnen Schichten werden, vom Nullpunkt aus beginnend, so lange addiert, bis der Inhalt des Teiches erreicht wird.

$$J = \frac{F_1 h_1}{2} + \frac{(F_1 + F_2)}{2} h_2 + \frac{(F_2 + F_3)}{2} h_3 + \ldots\ldots$$

Nutzanwendung der Höhenschichten. Die in dem Lageplane auf Grund tachymetrischer Geländeaufnahme konstruierten Höhenschichten geben den besten Aufschluß über die zulässige Höhe des in einem anzulegenden Teiche einzuschließenden Wassers.

Gemäß § 10 des Gesetzes vom 28. August 1870 für Böhmen, über Benutzung, Leitung und Abwehr der Gewässer und § 41 des Wassergesetzes vom 7. April 1913 für das Königreich Preußen, darf das

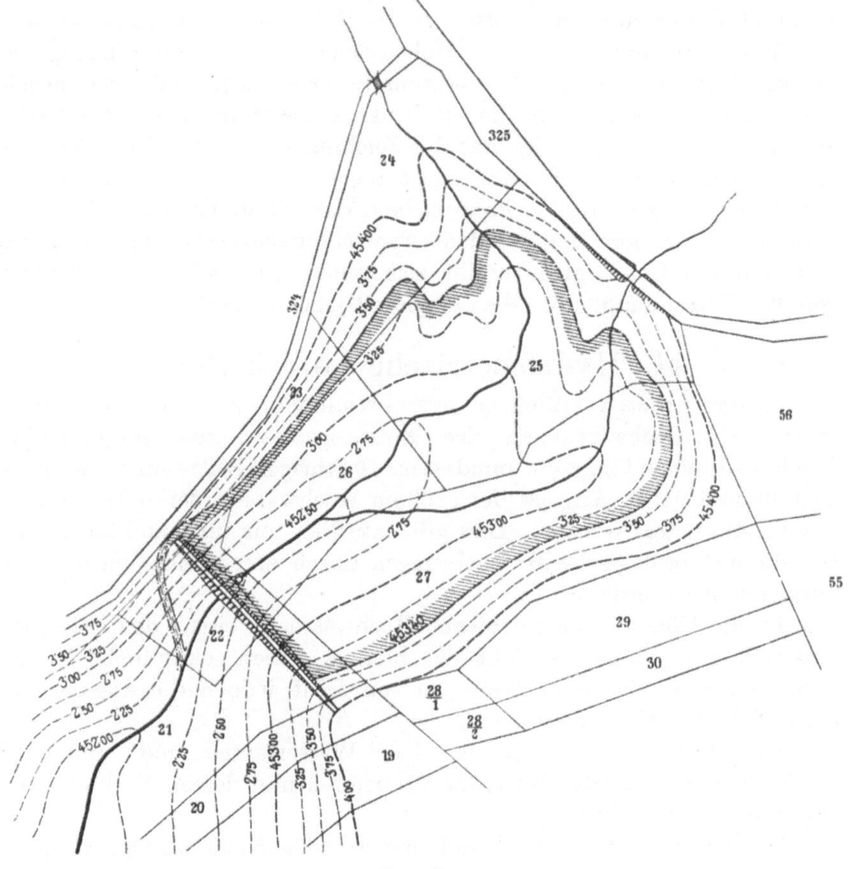

Fig. 7.

gestaute Wasser nicht auf fremde Grundstücke gelangen. Ist nun der Projektant im Besitze eines genauen Schichtenplanes, so kann die zulässige Höhe des gestauten Teiches ohne weiteres bestimmt werden, wenn die betreffende Höhenschicht als höchste Stauhöhe angenommen wird, bei welcher die Teichaustränkung fremde Grundstücke nicht berührt. Um selbst Austränkungen über fremde Liegenschaften bei Hochwässern zu vermeiden, empfiehlt es sich, den höchst zulässigen Stau gleich der Kote der Dammkrone anzunehmen.

Der bei Projektierung von Teichen zu beobachtende Vorgang läßt sich aus der Fig. 7, einem der Praxis entnommenen Beispiele, erklären.

Bei der mit 454,00 bezeichneten Höhe wird der Weg K. Z. 325 nicht mehr bespült, weshalb die Höhe der Dammkrone mit dieser Höhenkote angenommen werden kann. Die zulässige Spannung ist, entsprechend der Ministerialverordnung vom Jahre 1894, um 0,60 m tiefer als die Dammkrone, mithin in der Höhe von 453,40 m zu wählen.

Wird nunmehr in dem mit Höhenschichten versehenen Lageplane die auf diese Weise mit 453,40 m bestimmte wirtschaftliche Wasserspiegelhöhe und der Damm mit der Höhenkote 454,00 m mit roter Farbe eingezeichnet, so ergibt sich aus der Zeichnung die zukünftige Wasserspiegelfläche des neuen Teiches. Aus den vermittelst der Höhenschichten konstruierten Querprofilen kann sodann der Inhalt des im Teiche gestauten Wassers berechnet werden. Nach Maßgabe der bei der Aufnahme beobachteten Genauigkeit ergibt sich auch eine mehr oder weniger genaue Berechnung der Wasserspiegelfläche und des Stauinhaltes.

14. Hydrometrische Vorarbeiten.

In den meisten Fällen genügt es vollkommen, wenn die ombrometrischen Beobachtungen des Einzugsgebietes des projektierten Teiches für einen längeren, mindestens 10 jährigen Zeitraum zusammengestellt und durch Angabe der größten Hochwässer, deren Dauer und Intensität ergänzt werden. Dies gilt natürlich nur für jene Länder, wo bereits meteorologische Beobachtungen durch eine Reihe von Jahren vorgenommen werden.

Ist die Höhe der eingetretenen Hochwässer in einem charakteristischen Profile bekannt, so läßt sich hieraus dessen sekundliche Menge berechnen. Zu weiteren Berechnungen fehlt jedoch die Angabe der Zeitdauer des Hochwassers.

Die Abflußverhältnisse eines Wasserlaufes sind abhängig:

1. Von der Größe des Regengebietes und dessen Verhältnisses der Länge zur Breite.

2. Von der Jahreszeit und der Art der Niederschläge (Regen, Schnee).

3. Von der Größe der sekundlichen Niederschläge und deren Dauer.

4. Von der Durchlässigkeit der Oberfläche und des Untergrundes, dem Feuchtigkeitsgehalt der Erde bei Beginn des Regens, der Neigung des Geländes, der Art der Bodenbearbeitung u. a. m.

5. Die Temperatur und der Gehalt an Feuchtigkeit der Luft während des Regens und unmittelbar danach, sowie die Größe der Verdunstung.

Die zur Erde fallenden Niederschläge fließen zum Teil ab, ein Teil versickert und ein Teil verdunstet. Das Verhältnis dieser 3 Faktoren ist für jedes Regengebiet beziehentlich für jeden Wasserlauf ein anderes, und läßt sich daher deren Einwirkung nicht allgemein fassen oder, wie es vielerorts üblich ist, mit je $^1/_3$ zum Ausdruck bringen.

Zur approximativen Berechnung von Hoch-, Mittel- und Niederwasser hat Iszkowsky-Wien eine recht brauchbare spezielle Formel entwickelt:

1. Für die größten Hochwässer.

$$Q\,max = Ch \cdot m \cdot h \cdot F;$$

wobei bedeutet: h die Jahreshöhe des Niederschlaggebietes in Metern ausgedrückt, F die Größe des Niederschlaggebietes in Quadratkilometern (km²). Der Hochwasserkoeffizient Ch ist

für Niederungen mit . . . . . .0,025 bis 0,055 (Kategorie I und II),
für Hügelland mit . . . . .0,035 „ 0,125 („ I bis III),
für Mittelgebirge mit . . . . .0,040 „ 0,550 („ I „ IV),
für Hochgebirge mit . . . . . . .0,060 „ 0,800 („ I „ IV),

anzurechnen; wobei dessen Werte auch nach den Bodenkategorien I bis IV schwanken, und unter

Kategorie I stark durchlässiger Boden, üppige Vegetation, Ackerland,
„ II mittlere Verhältnisse,
„ III wenig durchlässiger Boden, schwache Vegetation,
„ IV gefrorener Boden, ohne Vegetation mit Schnee bedeckt,

zu verstehen ist.

Beschaffenheit des Niederschlagsgebietes	Abflußmenge Q m³ in der Sekunde und Quadratkilometer	
	Hochwässer m³	Niederwässer m³
1. Stark gebirgige Gegend . . .	0,30—0,45	0,003
2. Bergige Gegend	0,20—0,25	0,002
3. Hügelland	0,15—0,17	0,002
4. Flachland	0,15—0,12	0,002

Der Koeffizient m ist abhängig von der Größe des Niederschlaggebietes F und ist zu wählen:

Für F = 1 km²	. . .10,0	Für F = 100 km²	. . .7,40
10 „	. . . 9,5	150 „	. . .7,10
20 „	. . . 9,0	200 „	. . .6,87
30 „	. . . 8,5	250 „	. . .6,70
40 „	. . . 8,23	300 „	. . .6,55
50 „	. . . 7,95	350 „	. . .6,37
60 „	. . . 7,75	400 „	. . .6,22
70 „	. . . 7,60	500 „	. . .5,90
80 „	. . . 7,50	800 „	. . .5,12
90 „	. . . 7,43	1000 „	. . .4,70

2. Für Mittelwasser.

$$Q m = 0{,}031\,71\, Cm \cdot hF;$$

wobei der Koeffizient Cm (mittlerer Jahresabfluß) schwankt:

für Niederungen von	0,20	bis	0,30
„ Hügelland von	0,35	„	0,40
„ Mittelgebirge von	0,40	„	0,55
„ Hochgebirge von	0,60	„	0,70

3. Kleinstes Normalwasser.

$$Q\,min = 0{,}013\, Cm \cdot h\, F.$$

Für die Teichbesitzer sind nur die Daten der größten und der niedrigsten Wässer maßgebend.

Um gegen das Hochwasser genügenden Schutz zu gewähren, müssen sämtliche bei einem Teiche errichteten Ablaßvorrichtungen entsprechend dimensioniert sein. Mit dem kleinsten Normalwasser hat der Teichwirt aus dem Grunde zu rechnen, um beurteilen zu können, ob es ausreichend sein wird, die auszuführenden Teichanlagen bei Eintritt der ungünstigsten Verhältnisse mit dem erforderlichen Wasser versorgen zu können.

Das Verhältnis zwischen den niedergegangenen und den abgeflossenen Wassermengen in einem oder dem anderen Regengebiet wird durch den sog. Abflußkoeffizienten ausgedrückt. Die richtige Ermittlung des Abflußkoeffizienten und dessen Bezugnahme auf die Hochwässer muß zu den schwierigsten hydrotechnischen Aufgaben gezählt werden. Das Maß der abgeflossenen Regenmenge ist von so vielen Zufälligkeiten abhängig, daß es gänzlich unzulässig ist, allgemeine Regeln, selbst für einzelne Einzugsgebiete, festzustellen.

Der Abfluß des Niederschlages erfolgt einesteils oberirdisch, anderenteils nach erfolgter Einsickerung durch die Quellen. Für die Größe beider Wassermengen in einer bestimmten Stelle sind maßgebend:

1. Die Größe und Konfiguration des Regengebietes, dessen Länge im Vergleiche zur Breite und alle jene Einflüsse, welche auf die Geschwindigkeit und Zeit des Abflusses maßgebend wären.
2. Die Jahreszeit und der verschiedene Aggregatzustand der atmosphärischen Niederschläge (Regen, Schnee, Tau, Nebel usw.).
3. Die sekundliche Menge der Niederschläge und deren Dauer.
4. Durchlässigkeit der Oberfläche und des Untergrundes sowie die geologische Beschaffenheit des Regengebietes; schließlich der Feuchtigkeitsgrad des Erdreiches zur Zeit des Regens, Neigungs-, Kulturverhältnisse des Geländes.

5. Die **Temperatur** und der **Feuchtigkeitsgrad** der **Luft** während der Zeit des Niederschlages und unmittelbar hernach, woraus ein Schluß auf die Intensität der Verdunstung gezogen werden kann.

Um zu erfahren, ob für die anzulegenden Teiche genügendes Wasser zum Füllen derselben vorhanden sein wird, bedient man sich der Formel

$$Q = x \cdot N \cdot F$$

worin x den Abflußkoeffizienten bedeutet. Die Jahresmengen (N) können den Jahrbüchern des k. k. Hydrographischen Zentralbureaus entnommen werden, während das Einzugsgebiet (F) von der Generalstabskarte, in welcher es eingezeichnet wird, entweder mittels eines Planimeters oder Millimeterpapiers berechnet werden kann.

Franzius hat im Deutschen Bauhandbuche nachfolgende Tafeln für den Abflußkoeffizienten, mit Rücksicht auf den kleinsten und den größten Abfluß unter den verschiedenartigsten Verhältnissen, veröffentlicht:

Von 1 km^2 Regengebiet fließen ab	Niedrigwasser m^3	Hochwasser m^3	Verhältnis beider	Anmerkung
Hochgebirge, Quellgebiet, Gletscher	0,002—0,004	0,35—0,60	1: 150	Bedeutende Niederschläge, rascher Abfluß.
Gebirgsgegend, Hügelland, steile Lehnen	0,002	0,18—0,23	1: 90	Mindere Niederschläge, sanfter Abfluß.
Hügelland, sanfte Lehnen	0,0018	0,12—0,18	1: 75	Kleine Niederschläge, langsamer Abfluß.
Flachland	0,0016	0,06—0,12	1: 50	Geringe Niederschläge, langsamer Abfluß.
Flachland mit Sand oder Moorboden .	0,0012—0,0015	0,035-0,06	1: 15	Geringe Niederschläge im Regengebiete zurückgehalten.

Das **Hydrographische Zentralbureau** gibt den 25 jährigen durchschnittlichen Abflußkoeffizienten für die Elbe bei Tetschen x = 0,28 – 0,25 an; für die Donau in den Jahren 1887, 1890 und 1891 mit 0,63, 0,68 und mit 0,70. Im Jahre 1900, zur Zeit der Hochwässer, wurde der Abflußkoeffizient mit 0,386, 0,412 und mit 0,351 berechnet.

Die Festlegung einer brauchbaren Formel zur Berechnung des Abflußkoeffizienten gab Anlaß zu verschiedenartigen Studien und Erwägungen. Mit diesem Gegenstande haben sich viele Hydrotekten, als: Klunzinger, Lautetberg, Izskowsky, Michaelis, Lueger u. a. m. befaßt.

Für die Durchflußprofile von Eisenbahnbrücken werden folgende Maxima des abgeflossenen Wassers angenommen:

Regengebiet kleiner als 1 km²	. . . .	5—3 m³,
„ von 1— 10 „	. . . .	3—1,5 „
„ „ 10— 40 „	. . . .	1,5—1,0 „
„ „ 40—100 „	. . . .	1,0—0,7 „
„ „ 100—300 „	. . . .	0,7—0,5 „
„ „ 300—600 „	. . . .	0,5—0,4 „
und größer als 600 km²	. . . .	0,4 „

Intze nahm bei Talsperrenüberfällen als mittleren Abfluß 3 m³ von 1 km² in der Sekunde an. Ähnliche Ansätze müssen bei den Abflußvorrichtungen der Teiche zur Anwendung gelangen, wenn der Teichdamm nicht durch eingetretenes Hochwasser überflutet, und die ganze Anlage gefährdet beziehentlich vernichtet werden soll.

Auf Grund von vergleichenden Berechnungen zwischen der Größe des Regengebietes, der Niederschläge und des beobachteten Abflusses hat Pascher folgende Tabelle zusammengestellt, worin der Abflußkoeffizient für größere Regengebiete Gültigkeit besitzt:

Größe des Regengebietes km²	Max. Niederschläge in 1 Stunde mm	Max. Regenmenge von 1 km² in 1 Sekunde m³	Max. Abfluß beim höchsten Stande v. 1 km² in 1 Sekunde m³	Koeffizient	Größe des Regengebietes km²	Max. Niederschläge in 1 Stunde mm	Max. Regenmenge von 1 km² in 1 Sekunde m³	Max. Abfluß beim höchsten Stande v. 1 km² in 1 Sekunde m³	Koeffizient
1	90	25,0	17,5	0,7	500	7,5	2,1	1,2	0,6
2	85	23,6	16,5	0 7	1 000	5,7	1,6	0,95	0,6
3	80	22,2	15,5	0,7	2 000	4,3	1,2	0,72	0,6
4	76	21,1	14,7	0,7	3 000	3,6	1,0	0,60	0,6
5	72	20,0	14,0	0,7	4 000	3,0	0,83	0,50	0,6
10	60	16,6	11,6	0,7	5 000	2,6	0,72	0,43	0,6
20	45	12,5	8,7	0,7	10 000	1,5	0,42	0,25	0,6
30	34,5	9,6	6,7	0,7	20 000	1,15	0,32	0,19	0,6
40	28,0	7,8	4,7	0,6	30 000	1,05	0,29	0,18	0,6
50	24,0	6,7	4,0	0,6	40 000	0,95	0,26	0,16	0,6
100	17,0	4,7	2,8	0,6	50 000	0,85	0,24	0,14	0,6
200	12,8	3,6	2,1	0,6	100 000	0,60	0,17	0,10	0,6
300	10,0	2,8	1,7	0,6					

Für den Fall, als die Größe der Niederschläge in einem Einzugsgebiete nicht bekannt wäre, so kann die Menge des abgeflossenen Wassers von 1 km², unter Benutzung der von Kresnik aufgestellten Formel, berechnet werden:

$$Q = \alpha - \frac{32}{0,5 + \sqrt{F}}; \; Q \text{ in } m^3$$

F = km², α = 1, nur in den Fällen, wo der Abfluß behindert ist, wird α = 0,8 bis 0,6 angenommen.

Durch Vergleich mit den Angaben von Pascher ersehen wir, daß die Formel von Kresnik ein genügendes Maß an Sicherheit bietet.

Wohl soll der Teichwirt einen Höchstwasserstand in seinen Teichen halten, aber er muß darauf bedacht sein, daß die Teiche eine plötzliche Steigung über den Höchstwasserstand ohne Gefahr für die Bauwerke, vertragen können.

Daher ist zu verlangen, daß ein Überfall von solcher Gesamtbreite und Anordnung vorgesehen wird, daß er allein imstande ist, auch das größte Hochwasser ohne Dammüberflutung abzuführen. Da jede Hochflut alle früher beobachteten an Ausdehnung übertreffen kann, so ist den ungünstigsten Annahmen noch ein Zuschlag zu geben.

15. Chemische Analyse des Wassers.

Das Wasser als solches kommt in der Fischzucht als Nährquelle nur in untergeordnetem Maße in Betracht, denn die in demselben gelösten Nährstoffe sind verhältnismäßig wenig reichlich im Vergleich zu denen des Teichbodens. Das Wasser spielt als Nährquelle nur in denjenigen Fällen eine bedeutende Rolle, wo zugleich Nährstoffe im gelösten (Jauche, Kunstdünger usw.) oder im festen Zustande (feste Düngerbestandteile, Insekten, Schnecken u. a. m.) aus benachbarten Düngerstätten, Häusern, Wiesen und Äckern in den Teich hineingeschwemmt werden. Derartige Teiche, zu denen insbesondere die sog. Dorf- und Hausteiche gehören, sind oft überreich an Nahrung, so daß in ihnen mitunter ein Zuwachs bis 400 kg und mehr auf ein Hektar und Jahr erzielt wird.

Ob und wieweit ein sonst ausgiebiger Wasserzufluß zur Speisung von Fischteichen überhaupt geeignet ist, läßt sich nach dem Vorkommen der etwa in ihm lebenden Fischarten, sodann aber auch nach dem Pflanzenbestande des Wassers und seiner Ufer einigermaßen beurteilen. Das Vorkommen von: Laichkraut, Hornkraut, Wasseraloe, Armleuchter, Froschbiß, Seerose, Wassersüßgras, Rohrglanzgras, Wasserehrenpreis, Brunnenkresse, Wasserrispengras u. a. m. läßt auf gutes und brauchbares Fischwasser schließen. Überall, wo Moos, Simse, Binse, Segge, Teich-Schachtelhalm, Schilfrohr, Wasserschierling u. a. m. vorkommen, hat man es mit minderwertigem, für die Fischzucht weniger geeignetem Wasser zu tun. Je üppiger das Grün von Blättern und Stengeln der Pflanzen ist, die in dem Wasser leben, um so vorteilhafter ist das Wasser für die Fische.

Über das allfällige Vorhandensein von sonstigen schädlichen Beimengungen gibt die chemische Untersuchung den besten Aufschluß. Zur chemischen Untersuchung eines Wassers ist eine Menge von ungefähr 3 Litern erforderlich; die Gefäße, welche zur Aufnahme dieser Proben dienen, müssen rein sein und können mit dem zu untersuchenden Wasser ausgespült werden.

Die Untersuchung des Quell-, Fluß- und Teichwassers erstreckt sich auf:

1. die Temperatur,
2. Klarheit und Durchsichtigkeit,
3. Farbe, Nachweis organischer Substanzen,
4. Geruch,
5. Geschmack,
6. Prüfung auf das Vorkommen von salpetriger Säure,
7. Prüfung auf das Vorkommen von Salpetersäure,
8. Ammoniak und Härtegrad,
9. Untersuchung auf das Vorkommen noch anderer chemischer Verunreinigungen.

Die Teiche können verschiedenartiges Wasser enthalten, und zwar:

1. Reines Quellwasser, nur wenige Nahrungsstoffe mitführend ist kalt, sauerstoffarm, den Friedfischen wenig zusagend; manchen Raubfischen, vorzüglich der Forelle, ist es zuträglich. Besteht kein anderer Zufluß in den Teich als Quellwasser, und ist der Teichboden aus Sand zusammensgestellt, so wird ein solcher Teich zu den armen, wenig ertragreichen gezählt.

Finden sich jedoch in dem Quellwasser größere Mengen von mineralischen Bestandteilen oder freie Kohlensäure (mehr als 50 mmg in 1 l Wasser), so ist ein solches Wasser den Fischen geradezu schädlich und muß von dem Teiche ferngehalten werden.

2. Das Regen- und Schneewasser führt zumeist aufgelöste Nahrungsstoffe mit sich und ist den Fischen zuträglich. Besonders im Sommer bei Strich- und Gewitterregen wird den Fischen ein Wasser von hohem Nährwerte mit vielen Nährstoffen zugeführt. Die kostbaren, von den Feldern abgeschwemmten Substanzen würden dem Meere zuströmen, dem Grundbesitzer, ja dem ganzen Lande verloren gehen, wenn sie nicht in den Teichen aufgefangen und in Fischfleisch umgesetzt würden.

3. Das Bach- und Flußwasser ist mehr oder weniger weich oder auch hart, je nachdem es den Sonnenstrahlen ausgesetzt war, oder nach Maßgabe der darin aufgelösten fremden Stoffe. Infolge der

günstigen Eigenschaften können Teiche, welche mit Bach- oder Flußwasser gespeist werden, zu den ertragreichsten gezählt werden.

Für die Fischzucht ist es vorteilhaft, daß der Wasserzufluß ganz nach Bedarf geregelt werden kann und, daß die Fische somit durch den Zufluß in keiner Weise beunruhigt werden.

4. Das Torf-, Moor- und Waldwasser ist gewöhnlich rein, jedoch von dunkler Farbe; diese Wässer enthalten wenig Nährstoffe und werden erst nach Berührung mit der Luft und durch atmosphärische Einflüsse sowie durch Vermengung mit Regen- und Schneewasser, für Fischzuchtzwecke wertvoll.

Ohne chemische Untersuchung läßt sich einwandfreies Wasser an einer frischen und lebhaften Pflanzenvegetation und einer entsprechenden Tierwelt erkennen. Findet man im Wasser muntere Kleintierwelt, ganz besonders die kleinen Krebstiere, dann ist es einwandsfrei und kann zu Fischzuchtzwecken benutzt werden. Die Anwesenheit dieser Kleintierwelt bildet gleichzeitig ein untrügliches Kennzeichen dafür, ob im Wasser genügender Luftgehalt enthalten ist oder nicht. Findet man speziell in Quellen den Flohkrebs (Gammarius pulex), dann kann man mit Sicherheit annehmen, daß der Sauerstoffgehalt derselben hinreichend groß ist, da dieser Kruster, welcher der hauptsächlichste Bewohner der Quellen ist, ein großes Sauerstoffbedürfnis besitzt.

Im allgemeinen lieben die Fische ein helles und klares Wasser, doch vertragen Karpfen und Schleien bis zu einem Grade auch trübes Wasser.

Der Gehalt des Wassers an gelöstem Luftsauerstoff betrage nicht unter 1 cm^3 Sauerstoff für 1 l, bei Forellenteichen nicht unter 3,5 cm^3. Die Geringfügigkeit des Sauerstoffgehaltes kann lediglich durch die Menge des Wassers bis zu einem gewissen Grade ausgeglichen werden, da dann die Fische immer jene Stellen aufsuchen können, in denen der Sauerstoff noch nicht verbraucht ist. Ein m^3 Wasser enthält bei 2^0C ungefähr 7 Liter Sauerstoff. Nach Versuchen von Regnard (Recherches experimentales) verbraucht 1 kg Fisch in einer Stunde 15 m^3 Sauerstoff.

Welchen Einfluß die in den Gewässern enthaltenen verschiedenen chemischen Substanzen auf die Fische ausüben, ist bisher noch so gut wie ganz unbekannt. Es ist nur bekannt, das ein zu großer Mangel an Eisen und Kalk auf die Gewässer insofern ungünstig einwirkt, als sich dann wenige niedere Algen und wenige niedere, den Fischen als Nahrung dienende Tiere, entwickeln; umgekehrt wird aber auch ein zu großer Gehalt an Eisen und Kalk der Fischerei auf die gleiche Weise schädlich, daß die Entwickelung der niederen Tierwelt stark herabgedrückt wird. Ein zu hoher Eisengehalt des Wassers benachteiligt ferner die Entwickelung an Fischeiern und Brut und kann durch seinen starken Sauerstoffverbrauch (bei Oxydation der Oxydulsalze in Oxydsalze) besonders bei starkem Gehalt an organischen Stoffen, mögen dieselben von einem reichen Pflanzenleben oder von Abwässern herkommen, zum Verderben des Wassers und daher zum Zugrundegehen der Fische führen.

Was den Gehalt an Kochsalz anlangt, so hindert ein hoher Gehalt (0,8 %) die Entwickelung der Lachs- und der Forelleneier, und hierauf ist es wohl zurückzuführen, daß die Lachse und Meerforellen zum Laichen aus der See in die Süßwasserströme und Flüsse aufsteigen. Im allgemeinen zeigen sich die Fische in bezug auf die salzige Beschaffenheit des Wassers außerordentlich anpassungsfähig, was wohl am besten dadurch illustriert wird, daß nicht nur die eigentlichen Wanderfische, als Lachse, Aale u. a. m. ohne Schaden aus dem Meerwasser in das Süßwasser als auch umgekehrt übertreten können, sondern, daß auch unsere eigentlichen Süßwasserfische, als Hecht, Barsch, Kaulbarsch, Plötze, Stichling usw. es ohne weiteres vertragen, wenn sie z. B. aus dem Süßwasser in die Ostsee gelangen, ja, wie es scheint, sich sogar durch einen plötzlichen Wechsel in dieser Beziehung gar nicht beeinträchtigt fühlen. Es finden sich selbst manche Fischarten der Süßwässer sogar ständig in der Ostsee. Allerdings ist der Salzgehalt dieser Wässer ein verhältnismäßig geringer. Andere Fische hingegen, als Zander, Bleie, Schleie, Karauschen usw., vertragen wohl auch diesen Wechsel, suchen ihn aber, soweit sie können, zu vermeiden, d. h. sie suchen immer das Süßwasser wiederzugewinnen.

Alle diese Beobachtungen beruhen bisher aber nur auf praktischen Erfahrungen; planmäßige Arbeiten darüber, welche Gewichtsmengen von den im freien Wasser vorkommenden Substanzen von den Fischen gut oder schlecht vertragen werden, besitzen wir zurzeit leider noch nicht, und es gehen auch sogar die auf praktischen Erfahrungen fußenden Anschauungen, z. B. über die relative Bekömmlichkeit des harten und weichen Wassers, für die einzelnen Fischarten sehr weit auseinander.

Nach Hofer sind Belastungen fließender Wässer mit Abwässern der Chlorkaliumfabriken, infolge welcher die Härte des Wassers bis 50 D. Gr. und falls der Gehalt an Chlormagnesium bis 0,047 % ansteigt, für die Flora und Fauna nicht schädlich.

Oberflächenwasser, das Eisenoxydschlamm führt, ist für Fische sehr schädlich, da sich das fein verteilte Eisen mit dem Atemwasser auf den Kiemen der Fische festsetzt und somit Erstickungen hervorruft. Der Geruch eines solchen Wassers ist dumpfig, moorig, der Geschmack fade, Farbe schwach gelblich bis gelbbraun.

16. Geologische Verhältnisse.

Für Teiche ist die Frage, ob die geologischen Verhältnisse ein Durchsickern des unter Wasserdruck befindlichen Teichinhaltes unter der Gründungsfläche des Teichdammes hindurch in der Teichsohle oder in den Hängen ermöglichen, und wie ein solches zu verhindern wäre, von sehr großer Wichtigkeit.

Neben der Tragfähigkeit und gänzlicher Unbeweglichkeit der Gründungssohle ist noch weiter die absolute Wasserundurchlässigkeit ein unbedingtes Erfordernis einer jeden neuen Teichanlage. Um den festen und dichten Baugrund unter den meist nicht unbedeutenden Verwitterungs- und Alluvionschichten der Talsohlen vorläufig festzustellen, mögen Sondierungen und Bohrungen genügen. Kommen in der Baugrube zahlreiche in die Tiefe reichende Klüfte mit verwitterten oder eingelagerten Schichten vor, oder wird gar eine ausgedehnte Störungszone mit Wasseraufbrüchen angeschnitten, so ist ein anderer geeigneter Ort für den Aufbau des Teichdammes zu bestimmen oder die Baustelle ganz zu verlassen.

Die eisenhaltigen, tonigen, kalkigen Bindemittel werden nach und nach von dem weichen, unter Druck stehenden Wasser gelöst und in unmeßbaren Mengen weggeführt.

Massengesteine, Granite, Porphyre, Trachyte, Basalte und ähnliche gewähren, obgleich auch sie häufig Spaltenbildungen, Zersetzungs- und Zerstörungszonen aufweisen, größere Sicherheit, weil sie denn doch gegen jegliche Art der Zerstörung verhältnismäßig widerstandsfähig sind. Selbst wenn es nicht gelingen sollte, die Spalten zu schließen, so verursachen die Wasserverluste nicht auch gleichzeitig eine fortschreitende Zerstörung.

Über die verschiedenen Arten, Teichdämme auszuführen, werden wir Gelegenheit finden, im VII. Kapitel auf die gebräuchlichsten Methoden behufs Erzielung einer vollständigen Standfestigkeit und Wasserundurchlässigkeit der neu herzustellenden Dämme hinzuweisen.

Wenn der Boden des anzulegenden oder eines bereits fertiggestellten Teiches sehr durchlässig ist, so daß das eingebrachte Wasser schnell versickert, so kann man durch künstliche Dichtung dem Übel vorbeugen. Hierzu verwendet man in der bei anderen Dichtungsarbeiten erprobten Weise eine Mischung aus Ton und Sand, die lagenweise eingebracht, festgestampft und gewalzt wird. Reiner Ton bekommt leicht Risse, ein Zusatz von Sand ist darum erforderlich. Die Dichtung muß mindestens 0,3 m stark sein. Sehr vorteilhaft ist es sowohl für die Dichtigkeit des Teichbodens wie für den Nährwert des Teiches überhaupt, wenn man das Dichtungsmaterial während des Stampfens mit Kalkmilch begießt. Künstliche Dichtungen, mit Asphalt- Blei-

Isolierplatten oder Ruberoid-Isolierpappe ausgeführt, sind kostspielig; sie können daher nur in Ausnahmefällen bei besonders bevorzugten Teichanlagen in Frage kommen. Schon die Dichtung des Teichbodens durch eine Tonschicht ist im allgemeinen für die Anlage von Fischteichen zu teuer und wird nur sehr selten ausgeführt. In den meisten Fällen wird der Teichboden so verwendet, wie ihn die Natur bietet. Im übrigen darf man darauf rechnen, daß die unfehlbar im Teiche entstehenden Schlammablagerungen im Laufe der Zeit kleinere Undichtigkeiten schließen.

Bezüglich der Bodenbeschaffenheit künftiger Teichgelände ist neben der natürlichen Fruchtbarkeit sowohl die Zusammensetzung des Bodens als auch dessen Verhalten zum Wasser von großer Bedeutung. Je fruchtbarer ein Boden als Kulturland ist, desto besser eignet er sich für die Anlage von Fischteichen, und je unfruchtbarer der Teichgrund, desto schwächer darf der Teich besetzt werden, und desto mehr ist es nötig, durch Meliorierung oder Düngung des Teiches oder durch künstliche Fütterung den Abgang an Nährstoffen zu ersetzen.

Bei der Einteilung der Bodenarten wird entweder deren Ertragsfähigkeit oder deren Fähigkeit, gewisse Getreide- oder Holzarten in hervorragendem Maße zum Wachsen zu bringen, berücksichtigt. In landwirtschaftlicher Beziehung lassen sich zwei Hauptgruppen: Primitiv- und Derivativböden unterscheiden, wenn man unter „Boden" die oberste lockere und zum Teil erdige Schicht unserer Erdrinde, soweit dieselbe imstande ist, wenn auch noch so kümmerlichen Pflanzenwuchs zu tragen, versteht.

Zur weiteren Gliederung der verschiedenen Bodenarten innerhalb der beiden Hauptabteilungen benutzen wir am besten das sowohl den wissenschaftlichen als auch den praktischen Anforderungen in gleicher Weise gerecht werdende physikalische Ackerklassifikationssystem, welches Albrecht Thaer in Vorschlag gebracht hat. Thaer unterscheidet die Bodenarten nach den darin hauptsächlich vorwaltenden Gemengteilen, welche wir als Hauptbodenkonstituente bezeichnen können: 1. Steinböden (Geröll-, Schotter-, Grand- und Grießboden). 2. Sandböden. 3. Lehmböden. 4. Tonböden. 5. Mergelböden. 6. Kalkböden. 7. Moorböden. 8. Humusböden.

Sand- und Geröllboden ist als Teichuntergrund minderwertig; große Wasserdurchlässigkeit und Mangel an Fischnahrung gestatten keine günstigen Rentabilitätsergebnisse.

Lehmboden besteht der Hauptsache nach aus Lehm, dem jüngsten alluvialen Anschwemmungsprodukt, welchem oft Sand, etwas Humus beigemengt ist. Er erscheint zur Anlage von Teichen besonders dann geeignet, wenn die Teichsohle mit fruchtbaren Bodenschichten bedeckt ist, die abgeschürft werden dürfen.

Tonboden enthält 35—50 % Ton sowie Sand und Humus, besitzt einen großen Grad von Undurchlässigkeit, begünstigt aber infolge der Eigenschaft, die im Wasser gelösten Gase, Alkalien und Salze zurückhalten zu können, die Entwickelung der natürlichen Fischnahrung weniger, weshalb an eine ergiebige Zufuhr von Nährmitteln gedacht werden muß. Ton ist kieselsaure Tonerde mit Wasser

$$(Al_2O_3 \cdot 2\,SiO_2 + H_2O).$$

Mergelboden unterscheidet sich von Lehm- und Tonboden nur durch seinen 5—50 % betragenden Kalkgehalt. Je nachdem er diesem oder jenem mehr oder weniger ähnlich ist, besitzt er die Eigenschaften der einen oder anderen Bodenart in einem gewissen, durch den Kalkgehalt zum Teil günstig beeinflußten Maße.

Der Mergel wird speziell Tonmergel genannt, wenn der Tongehalt bis 60 % beträgt; nimmt der Kalkgehalt zu, dann heißt er Kalkmergel, allenfalls Sandmergel, sobald der Kieselsäuregehalt in Form von Sand ein größerer wird.

Kalkboden und kalkhaltige Böden. Reiner Kalkboden, bestehend zumeist als kohlensaurer Kalk ($CaOCO_2$), ist trocken und unfruchtbar. Gelände, dessen Untergrund aus reinem Kalkboden besteht, sind zu Teichanlagen überhaupt ganz ungeeignet. Ein nur im geringen Grade kalkhaltiger Boden dürfte für Fischteiche nur insofern von Vorteil sein, als er keiner allzu schnellen Versäuerung unterworfen ist, dagegen ist ein bedeutender Kalkgehalt des Untergrundes über 75 %, der Fischzucht nachteilig. Befindet sich jedoch im Kalkboden Sand und Humus, so daß er als humoser, toniger oder lehmiger angesprochen werden kann, so müssen derartige Böden zu den fruchtbarsten gezählt werden.

Moorboden besteht aus abgestorbenen Pflanzenresten. Er ist im Urzustand stark wasseraufnehmend, nahrungsarm und schwer durchlässig, wegen seines großen Wassergehaltes aber auch schwer erwärmungsfähig. Durch die Entwässerung wird zugleich eine Verwesung und damit ein starkes Setzen der Humusschicht bewirkt. Starke Kalkungen befördern den Verwesungsprozeß und die Entsäuerung in Verbindung damit auch die Fruchtbarkeit des Bodens. Solche Flächen werden am besten erst einige Zeit landwirtschaftlich benutzt und sodann zu Teichen umgewandelt. Moorgründe ruhen meist auf einer wasserundurchlässigen Bodenschicht. Müssen Teichdämme durch Moore geführt werden, so ist es am besten, die Moorschicht bis auf den mineralischen Boden abzuheben, den Torf durch Sand- oder Kiesschüttung zu ersetzen und die übrige Höhe des Dammes mit Berücksichtigung des Zweckes von den an Ort und Stelle zur Verfügung stehenden Bodenmassen herzustellen.

Humusboden besteht aus tierischen und pflanzlichen Substanzen, die durch Verwesung in einen faserigen, moderig-erdigen Zustand übergeführt worden sind. Er erhöht die Fruchtbarkeit aller Böden und begünstigt besonders auch die Durchlüftung der sog. kalten Böden; er ist aber ebenso wie Moorboden dem Auffrieren ausgesetzt. Im Gemisch mit anderen geeigneten Bodenarten, als sog. Mutterboden, ist er auf den Dammböschungen zur Berasung, aber auch der Teichsohle von Vorteil, solange der Teichgrund nicht durch falsche Wartung versäuert ist. Humusboden ist insbesondere der Aufenthalts- und Brutort von Larven, welche den Fischen zur Nahrung dienen.

Sauerer Humus kennzeichnet sich in der Regel durch seinen Lehmbestand sowie durch das Vorkommen von Moos, Binsen, Riedgräsern, Schilf usw., sodann durch seinen eigentümlichen Bodengeruch. Meist kann dort auf milden fruchtbaren Humus geschlossen werden, wo sich Maulwürfe sowie Stare, Lerchen, Amseln und Drosseln in großer Zahl aufhalten, andererseits stets da, wo die klagenden Töne des Kiebitzes ertönen, auf saueren Humus,. Die sauere Reaktion eines Wassers wird vielfach durch die organischen Stoffe, sog. Huminstoffe, bedingt, welche aus torfreichen Bodenschichten — Moorland — stammen.

17. Wasserbedarf.

Zur Speisung der Fischteiche ist eine gewisse Menge von Wasser erforderlich; Debschitz rechnet unter normalen Verhältnissen gewöhnlich als Wasserbedürfnis die Zuführung von einem Liter Wasser auf 1 Hektar und Sekunde. Bei einer geringeren Wassermenge erfolgt die Speisung viel zu langsam für den ausgesteckten Zweck. Diese Wassermenge muß dann zur Verfügung stehen, wenn die Fischteiche bespannt werden sollen. Ist man über die verfügbare Wassermenge nicht genau unterrichtet, und hatte man keine Gelegenheit, hierüber zur Zeit des Bespannens Messungen anzustellen, so empfiehlt es sich, die in Aussicht genommene Teichanlage nicht sogleich in vollem Umfange, sondern erst nach und nach auszuführen. Es ist geboten, zunächst lediglich so viel Teiche fertigzustellen, als Wasser vorhanden ist, womit die Teiche gespeist werden können. Mit dem Weiterbau der Teiche setzt man in dem Maße fort, als die positive Sicherheit bezüglich der verfügbaren Wassermenge gewonnen worden ist.

Der Wasserbedarf hängt insbesondere ab: von der Größe der Teichanlagen, der Art der Bewirtschaftung, der Stärke des Fischbestandes, der Jahreszeit, der Bodenbeschaffenheit, der Wassertemperatur, dem vorhandenen Wasservorrate und den durch Versickerung und Verdunstung entstehenden Wasserverlusten, vom jetzigen und späteren Umfange der Anlage sowie von zahlreichen anderen Umständen.

Rud. Linke schätzt für mittelmäßig besetzte und entsprechend gedichtete Karpfenteiche den erforderlichen geringsten sekundlichen Wasserzufluß auf 10 bis 20 Liter für 1 Hektar Teichfläche in der Minute was einer Wassermenge von 144—288 m³ in einem Tage und Hektar entsprechen würde. Wir halten diese Wassermenge für Karpfenteiche für viel zu groß.

Forellenteiche und Hälteranlagen u. a. m. erfordern in normalen Verhältnissen ungefähr das Zehnfache des vorgenannten Bedarfes an geeignetem Wasser, also 100 bis 200 Liter in einer Minute und für ein Hektar Teichfläche. Jedenfalls muß der Zufluß um so reichlicher bemessen werden, je geringer und aufbesserungsbedürftiger der Wasservorrat in den Teichen ist, je mehr Fische auf einer bestimmten Teichfläche untergebracht sind, je durchlässiger der Teichgrund ist und je heißer die Jahreszeit, wodurch die Wasserverdunstung begünstigt wird. Je stärker die Besatzung der Teiche und je nahrungsreicher der Zufluß bei zuträglichen Temperaturverhältnissen ist, desto mehr kann den Teichen Wasser zugeleitet werden.

Als äußerste Grenze einer reichlichen Teichwasserversorgung wird man indes schon mit Rücksicht auf die Kosten der Zuleitungen usw bei den Karpfenteichen einen Zufluß von 100 Litern, bei Forellenteichen einen solchen von 500 l auf ein Hektar Fläche in der Minute einhalten.

Starker Durchfluß kühlen Wassers durch kleine Teiche ist dem Wachstum des Karpfens derart hinderlich, daß man große Erfolge in einem solchen Falle niemals erwarten darf, denn der Karpfen verlangt ruhiges und warmes Wasser.

Die vorberechneten Wassermengen halten wir für eine rationelle Fischzucht für zu hoch gegriffen; hierfür fehlt jedoch eine jede Begründung. Jeder stärkere Zufluß des Wassers in den Teich unterdrückt die Entwickelung der Wasserfauna, bzw. trägt er die schwachen Keimlinge weg; ein weiterer Nachtiel ist noch der, daß das Wasser des von einem stärkeren Strom durchgezogenen Teiches sich nicht so leicht erwärmt, wobei die Bedingung für die Hauptnahrung der Fische: das Plankton abgeht.

Bei einem stärkeren Zuflusse schwimmen die Fische dem einfließenden Wasser entgegen, je stärker der Strom, um so mehr streben die Fische den Schutzvorrichtungen — Fischrechen — zu; sie füllen den Zuleitungsgraben bis zum Abweisrechen vollständig aus, springen gegen oder über den Fischrechen, gelangen auf die zuliegende Wiese, erleiden oft erhebliche Beschädigungen, oder sind sie dem Diebstahle ausgesetzt. Derartige Beunruhigungen der Fische sind mit großen Verlusten, nicht allein was Stückzahl anbelangt, sondern auch in bezug auf die Fleischproduktion verbunden, weshalb auch zeitweiliges Zuströmen größerer Wassermengen in den Teich wohlweislich vermieden werden muß. Zu diesem Behufe müssen, wie bereits darauf hingewiesen wurde, bei jedem Teich Abweisgräben angelegt werden.

Bei Aufzuchtteichen, welche während eines Zeitraumes von 3 Jahren bewirtschaftet werden, gelte die Regel, wenn vielleicht nicht etwa durch künstliche Fütterung die Fleischproduktion gehoben werden sollte, daß in den Teich nur so viel Wasser eingelassen werde, als die Verdunstung und Versickerung beträgt. Im ersten Jahre wird der Wasserstand, entsprechend den noch kleinen Besatzfischen niedrig gehalten (in der ersten Hitze); im zweiten Jahre sodann wird bereits mehr Wasser eingelassen, damit die indessen gewachsenen Fische eine größere Menge ihres Lebenselementes und auch genügende Nahrung auf den Rändern erhalten (in der zweiten Hitze). Im letzten Jahre der Aufzucht braucht der Karpfen schließlich unbedingte Ruhe, welche in keiner Weise gestört werden darf. Zu dieser Zeit muß die Spannung des Teiches bis auf das höchst zulässige Maß erfolgen und auf dieser Höhe die ganze Zeit bis zur Abfischung erhalten bleiben. Durch das Spannen des Teiches bis zur heimmäßigen Höhe können die Fische bis in die äußersten Ränder der Austränkung gelangen, dort finden sie nicht nur genügendes vegetabilisches Futter, sondern auch Plankton in größter Menge und Auswahl vor. Zu dieser Zeit darf in den Teich nicht mehr Wasser eingelassen werden, als die unvermeidliche Verdunstung beträgt, und auch dies erfolge mit der gebotenen Vorsicht, damit die Fische in keiner Weise beunruhigt werden.

18. Wassertiefe der Teiche.

Die uns aus vergangenen Jahrhunderten bis in die Gegenwart überlieferten Teiche oder deren noch vorhandene Dammreste geben den Beweis, daß die einstige sog. „Klosterteichwirtschaft“ nur sehr tiefe Teiche zur Nutzung brachte; 4—5 m war deren mittlere Tiefe. Für die einstige Wirtschaftsform mögen derartige Teichtiefen angebracht gewesen sein, denn es wurde, nachdem die Abfischung bloß alle 4—6 Jahre erfolgte, die Fische also mehrere Winter hintereinander in denselben Teichen überwinterten, ein sehr großes Wasserquantum für die große Anzahl von Fischen verschiedenster Altersstufen nötig.

Die moderne Teichwirtschaft schlug in dieser Beziehung in das Gegenteil um, denn sie lehrt, daß die Sonne das Wasser zu durchwärmen habe, und daß die erwärmenden Lichtstrahlen bis auf den Teichboden gelangen müssen, um Leben in das Wasser zu bringen und die Mikroflora und die Mikrofauna zur höchsten Entwicklung zu bringen.

Bei Neuanlagen gibt man den einzelnen Teichgattungen nachfolgende mittlere Tiefe:

Laichteiche . . . . .0,30 m
Brutvorstreckteiche . . . . .0,50 „
Brutstreckteiche I. und II. Ordnung. . . . . . .0,75 „
Streckteiche III. Ordnung . . . . 0,90—1,00 „
Abwachsteiche . . . . 1,25—1,50 „

Wo es die geologische Formation des Teichbodens gestattet, kann man die Abwachsteiche ohne Bedenken 2—3 m Tiefe spannen. Teiche mit geringem Zufluß, oder Himmelteiche überhaupt, muß man stets tiefer anlegen.

Es kann angenommen werden, daß eine größere Wassermenge im Teiche, bis zu einer gewissen Grenze, viel mehr günstiger auf die Fleischproduktion einwirkt als eine geringere. Das Wasser enthält auch eine gewisse Menge gelöster Nährstoffe, welche von den tierischen und pflanzlichen den Fischen als Nahrung dienenden Organismen aufgenommen werden; deshalb ist es auch unzweifelhaft, daß eine größere Wassermenge viel mehr solcher Nährstoffe aufgelöst enthalten wird als eine geringere.

Die Praxis hat ergeben, daß in Teichen mit reichlich hohem Wasserstande Erkrankungen der Fische seltener vorkommen als bei geringen Tiefen. Aus allen diesen Gründen wird man beim Projektieren neuer Teiche in der Bemessung der Wassertiefe wohl darauf bedacht sein müssen, daß durch eine günstige Erwärmung in dem neuanzulegenden Teiche das Wachstum der für die Fische geeigneten Nährstoffe, bestehend aus den wiederholt genannten verschiedenen Lebewesen, im möglichsten Umfange gefördert werde.

Flacher Wasserstand von durchschnittlich 50—80 cm Höhe ist dem Gedeihen des Karpfens und seiner natürlichen Nahrung weit zuträglicher als tiefere Wasserstände. Flache Teiche, die der Sonne recht zugänglich sind, und wo das Wasser bis auf den Teichboden durch lange Zeit erwärmt wird, liefern unter gleichen Umständen die höchsten Erträge. Durch eine höhere Temperatur des Wassers wird das Wachstum der Pflanzenwelt als auch der niederen Tierwelt gefördert.

Während der heißen Zeit entsteht im Teiche sowohl in bezug auf die Flora als auch auf die Fauna eine rege Bewegung: Wachstum und Fortpflanzung, während die Mehrzahl der Wasserorganismen mit Eintritt des Winters abstirbt oder sich in allerlei Verstecken verbirgt, um hier das Erwachen der Natur im Frühling zu erwarten. Eine kleine Anzahl der niederen Tiere fristet ihr kümmerliches Dasein im Winter, von den Pflanzen vegetieren die winzigen Algen und bereichern das Wasser an Sauerstoff.

Wir unterscheiden nach dem Aufenthaltsorte zwei Gruppen von niederen Wasserwesen, und zwar: „das Plankton“ und die „Uferfauna". Mit dem ersten Namen werden die tierischen und pflanzlichen Organismen im freien Wasser bezeichnet, während die am Boden und zwischen den Pflanzen lebenden Tiere unter dem letzteren Namen zusammengefaßt werden. Beide Gruppen gelangen in seichten, leicht zu durchwärmenden Teichen am reichlichsten zur Entwicklung, weshalb die Anlagen von neuen Teichen mit entsprechend niedrigem Wasserstande, wenn die Fischzucht größere Erträge abwerfen soll, wärmstens anempfohlen wird. Um festzustellen, in welchem Maße sich das Plankton in Teichen mit niedrigem Wasserstande entwickelt, wurden im Jahre 1906 auf der Fürst Schwarzenbergschen Domäne Frauenberg durch die Biologische Versuchsanstalt in Wien eingehende Untersuchungen vorgenommen, welche zu folgenden Resultaten geführt haben:

In den 6 der Untersuchung gewidmeten Teichen wurden im Monate Juli und sodann im Monate Oktober folgende Mengen an Plankton gemessen:

	Hochsommer	Herbst
Teich Nr. VII	52 cm^3	14,4 cm^3
„ „ VIII	84 „	19,2 „
„ „ IX	69 „	9,6 „
„ „ X	69 „	19,2 „
„ „ XI	62 „	38,4 „
„ „ XII	48 „	19,2 „

Ein Blick auf diese kurze Tabelle läßt uns die ungeheuren Mengen des Sommerplanktons erkennen, welches fast durchweg von Daphnen und Cyclops gebildet wird. In ganzen Scharen, wolkenartig, durchziehen diese die Wasserschichten, und ein kurzer horizontaler Netzzug genügt, um förmlich einen Brei dieser Tiere nach außen zu fördern. Besonders an den seichten, durchwärmten Stellen der Teiche, wo die Wiesengräser der beginnenden Fäulnis anheimfallen, sind kollossale Mengen dieser Kruster anzutreffen.

Das Herbstplankton hat dagegen quantitativ riesig abgenommen, trotzdem das Teichwasser zufolge der günstigen Witterung einen verhältnismäßig hohen Temperaturgrad aufwies. Die Ergebnisse der am 24. 10. 1906 vorgenommenen Abfischung ergaben nun folgende Resultate:

	Zuwachs für 1 ha	für Stück
Teich Nr. I	....	....
„ „ II	260 kg	0,54 kg
„ „ III	235 „	0,48 „
„ „ IV	245 „	0,51 „
„ „ V	230 „	0,50 „
„ „ VI	235 „	0,50 „

Die Mitteilung der Versuchsergebnisse soll den Beweis liefern, von welcher Wichtigkeit das Plankton im Teiche ist, und nachdem dasselbe am reichlichsten nur in seichten, gut durchwärmten Teichen gedeiht, so sei es zur Pflicht gemacht, Streckteiche bloß mit entsprechend seichtem Wasserstande anzulegen.

19. Verdunstung.

Die Kenntnis der Höhe der Verdunstung einer freien Wasseroberfläche ist bei Veranschlagung der Menge des erforderlichen Speisewassers von Teichen, besonders von Himmelteichen, von großer Wichtigkeit. Diesem Vorgange soll daher eine größere Aufmerksamkeit zugewendet werden.

Die Verdunstung ist von zahlreichen, teilweise noch gar nicht aufgeklärten Vorgängen abhängig. Die Verdunstung findet zu allen Jahreszeiten, also auch im Winter statt, wenn auch natürlicherweise im geringen Maße. Sie ist größer bei trockener als bei feuchter, ebenso größer bei bewegter als bei unbewegter Luft.

Da die Oberfläche der verdampfenden Flüssigkeit um so öfter mit neuer Luft in Verbindung kommt, je kleiner sie ist, so folgt daraus, daß kleinere Verdunstungsflächen, unter sonst gleichen Umständen, höhere Werte liefern als große Flächen. Die Verdunstungshöhe des Wasserspiegels auf Kanälen, Flüssen, Bewässerungsgräben usw. kann als durchweg größer angenommen werden, als diejenige auf ausgedehnten Flächen, weil jeder die Richtung kreuzende Wind in rascher Folge stets neue Luftmengen mit der Oberfläche des Wassers in Verbindung setzt.

Zur Bestimmung der Verdunstung von der freien Oberfläche werden besondere Apparate (Verdunstungsmesser, Atmometer, Evaporimeter) verwendet, bei denen die Verdunstungshöhe des in einem offenen Gefäß befindlichen Wassers mittels einer besonderen Vorrichtung genau gemessen wird, wogegen sich die Verdunstung als Unterschied zwischen den ombrometrisch bestimmten und den gemessenen Niederschlagsmengen ergibt.

Die monatliche Verdunstung einer unter dem Einflusse des Sonnenlichtes stehenden freien Wasseroberfläche wurde in Augsburg nach 14 jährigem Durchschnitt ermittelt zu:

März	113 mm
April	174 ,,
Mai	290 ,,
Juni	205 ,,
Juli	221 ,,
August	223 ,,

September . . . . 198 mm
Oktober . . . . 115 „
November . . . . 76 „

Das Maximum der Tagesverdunstung der freien Wasserfläche hat 10 mm betragen. In den Nachtstunden hörte die Verdunstung gänzlich auf, höchstens wurden in den Monaten Juni und Juli 2 mm erreicht. Die Größe der Verdunstung einer Wasserfläche wird insbesondere abhängig sein: von der Lufttemperatur, der Luftfeuchtigkeit und der vorherrschenden Windrichtung.

An Verdunstungshöhen wurden in nachfolgenden Städten in einem größeren Zeitraume:

für Wien. . . . . 710 mm
„ Berlin . . . . 700 „
„ Breslau. . . . . 400 „
„ Mannheim . . . . .1850 „
„ Würzburg . . . . 690 „

gemessen.

Wenn die Verdunstung bei + 25° C gleich 1° angenommen wird, so beträgt sie nach Nerman unter sonst gleichen Umständen bei

+ 25	+ 20	+ 15	+ 10	+ 5	0	− 5	− 10	− 15	− 20
1,0	0,738	0,539	0,389	0,277	0,195	0,132	0,092	0,058	0,038

Die unten angeführten Mittelzahlen lassen sich dann praktisch benutzen, wenn es sich um die Anlage eines Teiches mit geringem Zuflusse handelt, in welchem Falle die Verdunstung der freien Oberfläche als Verlust aufzufassen ist und der Fassungsraum des Teiches dementsprechend zu vergrößern sein wird. Es wurden, aber bloß für einzelne lokale Verhältnisse geltend, nachstehende Verdunstungsprozente, gefunden:

Quartal	Es verdunsten in Prozenten	
	von der Quartalregenhöhe Proz.	von der jährlichen Regenhöhe Proz.
Winter	35	6
Frühling	81	21
Sommer	95	34
Herbst	68	15
Im ganzen Jahre .		76

Colding in Kopenhagen hat für 11 Beobachtungsjahre (1849—1859) gefunden, daß die jährliche Verdunstung von der freien Oberfläche im Minimum 608,8, im Maximum 778,2, im Mittel 709,7 mm beträgt. Die Mittelwerte für die einzelnen Monate waren für den Januar 6,3, Februar 12,6, März 18,6, April 47,1, Mai 109,8, Juni 147,5, Juli 134,9,

August 97,3, September 47,1, Oktober 25,1, November 18,8, Dezember 6,3 mm.

Bei den preußischen Kanalentwürfen nahm man für die Dauer der 6 Sommermonate eine tägliche Verdunstung von 4 mm an, während für das Rhein-Elbe-Kanalprojekt innerhalb 24 Stunden 11 mm als Verdunstung angenommen worden sind.

Der englische Gelehrte Dalton hat folgende Gleichung zur Berechnung der Dunstmengen, welche von der freien, mit Luft in Berührung kommenden Wasserfläche, aufsteigen, aufgestellt:

$$V = 0{,}06 \cdot a \cdot F \cdot (C_1 - C_2) \frac{760}{B}$$ Kilogramm in 1 Stunde, wobei

F = Wasserfläche in Quadratmetern,
B = Barometerstand in der Luft in Millimetern,
C_1 = größte Dampfspannung bei der Temperatur des verdunsteten Wassers in Millimetern,
C_2 = Dampfspannung der über dem Wasser in der Luft schon vorhandenen Dämpfe in Millimetern,
a = Erfahrungszahl, welche für
ruhige Luft = 0,55,
mäßig bewegte Luft = 0,71,
stark bewegte Luft = 0,86 gefunden wurde, bedeutet.

Die mittels dieser Gleichung sich ergebenden Werte der Verdunstungshöhen stimmen mit den durch Beobachtung gefundenen ziemlich überein. In Deutschland hat man zur Berechnung der Größe der Verdunstung auf der freien Wasserfläche die hergestellten Talsperren in Lennep, Ülfetal, und Bevertal herangezogen und für die Jahre 1889—1892 nachfolgende Ergebnisse erhalten:

	Lennep + 340 N. N.		Ülfetal + 270 N. N.		Bewertal + 270 N. N.	
	Niederschlag	Verdunstung	Niederschlag	Verdunstung	Niederschlag	Verdunstung
1889						
Januar	54,6	25	45,4	35	38,6	27
Februar	112,9	—	76,7	—	60,0	—
März	73,6	70	67,9	90	55,5	60
April	39,5	58	36,7	107	29,1	97
Mai	77,9	98	53,0	132	53,9	134
Juni	81,1	124	55,6	166	82,9	154
Juli	153,0	110	171,0	114	149,3	168
August	165,9	115	153,1	95	142,5	135
September	126,3	102	120,2	85	105,0	102
Oktober	54,0	83	42,1	67	29,0	75
November	54,15	50	52,5	30	37,35	33
Dezember	136,5	20	115,2	15	110,65	—
Im ganzen Jahr	1129,4	855	989,4	936	893,8	985

	Lennep + 340 N. N.		Ülfetal + 270 N. N.		Bewertal + 270 N.N.	
	Niederschlag	Verdunstung	Niederschlag	Verdunstung	Niederschlag	Verdunstung
1890						
Januar	192,5	40	197,0	36	158,4	24
Februar	6,0	—	—	—	—	—
März	61,0	60	58,3	63	55,2	62
April	98,35	95	89 2	71	79,2	90
Mai	76,95	100	77,2	129	68,7	154
Juni	93,5	94	86,6	99	71,4	107
Juli	149,0	89	161,4	107	134,5	118
August	162,7	83	144,6	89	146,2	115
September . . .	16,3	65	12,6	64	13,0	67
Oktober	166,5	33	144,4	36	141,0	32
November . . .	264,85	10	232,5	10	221,4	20
Dezember . . .	5,6	—	—	—	—	—
Im ganzen Jahr	1293,2	669	1203,8	704	1089,0	789
1891						
Januar	155,65	—	135,0	—	127,0	—
Februar	88,7	—	—	—	—	—
März	160,2	50	144,3	50	92,7	50
April	86,0	60	100,7	55	73,1	60
Mai	77,3	110	90,9	107	65,5	120
Juni	181,0	90	172,7	82	172,2	105
Juli	101,8	110	111,9	116	91,0	125
August	112,0	90	78,6	86	73,6	100
September . . .	44,2	80	43,1	82	35,2	85
Oktober	61,2	68	68,7	66	46,6	70
November . . .	48,6	26	48,6	33	46,0	34
Dezember . . .	192,6	—	177,0	4	182,6	—
Im ganzen Jahr	1207,5	684	1171,5	681	905,5	749
1892						
Januar	102,4	—	72,2	—	60,5	—
Februar	79,1	20	64,7	22	54,2	22
März	43,1	58	25,5	68	34,0	58
April	44,2	79	30,5	106	34,1	80
Mai	72,2	156	55,4	160	52,1	157
Juni	85,9	118	85,3	113	65,5	125
Juli	68,35	124	73,0	123	44,7	137
August	84,41	118	75,75	118	70,8	125
September . . .	144,35	52	115,3	55	99,3	59
Oktober	100,6	45	86,7	48	88,6	51
November . . .	66,7	22	53,0	22	47,0	22
Dezember . . .	130,0	—	128,0	—	127 0	—
Im ganzen Jahr	1021,3	792	865,4	835	777,8	836

Tabelle
über die zusammenwirkenden **Verdunstfaktoren Wien** (Hohe Warte).

Monate	Mittlere Temperatur C	Mittlere Dauer des Sonnenscheines in Stunden	in Proz. der möglichen Sonnenscheindauer	Relative Feuchtigkeit Proz.	Sekundliche mittl. Windgeschwindigkeit m	Niederschläge mm	Verdunstung mm
Dezember...	—0,8	51,4	20	83	2,4	40	18
Januar.....	—1,3	86,1	31	84	1,7	35	13
Februar.....	—0,4	100,8	35	80	2,6	36	27
März.......	4,2	141,8	38	71	2,2	43	39
April.......	10,0	140,3	34	63	2,4	42	71
Mai........	15,1	221,4	47	64	2,0	64	87
Juni.......	18,6	234,7	49	64	2,4	66	93
Juli........	20,3	290,1	60	63	2,2	65	113
August.....	19,6	212,5	48	66	2,1	72	94
September..	16,1	156,9	42	69	2,0	45	77
Oktober....	10,5	69,3	21	76	2,0	44	47
November...	3,7	65,9	24	80	3,0	43	32
Mittel und Summe...	9,7	1771,2	37	72	2,2	595	711

Der **preußische Landesausschuß für Gewässerkunde** hat in Joachimstal (U. M.) Untersuchungen betreffs der Verdunstungen der freien Wasseroberfläche vorgenommen, deren Resultate in nachstehender Übersicht zusammengestellt sind:

Beobachtungszeit	Mittlere tägliche Verdunstungshöhe in mm	Mittlere Temperatur des Wassers C°
16. Juli bis 15. August..	5,84—5,69	13,0—18,5
1. bis 31. August.......	4,44—4,80	11,4—16,8
16. August bis 15. Sept....	3,91—3,87	10,1—14,9
1. bis 30. September.....	3,11—2,94	7,9—12,4
16. Sept. bis 15. Oktober.	2,59—1 98	6,6—11,9
1. bis 31. Oktober........	1,86—1,72	5,1— 9,6

Sehr wahrscheinlich finden die Unterschiede ihre Begründung in den erheblichen Abweichungen, die zwischen den mittleren Temperaturen und dem Temperaturmittel der Morgenbeobachtungen hervortreten.

Die Beobachtungen werden jedoch fortgesetzt und werden Klarheit verschaffen über die vorkommenden Unterschiede.

Die Schweizer Meteorologische Anstalt in Zürich hat die langandauernden Trocken- und Hitzperioden des vergangenen Sommers 1911 benutzt, um für den Züricher See und den nordöstlich davon gelegenen kleineren Greifen-See die Werte der Verdunstung möglichst sicher zu bestimmen. Der Direktor der Anstalt, Herr Maurer-Zürich, berichtet darüber in der Meteorologischen Zeitschrift 1911, Heft 12.

Durch Messung der sichtbaren Zu- und Abflüsse in der Zeit vom 10. August bis 20. September, als die kleineren Zuflüsse schon am Vertrocknen waren, und durch Vergleichung mit dem Pegelstande des Sees wurde die auf der Seefläche wirklich verdunstete Wassermenge ermittelt.

Die Fläche des Züricher Sees betrug in dieser Zeit 87,7 km², und es bewirkte ein Kubikmeter sekundlicher Mehrabfluß ein Sinken des Wasserstandes um 1 mm im Tag. Die gefallene Regenmenge wurde auf sechs um den See herumliegenden Stationen gemessen, deren Messungsergebnisse mit verschiedenen Gewichten in die Rechnung eingeführt wurden.

Die Resultate für die Zeit vom 31. Juli bis 20. September 1911 sind in folgender Tabelle zusammengestellt:

	Greifen-See: mittl. Verdunstungshöhe im Tag mm	Oberfl. Temperatur °C
31. Juli bis 5. August	5,6	(26,0)
6. Aug. „ 10. „	5,4	25,0
11. „ „ 15. „	5,2	24,5
16. „ „ 20. „	4,7	24,0
21. „ „ 25. „	4,3	24,0
26. „ „ 30. „	3,5	23,3
31. „ „ 4. Sept.	3,4	23,5
5. Sept. „ 9. „	4,5	24,5
10. „ „ 14. „	3,6	24,0
15. „ „ 20. „	0,9	(12,0)

	Züricher See: mittl. Verdunstungshöhe im Tage mm	Oberfl. Temperatur °C
31. Juli bis 5. August	5,3	26,5
6. Aug. „ 10. „	5,5	25,4
11. „ „ 15. „	4,8	24,9
16. „ „ 20. „	4,6	23,9

	mittl. Verdunstungshöhe im Tag mm	Oberfl. Temperatur °C
21. Aug. bis 25. Aug.	3,8	23,8
26. „ „ 30. „	4,0	23,7
31. „ „ 4. Sept.	3,7	23,3
5. Sept. „ 9. „	4,0	24,7
10. „ „ 14. „	3,0	23,8
15. „ „ 20. „	1,7	20,9

Für den Greifen-See ergibt sich für den Monat August eine Gesamtverdunstung von 145 mm oder 4,7 mm für einen Tag, für den Züricher See 143 mm im Monat und 4,6 mm für einen Tag. Auf ein Hektar übertragen beträgt die Verdunstung 46 m³ und 47 m³.

Für die erste Hälfte des September (1.—15.), die auch noch völlig heiteres, trockenes und sehr warmes Wetter hatte, erhält man die Verdunstungshöhe für den Greifen-See zu 57,5 mm und für den Züricher See 62 mm; nimmt man die zweite Hälfte des Juli noch dazu, in welcher die Verdunstungshöhe beider Seen 93 mm betrug, so ergibt sich für die heißeste und trockenste Zeit im Sommer 1911 (16. Juli bis 15. September = 62 Tage) die verdunstete Wassermenge zu 300 mm oder 4,8 mm im Tag für jeden der beiden Seen. Dabei war die Temperatur im August um 3,9° und in der ersten Hälfte des September um 5° C zu hoch, während große Trockenheit der Luft bei reichlicher Bewegung derselben vorhanden war, so daß die erhaltenen Werte wohl als die höchsten angesehen werden dürfen, die unter unseren Verhältnissen für die Verdunstung freier Wasserflächen erreicht werden können. Wenn man annehmen wollte, daß infolge der noch bestehenden Unsicherheit der Wassermessungskurven bei anderen Pegelständen die Verdunstungsmenge des Züricher Sees noch um 10% höher sein könnte, als die Rechnung ergibt, so bleiben diese Werte trotz der abnormen Witterung auf einer bescheidenen Stufe gegenüber sehr vielen in der Praxis verwerteten Angaben.

Dem Abschnitt: die Verdunstung wurde aus dem Grunde mehr Aufmerksamkeit zugewendet, um dem Projektanten bei Neuanlage von Teichen Beobachtungsresultate in die Hand zu geben, falls von seiten der Wasserbetriebsberechtigten gegen die Anlage von neuen Teichen Einsprache erhoben werden sollte. Die Anwendung der Beobachtungsresultate ist nicht eine allgemeine, sondern es ist nötig, für jeden einzelnen Fall die Größe der Wasserspiegelfläche, die Wasser- und Lufttemperatur, die Einwirkung des Windes, der Sonnenstrahlung usw. zu beobachten und erst aus den erhobenen Ergebnissen den Schluß zu ziehen.

VI. Der Teichdamm.

20. Der Teichdamm. Allgemeines.

Der Teichdamm ist einer der wichtigsten Bestandteile des Teiches Er bildet auch den unteren Abschluß desselben, durch ihn ist der Teich fertiggestellt. Durch den Damm wird das Wasser vom Weiterfließen abgehalten und gezwungen, sich oberhalb des Dammes auszubreiten.

Die wichtigsten Anforderungen, welche an jeden Staudamm gestellt werden müssen, sind, wie bemerkt wurde: a) Wasserundurchlässigkeit,

b) Standfestigkeit gegen Wasserdruck und Wellenschlag, c) lange Dauerhaftigkeit bei geringen Erhaltungskosten und schließlich d) Versicherung gegen Überflutungsgefahr selbst in dem Falle, wenn der Teich nicht hochwasserfrei gehalten werden könnte.

Wie schon mitgeteilt wurde, waren viele heutigentags noch bestehenden Dämme, welche anfänglich nur geringe Wassermengen eingeschlossen hatten, ursprünglich Erdwälle, welche man durch Pfähle, Faschinen und Reisig gegen Wellenschlag schützen wollte und ihnen größere Haltbarkeit zu geben bemüht war. Oft wurden zu diesem Zwecke Eichenpfähle in die Erde getrieben, an diesen war ein Zaun aus starken Eichenästen geflochten und hinter diesen, je nach Maßgabe der örtlichen Erfordernisse, in gewisser Breite Scheitholz aufgeschlichtet. An der Wasserseite belegte man das Scheitholz mit Tanngras und verwahrte es mittels fichtenen im Zaune dicht aneinander befestigten Pfählen, worauf sodann diese Schutzwehr durch alljährlich zugeführtes Reisig bedeckt werden mußte. Zur Terrassierung des Dammes mit Steinen ist man viel später geschritten, vielleicht erst nach Umfluß eines oder mehrerer Jahrhunderte.

Mit der Zeit sind die Dämme immer mehr und mehr verstärkt worden, bis sie die kolossalen Dimensionen, mit welchen einige der hervorragenden Teiche ausgestattet sind, erhalten haben. Den Ursachen nachgehend, weshalb man derartige Maßverhältnisse in Anwendung brachte, glauben wir den Schluß ziehen zu können, daß entweder die Vorsicht, damit ein Einreißen des Dammes durch Hochwasser sich nicht wiederhole, oder daß der weiche, unbeständige Untergrund zur Herstellung von Dämmen in außerordentlich großen Dimensionen gezwungen hatte.

Es läßt sich nicht leugnen, daß die alten, durch ihre Dimensionen überraschenden Dämme nicht immer nach den Regeln der technischen Errungenschaften aufgeführt wurden, daher nicht selten unerklärbar scheinende Gebrechen nachweisen. So fehlt bei einigen das richtige Verhältnis der Höhe zur Breite. Fern sei es jedoch von uns, solche Werke voreilig zu bekritteln, welche nach damaligen Kenntnissen und Erfahrungen durch Umsicht und durch Vorsicht gegen alle unabsehbaren Elementar-Wechselfälle hergestellt worden sind.

Wir finden die ältesten Teichdämme mit Eichen von kolossaler Dimension, welche mit der Zeit abstarben, Lücken zurücklassend, bepflanzt. Alle Versuche, die altersschwachen Eichen durch neuausgepflanzte Heister zu ersetzen, sind gescheitert. Der Damm, der seit Jahrhunderten besteht, ist felsenfest und hart geworden, er nimmt den Regen nicht auf, die Pflanzen verkümmern selbst bei größter Schonung und Pflege. Fragt man nun, warum die Eichen in der Vorzeit dennoch gut fortgekommen sind, so gibt es hierfür bloß die Antwort in der Vermutung, daß die Eichenpflanzen während der Herstellung der Dämme eingesezt worden sind. Da die Dämme noch im lockeren Zustand waren, so war es möglich, daß die Wurzeln der eingesetzten Eichen tief eindringen konnten und nunmehr die Bewunderung eines jeden Naturfreundes hervorrufen.

Vom technischen Standpunkte aus müssen noch behufs richtiger Beurteilung der Aufgabe, einen den physikalischen Gesetzen und den mathematischen Grundregeln entsprechenden, richtig hergestellten Damm auszuführen, Erhebungen über 1. die Dimensionen des Dammes und 2. über die Berechnung der Dimensionen des Dammes gepflogen werden.

21. Dimensionen des Dammes.

Zu den Dimensionen eines Dammes müssen gezählt werden: der Querschnitt, das Böschungsverhältnis, Kronenbreite und die Dammhöhe.

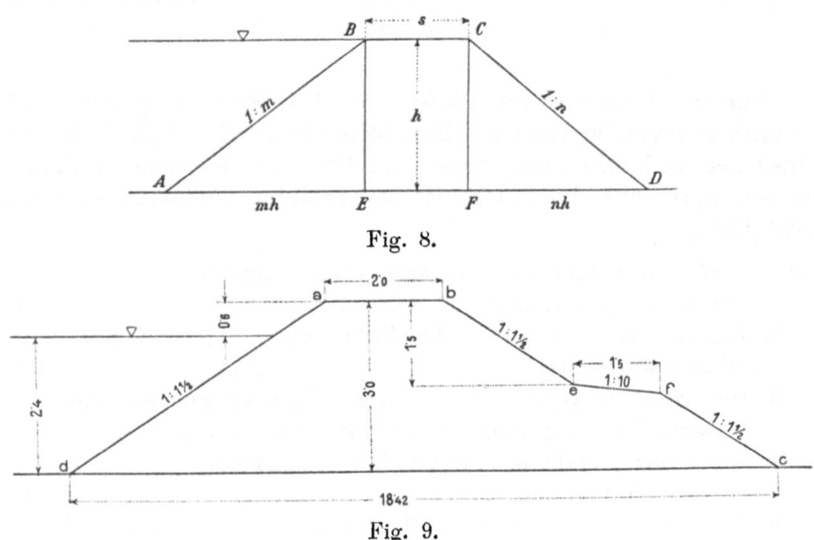

Fig. 8.

Fig. 9.

a) Als Querschnitt des neu herzustellenden Teichdammes wird in der Regel ein Trapez gewählt, und zwar je nach der Höhe des Dammes, des mehr oder weniger tragfähigen Untergrundes als ein einfaches Trapez, Fig. 8, oder solches mit Bermen, und zwar bloß zu einer Seite, Fig. 9, oder auf beiden Seiten an zubringen, Fig. 10. Als Krone des Teichdammes wird dessen höchste Erhebung bezeichnet (Fig. 8 B—C); AB und CD sind die Böschungen, auch Wandungen genannt. Mit 1 : 1½, 1 : 2 usw.

wird das **Neigungsverhältnis** der Böschungen ausgedrückt, h bezeichnet die Höhe des Dammes, ABCD den **Querschnitt**, AD den **Fuß** des Teichdammes.

b) Das **Böschungsverhältnis** der Wandungen richtet sich: 1. nach dem **Schüttungsmaterial**, 2. nach der **Tragfähigkeit des Untergrundes**, 3. nach der **Höhe des Wasserstandes** im Teiche und des ausgeübten **Druckes** auf die wasserseitige Böschung, 4. schließlich nach der **Undurchlässigkeit** des geschütteten Materials und der **Sorgfalt**, mit welcher das Material gestampft wurde.

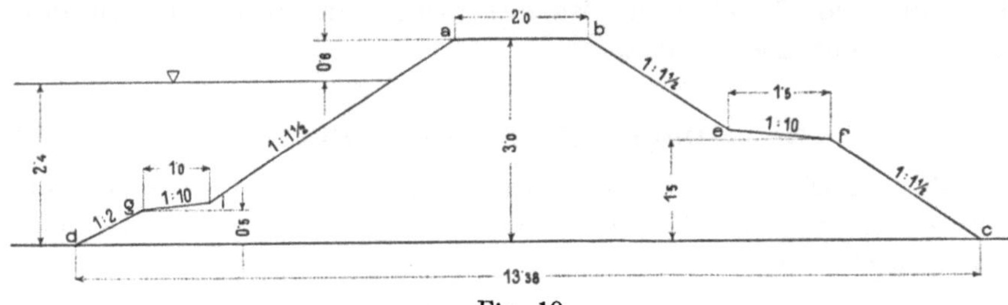

Fig. 10.

Für die Böschungsverhältnisse, die bei Herstellung von Teichdämmen angewendet werden sollen, ist die **Standfestigkeit** der verschiedenen Erdarten maßgebend, und läßt sich folgendes Verhältnis für die natürliche Böschung des aufgezählten Schüttungsmaterials feststellen:

1. **lose Bodenarten**, welche ohne Befestigung dem Wasser ausgesetzt sind, ... 1 : 4
2. **Gartenerde** und ähnliche Erdarten, z. B. Torf dem Wasser ausgesetzt, ... 1 : 3
3. **lehmige, tonige** und **sandige Dammassen** usw. mit beraster Böschung, dem Wasser ausgesetzt, ... 1 : 2
4. **loser Sand** und **Gartenerde** in trockener Lage . . . . . 1 : 2
5. **grober Sand und Lehm** . . . . 1 : 1½
6. **Ton, grober Kies, Gerölle** . . . . 1 : 1¼

Steilere als 1¼ füßige Böschungen erscheinen mit dem verfügbaren Material wohl ausführbar, aus Erhaltungsrücksichten jedoch nicht empfehlenswert.

Aus den bei Untersuchung des Gleichgewichtszustandes der Erdmassen entwickelten Gleichungen ergibt sich für jede Dammhöhe ein Wert des Böschungswinkels (ε), sobald das Gewicht, die Reibung und die Kohäsion der in Betracht kommenden Bodenarten bekannt ist.

Im großen und ganzen kann unter der Voraussetzung, daß die Böschungen durch besondere Deckschichten gegen äußere Angriffe einigermaßen geschützt sind, das Böschungsverhältnis durch

$$\operatorname{tg} \varepsilon = \frac{b}{h}$$

ausgedrückt werden (Fig. 11).

Nach der österreichischen Ministerialverordnung vom 14. Februar 1894 sind die Böschungen der Teichdämme nach Maßgabe des verwendeten Materials, der Höhe der Anlage und des eingestauten Wassers zu bestimmen und sind die landseitigen Böschungen im Verhältnis von 1 : 1½, die wasserseitigen Wandungen im Verhältnis von 1 : 2 herzustellen (Fig. 12 und 13).

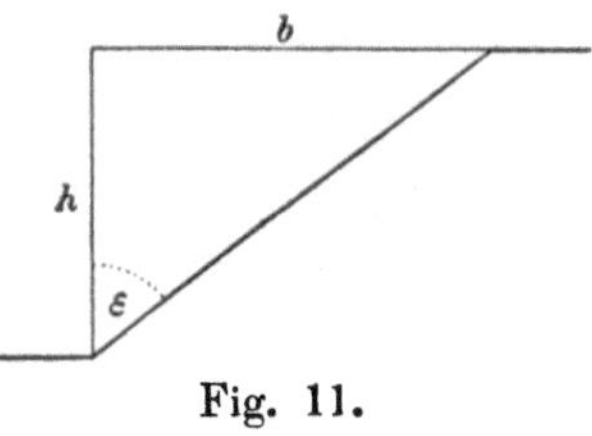

Fig. 11.

Die **Kronenbreite** des Teichdammes richtet sich nach der Art der Benutzung. Wenn der Teichdamm zum Befahren während des Abfischens, zwecks Abstreifung der herausgenommenen Fische benutzt werden

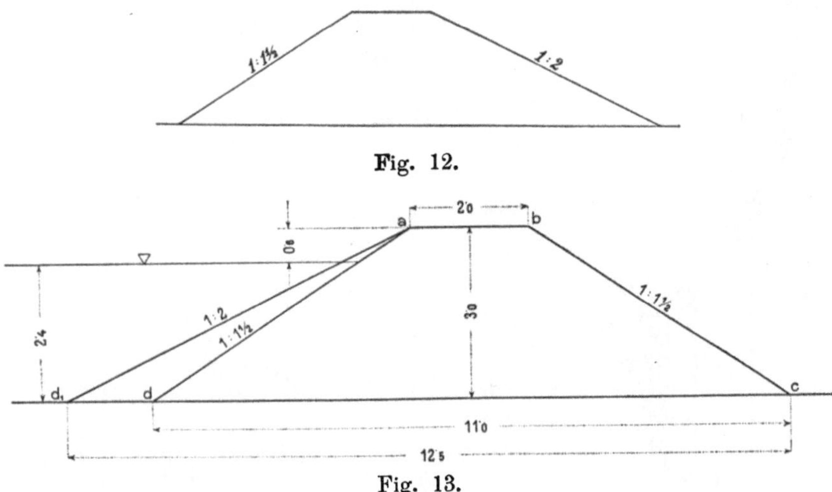

Fig. 12.

Fig. 13.

soll, so ist die Kronenbreite, behufs Vermeidung einer Gefährdung der Fuhrwerke, unter der Voraussetzung, daß lediglich in einer Richtung gefahren wird, mindestens 3,0 m breit zu wählen. In jenen Fällen, wo Gemeinde- oder Bezirksstraßen über den Damm geleitet werden, muß die Kronenbreite entsprechend den bestehenden Straßenvorschriften gewählt werden, wobei die Aufstellung von Abweissteinen nicht unterlassen werden darf.

Interessant ist der Dammquerschnitt des in den Jahren 1584—1590 auf der Herrschaft Wittingau errichteten sog. „Rosenberger Teiches“

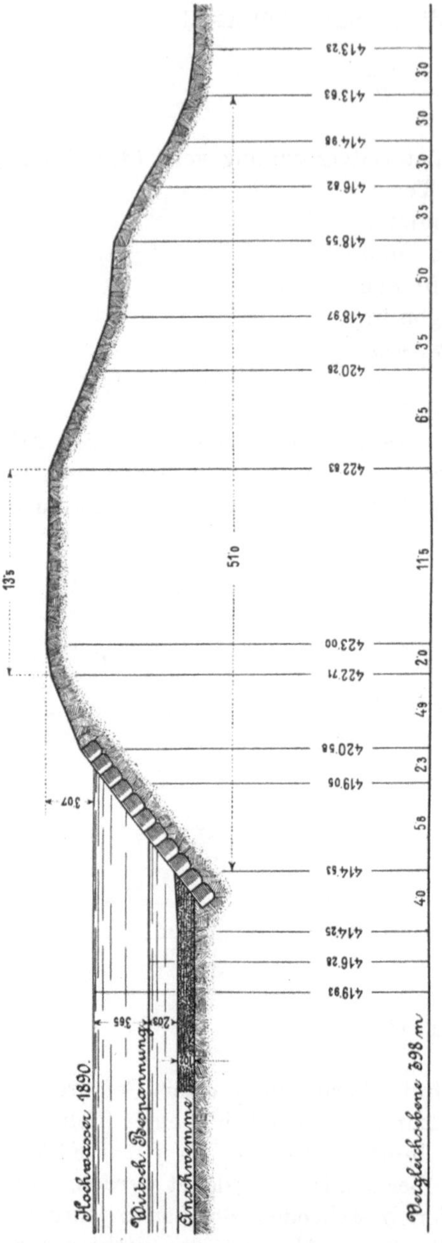

Fig. 14.
Querprofil des Rosenberger Teichdammes.

Fig. 14.

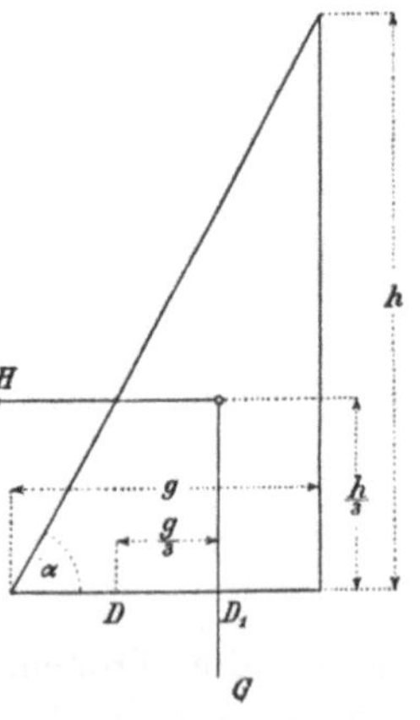

Fig. 15.

mit 490 ha Wasserspiegelfläche (Fig. 14). Bei diesem Teiche ist die Krone 13,0 m breit. Ein einheitliches Böschungsverhältnis besteht eigentlich nicht, und es läßt sich annehmen, daß dieser 2430 m lange Damm von außerordentlichen Dimensionen nicht gleich bei Herstellung des Teiches, sondern erst mit der Zeit nach und nach errichtet worden ist.

22. Berechnung der Dimensionen des Teichdammes.

Der ideale Querschnitt eines Staudammes ist so gestaltet, daß sowohl bei gefülltem als bei leerem Teiche gleiche Pressungen vorhanden sind, und daß die Resultierende aller Pressungen im inneren Drittel des Querschnittes bleibt. In einem solchen Querschnitte können niemals Zugspannungen eintreten. Dieser ideale Querschnitt hat die Form eines rechtwinkligen Dreieckes (Fig. 15), dessen Winkel α sich berechnet nach der Formel:

$$\operatorname{cotg} \alpha = \sqrt{\gamma},$$

wenn γ das spezifische Gewicht des Dammes bedeutet.

Bezeichnet man mit H den Wasserdruck bei gefülltem Teiche und mit G das Gewicht des Dammes, nimmt man ferner den Kernpunkt D zum Drehpunkt an, so wird das Gleichgewicht unter der Bedingung

$$H \cdot \frac{h}{3} = G \cdot \frac{g}{3}$$

eintreten.

Es ist aber

$$H = \frac{h^2}{2} \text{ und } G = \gamma \cdot \frac{h \cdot g}{2},$$

demnach

$$\frac{h^2}{2} \cdot \frac{h}{3} = \gamma \cdot \frac{h \cdot g}{2} \cdot \frac{g}{3},$$

$$h^2 = \gamma \cdot g^2,$$

$$\frac{h}{g^2} = \gamma,$$

$$\operatorname{cotg} \alpha = \frac{h}{g} = \sqrt{\gamma}.$$

Die Stützlinie (deren Vertikalkomponente = G ist) geht demnach bei gefülltem Teiche durch den Kernpunkt D, denn der Schwerpunkt des Dammes liegt lotrecht über D, die Kantenpressungen sind in beiden Fällen gleich.

Der Querschnitt des Teichdammes wird aber in der Praxis nicht als Dreieck, sondern als Trapez (Fig. 8) ausgeführt. Im letzteren Falle wird die Größe der Kronenbreite s unter denselben Bedingungen berechnet. Unter der Annahme des trockenen Erdreichs ist:

$$\frac{1}{2} \gamma \cdot h^2 = f \cdot \gamma \cdot h \left[s + \frac{h}{2} (m + n) \right] + f \cdot \gamma \cdot \frac{m \cdot h^2}{2}.$$

Nehmen wir jedoch das Erdreich als aufgeweicht an, so ist die Gleichung des Gleichgewichts für die statische Wirkung des Wassers:

$$^1/_2\gamma \cdot h^2 = f(\gamma_1 - \gamma)\, h \left[s + \frac{h}{2}(m + n)\right].$$

In der Praxis muß auf die dynamische Wirkung des Wassers und auf den Stoß der angeschwemmten Körper usw. Rücksicht genommen werden, weshalb es notwendig erscheint, eine entsprechende Sicherheit zu berücksichtigen. Die geforderte Sicherheit wird mit ε angenommen, woraus dann

$$s = {}^1/_2 \left[\frac{\varepsilon}{f} \cdot \frac{\gamma}{\gamma_1 - \gamma} = (m + n)\right] h$$

berechnet wird.

Nehmen wir an, daß $h = 2$, $m = 2$, $n = 1{,}5$ und $f = 0{,}31$ (nasser Lehm), $\gamma = 1000$, $\gamma_1 = 1800$, $\varepsilon = 1{,}5$ bedeutet, so erhalten wir für $s = 2{,}55 \doteq 2{,}6$.

Für Dämme von größerer Wichtigkeit ist es nötig, der Bestimmung des Koeffizienten f die größte Aufmerksamkeit zu widmen; selbst der kleinste Unterschied in der Größe des Koeffizienten ist imstande, bei Berechnung der Werte von s Störungen hervorzurufen.

Die Dimensionen des Teichdammes können auch in einfacher Weise graphisch dargestellt und bestimmt werden.

Bezeichnen wir:

$$\frac{m\,h + n\,h}{2} = h; \quad H = \frac{h \cdot h'}{2}.$$

Der Widerstand gegen das Fortschieben des Teichdammes

$$0 = h \cdot (h + s)\,\gamma' \cdot f.$$

Bei ε facher Sicherheit muß das zur Erzielung des Gleichgewichtes

$$\varepsilon H = 0$$

sein.

Die Größe εH ist gegeben durch das ε fache Gewicht eines Wasserprismas von der Länge = l und der Grundfläche $\frac{h \cdot h}{2}$, daher mit dem Werte $\varepsilon \frac{l \cdot h \cdot h}{2}$.

Belassen wir die zwei Dimensionen l h, überführen wir das Prisma in ein anderes vom spezifischen Gleichgewichte $(f \cdot \gamma')$; so wird die dritte Dimension aus folgender Gleichung berechnet:

$$\varepsilon \cdot H = \frac{l \cdot h \cdot h}{2} \cdot \gamma = l \cdot h \cdot h \cdot (f \cdot \gamma'), \text{ oder } \frac{h_2}{h} = \frac{\varepsilon \cdot \gamma}{2 \cdot f \cdot \gamma'}.$$

Bei ε Sicherheit muß

$$h \cdot h_2 \cdot f \cdot \gamma' = h\,(h_1 + s) \cdot \gamma' \cdot f,$$

hieraus

$$h_2 = h_1 + s$$

oder

$$s = h_2 = h_1 .$$

Auf Grund dieser Gleichung läßt sich die graphische Konstruktion in folgender Weise herstellen (Fig. 16): Zur Höhe $h = EB$ vom Punkte

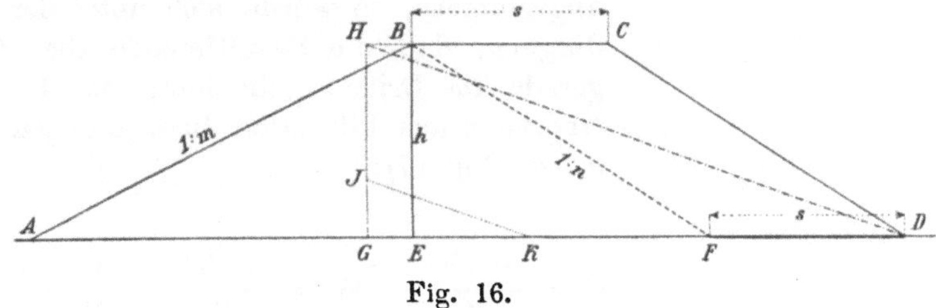

Fig. 16.

E werden rechts und links die Werte $m h = EA$ und $n h = EF$ aufgetragen. Durch Halbierung der Entfernung A F erhalten wir:

$$AG — GF = \frac{m h + n h}{2} = h_1 .$$

Auf die im Punkte G errichtete Senkrechte wird die Höhe h aufgetragen, auf der wird in einem beliebigen Maßstab das Verhältnis $\varepsilon \cdot \gamma : 2 f \cdot \gamma'$ in dem Hilfsdreiecke G J K konstruiert, wobei $\varepsilon \cdot \gamma = GH$, $2 f \cdot \gamma' = GJ$.

Durch die Parallele $HD \parallel JK$ bestimmen wir auf Grund der ähnlichen Dreiecke

$$GJK \sim GHD:$$

$$GD = \frac{h \cdot \varepsilon \cdot \gamma}{2 f \cdot \gamma'} .$$

Durch die weitere Parallele $DC \parallel FB$ wird das Dammprofil geschlossen.

Für das bereits gewählte Beispiel, unter der Annahme, daß $\varepsilon = 1{,}5$, $\gamma = 1000$, $f = 0{,}31$ und $\gamma' = 800$, erhalten wir:

$$\varepsilon . \gamma : 2 f . \gamma' = 1{,}5 \cdot 1000 : 2 \cdot 0{,}31 \cdot 800,$$
$$1{,}5 : 0{,}496$$

und

$$s = 2{,}6 .$$

Die Abhängigkeit des Querschnittes eines Dammes (Materialverbrauch) vom spezifischen Gewichte wird in folgender Weise zum Ausdruck gebracht:

Für Teichdämme aus spezifisch leichtem Material bedeutet:

W den resultierenden Wasserdruck im mittleren Drittel, der h angreift;

G das resultierende Gewicht des Teichdammes;
R die Resultierende aus beiden;
γ das spezifische Gewicht des Wassers = 1;
γ' das spezifische Gewicht des Teichdammes.

Wird ferner die einfachste Querschnittsform eines Teichdammes, ein rechtwinkliges Dreieck, der Stauspiegel bis zur Dammkrone reichend, angenommen, so würde sich unter der Bedingung, daß die Resultierende die Basis gerade im Drittel schneidet, die Basisbreite x aus folgenden Berechnungen ergeben (Fig. 17):

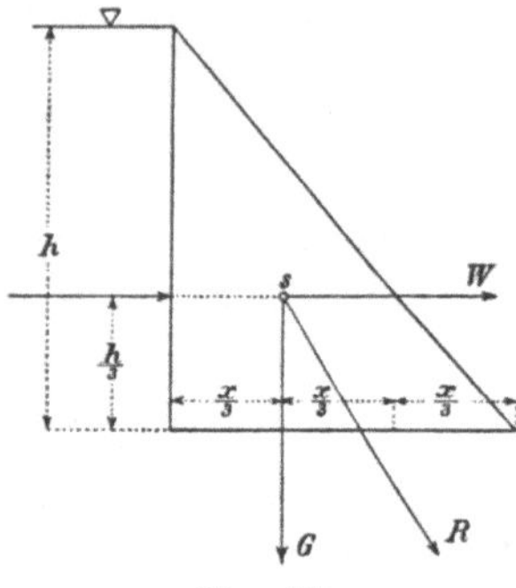

Fig. 17.

$$G = \frac{\gamma_1 \cdot h}{2}, \quad W = \frac{\gamma \cdot h^2}{2}, \quad \frac{G}{W} = \frac{\frac{h}{3}}{\frac{x}{3}},$$

$$\frac{\gamma_1 \cdot h}{\gamma \cdot h^2} = \frac{h}{x}, \quad (1)\ x = h\sqrt{\frac{\gamma}{\gamma_1}} = h\sqrt{\frac{1}{\gamma}}.$$

Soll R durch den Mittelpunkt der Basis gehen, so muß:

$$\frac{G}{H} = \frac{\frac{h}{3}}{\frac{x}{3}} = \frac{\frac{\gamma_1 \cdot x \cdot h}{2}}{\frac{\gamma \cdot h^2}{2}}, \quad x = h\sqrt{\frac{2\gamma}{\gamma}} = h\sqrt{\frac{2}{\gamma_1}}.$$

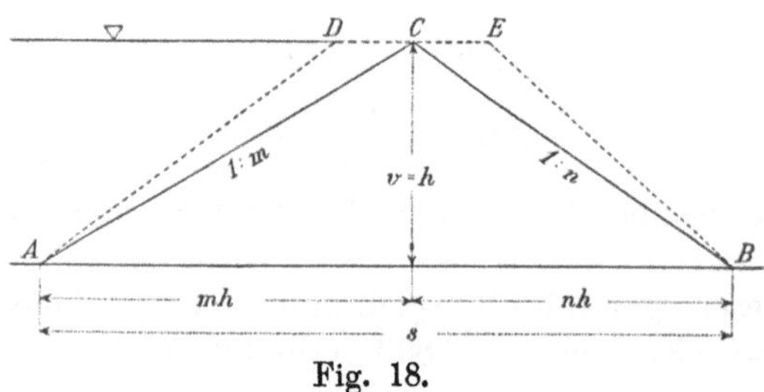

Fig. 18.

Bei theoretischer Berechnung der Kronenbreite eines neu anzulegenden Teiches könnte auch folgender Weg eingeschlagen werden:

Aus der Gleichung für die Größe des Horizontaldruckes, $H = \frac{1}{2} h^2$, ist ersichtlich, daß der statischen Wirkung der Querschnitt des Teichdammes als Dreieck vollständig entspricht, indem für die Tiefe $h = o$, $T = o$ ist (Fig. 18).

Nehmen wir die Länge des Teichdammes gleich 1 an, so läßt sich die Dammbasis in folgender Weise berechnen:

Als Koeffizient des Widerstandes gegen das Fortschieben nehmen wir allgemein mit f an, das spezifische Gewicht des Wassers mit γ, des Schüttungsmaterials mit γ_1; so muß zur Herstellung des Gleichgewichtes, wenn $v = h$ ist;

$$^1/_2 \gamma \cdot h^2 = f \cdot \gamma_1 \cdot s_1 \cdot \frac{h}{2} + f \cdot \gamma \cdot m \cdot \frac{h_2}{2}$$

sein (Fig. 19).

Das erste Glied der Gleichung gibt die Größe der Reibung an, entstanden durch das Eigengewicht des Dammes; durch das zweite Glied wird der Wasserdruck zum Ausdruck gebracht. Aus dieser Gleichung ist es möglich, die Dammgrundfläche zu berechnen.

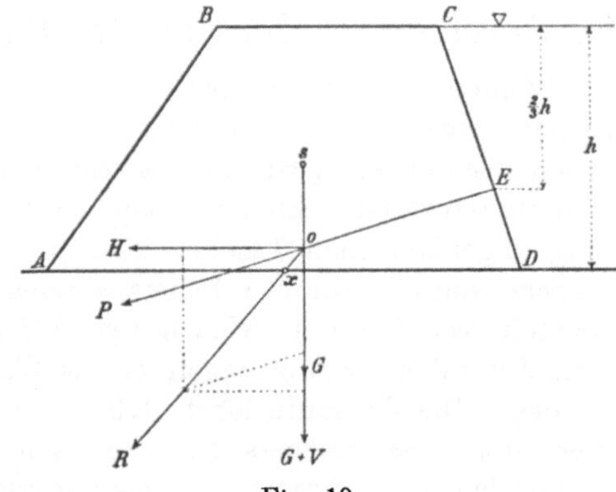

Fig. 19.

Der Dammkörper muß in der Regel als mit Wasser durchweicht angesehen werden, deshalb ist es geboten, für die statische Wirkung des Dammgewichts mit dem Unterschied der spezifischen Gewichte vom Schüttungsmateriale und dem Wasser $(\gamma_1 - \gamma)$ zu rechnen. Gleichzeitig entfällt das zweite Glied der rechten Seite derselben Gleichung, indem der Wasserdruck von oben und unten sich gegenseitig behebt.

Zur Herstellung des Gleichgewichtes der hier wirkenden Kräfte gibt die Gleichung, daß

$$^1/_2 \gamma \cdot h^2 = f \cdot s \cdot (\gamma_1 - \gamma) \frac{h}{2}$$

an.

Hieraus wird sodann das theoretische

$$s = \frac{1}{f} \cdot \frac{\gamma}{\gamma_1 - \gamma} \cdot h$$

berechnet.

Für die Bestimmung der Dimensionen des Teichdammes bestimmt Rundall nach den in Indien bei Anlage von Bewässerungsteichen gesammelten Erfahrungen, daß die Kronenbreite gleich ist der größten Wassertiefe. Bei besonders tief angelegten Teichen nahm er $s = 0{,}33$, $0{,}4-0{,}5$ der Wassertiefe an.

Grunguola nimmt für die Kronenbreite s = 3,0 m als Minimum an und entwickelt hieraus folgende praktische Formel:

$$s \text{ min.} = 3 + 0{,}3\,(h - 3).$$

Trautwine hält s min. = 0,61 + 2 h, als ausreichend groß dimensioniert an.

Quillemain nimmt an, daß bei gutem und sorgfältig gestampftem Material es nicht notwendig ist, die Kronenbreite (s) gleich der halben Wassertiefe ($\frac{1}{2}$ h) anzunehmen, sondern es soll s stets kleiner sein als 5 m (wasserseitiges Böschungsverhältnis).

23. Berechnung der Standfestigkeit der Teichdämme.

Wenn ein fester Körper von Kräften — das Eigengewicht des Körpers zugerechnet —, die sich im Gleichgewicht befinden, in Anspruch genommen wird, so entsteht in ihm ein ganz bestimmter Spannungszustand. Es wird nämlich von den Kräften in einem beliebig angenommenen Flächenelemente im Innern oder Äußern des Körpers eine bestimmte Scherspannung hervorgerufen, beide zu ermitteln ist eine der wichtigsten Aufgaben der Mechanik. Durch Auffindung dieser Spannungen ist das Wesen der Spannungsverteilung festgelegt. Die Mechanik lehrt, daß, wenn diese Spannungen an irgendeiner Stelle des Körpers für drei aufeinander senkrecht stehende Flächenelemente bekannt sind, man sie auch für jedes beliebige Flächenelement an dieser Stelle berechnen kann.

Es ist noch nicht gelungen, den Spannungszustand eines Körpers, der von Kräften, die sich das Gleichgewicht halten, beansprucht ist, allgemein zu finden, denn man hat es nicht mehr mit dem räumlichen, sondern mit dem ebenen Zustande zu tun. Es werden dabei die Kräfte, die sich das Gleichgewicht halten, in einer Ebene wirkend angenommen. Bei einem Teichdamme wird die Kraftwirkung hervorgebracht durch den Wasserdruck und das Eigengewicht, weshalb beide bei Berechnung der Teichdämme in Betracht kommen müssen.

Die Teichdämme sind dem Druck des Wassers ausgesetzt und müssen daher solche Abmessungen erhalten, daß sie durch diesen Druck weder fortgeschoben noch umgekippt werden können.

Um sich darüber Gewißheit zu verschaffen, daß den beiden Bedingungen entsprochen wird, kann man die Stabilität der Dämme in folgender Weise untersuchen. Es soll der Einfluß beider Kräfte getrennt untersucht werden, und wir beginnen mit demjenigen des Wasserdrucks.

In diesem Falle haben wir es mit einem Träger zu tun, welcher an dem einen Ende eingespannt ist. Es sei A B C D, Fig. 8, der als Träger aufzufassende Teichdamm, welcher im Querschnitte A D eingespannt ist. Auf diesen Träger wirken die Normalspannungen senkrecht zu den Querschnitten und die in den Querschnitten wirkende Scherspannung.

Nach dem bekannten hydraulischen Gesetze ist der Druck, welchen das Wasser auf eine Fläche nach irgendeiner Richtung ausübt, gleich dem Gewichte einer Wassersäule, deren Querschnitt die gedrückte Fläche und deren Höhe ihre senkrechte Entfernung von der Oberfläche bildet. Auf die Form des Gefäßes kommt es nicht an.

Bezeichnen wir den Druck des ruhenden Wassers (den sog. hydrostatischen Druck) mit D; ferner sei F die Flächeneinheit eines ebenen Stückes der Wand, z o der lotrechte Abstand des Schwerpunktes von F vom Wasserspiegel und γ das Gewicht der Raumeinheit des Wassers; dann ist der die Fläche F belastende Normaldruck

$$D = \gamma \cdot F \cdot z\,o.$$

Wir setzen für $\gamma = 1$, $t = 6\,t$ bei $F = 1\,m^2$ und

$$D = 0{,}6\,kg \text{ bei } F = 1\,cm^2.$$

Ist in der Zeichnung, Fig. 19, der Querschnitt eines Dammes von der Länge l dargestellt, so ist demnach der Druck auf die Fläche C E:

$$P = d \cdot \frac{h}{2} \cdot \gamma.$$

Dieser Druck kann in die beiden Seitendruckkräfte:

$$H = h \cdot \frac{h}{2} \cdot \gamma = {}^1/_2\, h^2 \cdot \gamma$$

und

$$V = c \cdot \frac{h}{2} \cdot \gamma$$

zerlegt werden, von denen H auf das Fortschieben des Dammes gerichtet ist, während durch V und das Gewicht des Dammes

$$G = \frac{a + b}{2} \cdot h \cdot \gamma_1 = \left(a + \frac{c + c}{2}\right) h \cdot \gamma_1 = {}^1/_2\,(2\,a + c + c)\; h \cdot \gamma_1$$

ein Reibungswiderstand hervorgerufen wird, den H überwinden muß, wenn der Damm fortgeschoben werden soll. Nimmt man der Sicherheit wegen einen völlig durchweichten Untergrund an, so wirkt von unten her der Druck oder Auftrieb:

$$L = b \cdot h \cdot \gamma = (a + c + c) \cdot h \cdot \gamma$$

auf die Dammsohle, entlastend ein und es muß, wenn man den Reibungskoeffizienten mit φ bezeichnet,

$$H < \varphi\,(V + G - L)$$

oder nach Einsetzung der Werte:

$$\tfrac{1}{2} h^2 \cdot \gamma < \varphi \cdot h \left[\tfrac{1}{2} c \cdot \gamma + \tfrac{1}{2} (2a + c + c_1) \gamma_1 - (a + c + c) \gamma\right]$$

und schließlich:

$$h < \varphi \left[(2a + c + c_1) \cdot \left(\frac{\gamma_1}{\gamma} - 1\right) - c_1\right]$$

sein, wenn das Fortschieben des Dammes nicht eintreten soll. Aus dieser Ungleichung ergibt sich das Mindestmaß der Kappenbreite. Es muß nämlich sein:

$$a > {}^1/_2 \left[\frac{h + \varphi \cdot c_1}{\varphi\left(\frac{\gamma_1}{\gamma} - 1\right)} - (c + c_1)\right].$$

Für lehmigen oder tonigen Boden kann man $\gamma = 2000\ \mathrm{kg/m^3}$ setzen, so daß $\frac{\gamma_1}{\gamma} = 2$ wird; φ hat im Mittel $\tfrac{1}{3}$. Macht man $c = c_1 = 1{,}5\ h$, so muß a mindestens $= 0{,}75\ h$ sein.

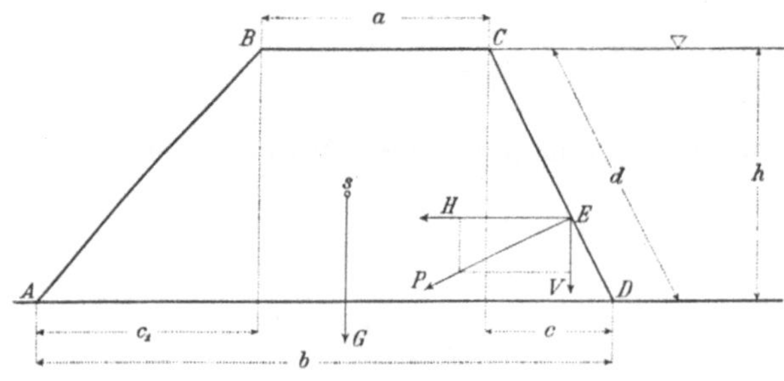

Fig. 20.

Die Standfestigkeit eines solchen Staudammes in Hinsicht auf das Umstürzen (Umkippen) kann man in bekannter Weise, wie folgt, untersuchen (Fig. 20):

Nach früherem ist der Wasserdruck P, welcher auf die Fläche $CD = d$ wirkt,

$$P = \tfrac{1}{2} d \cdot h \cdot \gamma;$$

derselbe greift im Punkte D an, der in $\tfrac{2}{3}$ der Wassertiefe liegt.

Ferner hat man

$$H = \tfrac{1}{2} h^2 \cdot \gamma$$

$$V = \tfrac{1}{2} c \cdot h \cdot \gamma$$

$$G = \tfrac{1}{2} (a + b)\, h \cdot \gamma.$$

Aus P und G, aus H und G + V erhält man eine Mittelkraft R, deren Richtung die Dammsohle AD = b im Punkte X schneidet. Dieser Punkt liegt in der Stützlinie, die man findet, wenn man für h verschiedene Wassertiefen einführt, in diesen Tiefen wagerechte Schnitte durch den Damm legt und die Schnittpunkte der Mittelkräfte aus Wasserdruck und Gewicht der über den Schnitten liegenden Dammstücken mit der wagerechten Schnittlinie verbindet.

Beispiel. Setzen wir für lehmigen Boden $\gamma_1 = 2000\ \mathrm{kg/m^3}$, $\varphi = \frac{1}{3}$, $h = 2{,}90$, $d = 4{,}2$ ein, so ergeben die obigen Formeln durch ihr Einsetzen:

daß $$8410 < 31\,352\ \mathrm{kg/m^3}.$$

Der projektierte Damm bietet eine mehr als dreifache Sicherheit gegen Vorschieben und Umkippen. Dies ist bei einer Kronenbreite von 1,5 m der Fall, soll jedoch der Damm zum Befahren mit Fuhrwerken benutzt werden, wo die Breite der Dammkrone mit mindestens 4,0 m bemessen sein muß, dann erhalten wir, unter Voraussetzung derselben Zahlen, folgende Werte:

$$8410 < 48\,848\ \mathrm{kg/m^3}.$$

Ein Damm mit 4,0 m breiter Krone bietet daher eine mehr als fünffache Sicherheit gegen Fortschieben und Umkippen.

Wenn die Kronenbreite eines Dammes mit s, die Böschungen mit l:m und l:n (Fig. 16) bezeichnet werden, so beträgt der horizontale Wasserdruck:

$$H = \gamma \cdot \frac{h^2}{2} = 1000 \cdot \frac{h^2}{2}.$$

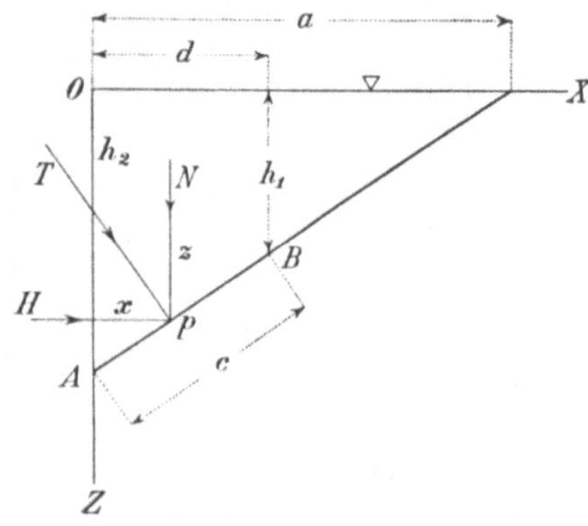

Fig. 21.

Nehmen wir zu unserer Betrachtung die Dammlänge mit 1 an, so ergibt sich die Sicherheit gegen das Fortschieben des Dammes aus obiger Formel:

$$x = \frac{f \cdot \gamma \cdot h \left[s + \frac{h}{2}(m+n)\right] + \alpha \left[s + \frac{h}{2}(m+n)\right]}{{}^1/_2 \cdot 1000 \cdot h_2}.$$

Der erste Faktor drückt die Größe der Reibung, der zweite die Größe der Kohäsion aus.

Die Berechnung der Stabilität des Dammes gegen das Fortschieben kann noch mittels folgender mathematischer Formel zum Ausdruck gebracht werden (Fig. 21):

$$x \cdot p = \frac{a}{h_2} \cdot \frac{h_2^3 + 2\,h_1^3 - 3\,h_2 \cdot h_1^2}{3\,(h_2^2 - h_1^2)}$$

$$z \cdot p = h \cdot p = {}^2/_3 \cdot \frac{h_2^3 - h_1^3}{h_2^2 - h_1^2}$$

$$y \cdot p = \frac{b}{2},$$

$$T \cdot x = H = \gamma \cdot b \cdot \frac{h_2^2 - h_1^2}{2}$$

$$T \cdot y = 0,$$

$$T \cdot z = N = \gamma \cdot d \cdot b \cdot \frac{h_2 + h_1}{2}.$$

Der gesamte Druck senkrecht auf die Fläche:

$$T = \sqrt{H^2 + N^2} = \gamma \cdot b \cdot c \cdot \frac{h + h}{2}.$$

Für eine geneigte Fläche sind

$$a \cdot h = 0, \text{ d. i. } d = a,\ h_1 = h;$$

sodann ist

$$x \cdot p = \frac{a}{3}, \quad z \cdot p = {}^2/_3\,h, \quad H = \gamma \cdot b \cdot \frac{h_2}{2}, \quad N = \gamma \cdot b \cdot a \cdot \frac{h}{2}.$$

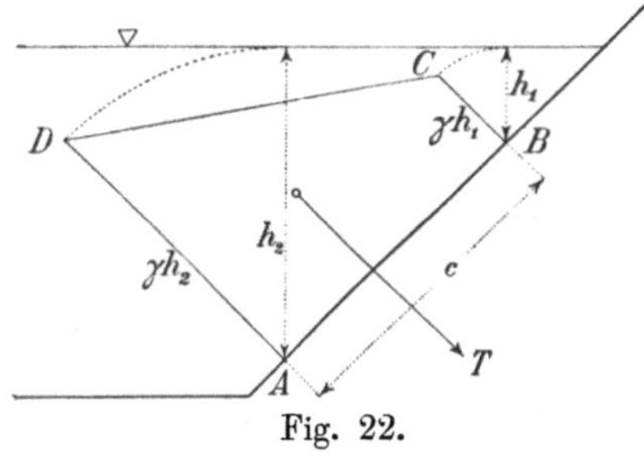

Fig. 22.

Um den Wasserdruck graphisch ausdrücken zu können, wollen wir die Berechnung für eine bestimmte Länge des Wasserbehälters b = 1 m vornehmen.

Unter dieser Voraussetzung verändert sich die Gleichung für den gesamten Druck

$$T = \gamma \cdot b \cdot c \cdot \frac{h_2 + h_1}{2} \text{ in } \gamma \cdot c \cdot 1 \cdot \frac{h_2 + h_1}{2}.$$

Den Druck auf eine schiefe Fläche kann durch die Figur A B C D (Fig. 22) zur Darstellung bringen. Werden die Größen für die Tiefen in Metern, $\gamma = 1000$, ausgedrückt, so wird T die Anzahl von Tonnen angeben.

In dem Falle, daß die Druckfläche bis zum oberen Wasserspiegel reicht, bildet die Druckfläche ein rechtwinkliges Dreieck (Fig. 23) von der Höhe h und der Basis $\gamma \cdot h$. Nehmen wir $\gamma = 1000$, so wird ein gleichseitiges Dreieck mit dem Winkel von 45^0 an der Hypotenuse gebildet. Der Angriffspunkt ist in ${}^2/_3\,h$ von dem Wasserspiegel.

Was nun die **Stabilität des Dammes** in betreff der **Standfestigkeit** des Schüttungsmaterials anbelangt, so kann der Druck bei Annahme eines guten Schüttungsmaterials bloß unterhalb der Dammkrone zum Ausdruck gelangen. Äußert sich das Gewicht des Teichdammes auf dessen Untergrund, so gelangt er nur an dieser Stelle zur Geltung, unterhalb der Böschungen wird eher ein Auftrieb konstatiert werden können.

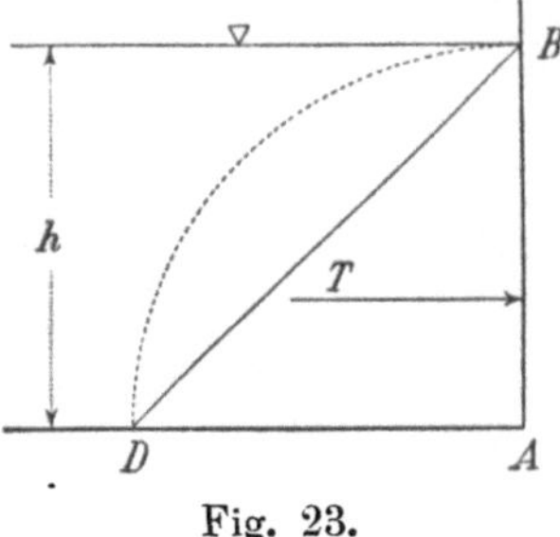

Fig. 23.

Es genügt daher vollständig, sich die Überzeugung zu beschaffen, daß der Druck auf die Flächeneinheit, durch die horizontale Projektion der Dammkrone begrenzt, die gestattete Beanspruchung ko des mit Wasser gesättigten Untergrundes nicht übersteigt, und ob

$$s \cdot h \cdot l \cdot \gamma \leqq ko.$$

24. Statische Berechnung der Teichdämme.

Hätten wir unter Benutzung der im vorigen Absatze entwickelten Formeln die Abmessungen des neu herzustellenden Teichdammes ermittelt, so können hinsichtlich der Standfestigkeit des neuen Dammes statische Untersuchungen vorgenommen werden.

Der Wasserdruck P und das Eigengewicht des Dammes G setzen sich zu einer Resultierenden R zusammen, welche die Grundlinie A B im mittleren Drittel schneiden muß. Fällt jedoch der Schnittpunkt der beiden Kräfte außerhalb des Dammquerschnitts, so treten Zugspannungen auf, welche den Bestand des Teichdammes gefährden, weshalb eine andere Form, beziehentlich ein anderer Querschnitt des neu zu schaffenden Dammes als Grundlage zu weiteren Berechnungen angenommen werden muß.

Für die hinreichende Standfestigkeit des Dammes wird als Bedingung aufgestellt, daß die Resultierende R mit der Normalen auf der Basis einen Winkel einschließt, der kleiner bleiben muß als der Reibungswinkel, welchen der Damm mit dem Untergrund einschließt, und $20-35^0$ nicht übersteigen soll. Schließlich muß noch an der Bedingung festgehalten werden, daß die Pressungsgrenze nicht überschritten werden darf, wenn der Damm nicht in den Untergrund versinken soll.

Die für den gefüllten Teich geltende Stützlinie findet man in folgender Weise. Der Druck, den das Wasser auf die Brust A B des Teichdammes ausübt, ist, wenn der Wasserspiegel in gleicher Höhe mit der Dammkrone steht, gleich dem Gewicht eines Wasserprismas, dessen Grundfläche gleich ist dem Dreieck A B B_1 (Fig. 24), die Länge wie früher zu l angenommen. Bestimmen wir in bekannter Weise den Schwerpunkt des Dreieckes A B B_1, so wirkt der Wasserdruck P senkrecht auf die Brust A B.

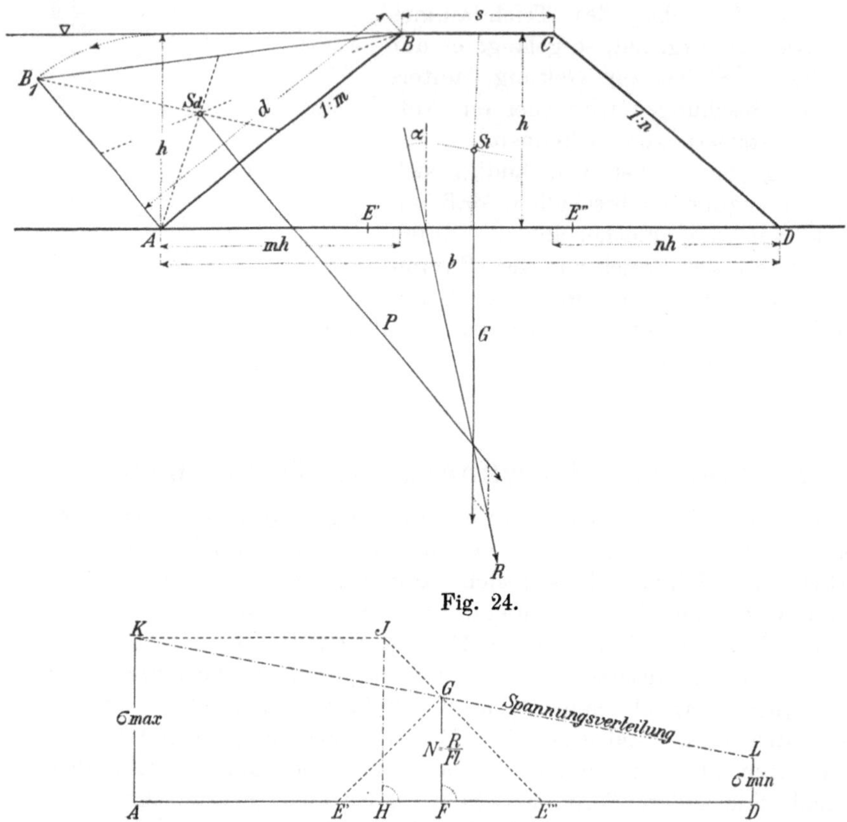

Fig. 24.

Fig. 25.

Die maximale Bodenpressung wird nach Fig. 25 graphisch bestimmt:

$$\overline{AF} - \overline{FD} = \frac{AD}{2},$$

$$FG \perp AD = \frac{R}{Fl}$$

gleich der gesammten Bodenpressung, bezogen auf die Flächeneinheit.

E' und E'' mit G verbunden,

$\overline{HJ} \perp \overline{AD}$,

$\overline{GE'}$ mit $\overline{HJ}$ zum Schnitt gebracht,

$\overline{JK} \parallel \overline{AD}$,

$\overline{AK} = \sigma$ max., maximale Kantenpressung auf die Flächeneinheit bezogen.

Die Bodenpressung darf jedoch folgende Werte nicht übersteigen:

bei Lehm	30— 40 t/m²,
bei festgelagertem Kies	60— 80 „ ,
bei Sandstein	70—150 „ ,
beim Felsen	200—300 „ .

25. Der Druck ruhender Flüssigkeiten auf Gefäßwände[1]).

Wir betrachten eine Flüssigkeit vom spezifischen Gewichte γ, welche sich in einem Gefäße von beliebiger Form an der Erdoberfläche befindet und daher, wenn das Gefäß oben offen ist, einen horizontalen Spiegel besitzt. In der Tiefe h unter diesem Spiegel, auf dem der Atmosphärendruck p_0 ruht, herrscht der Normaldruck

$$p = p_0 + h \cdot \gamma \qquad 1)$$

welcher dort auch ein die Flüssigkeit begrenzendes Element dF der Gefäßwand belastet.

Damit dieses Element nicht in der Richtung seiner Normalen durch den Druck p fortgeschoben wird, muß diesem eine Kraft

$$dP = p \cdot dF = (p_0 + \gamma h)\, dF \qquad 2)$$

entgegenwirken.

Im Falle einer ebenen Gefäßwand haben alle diese Elementarkräfte dieselbe Richtung und lassen sich für ein begrenztes Flächenstück F der Gefäßwand zu einer Resultante

$$P = p_0 F + \gamma \int h \cdot dF \qquad 3)$$

zusammenfassen, worin die Integration der rechten Seite über das ganze Flächenstück auszudehnen ist. Bedeutet α den Neigungswinkel der Gefäßwand gegen den Horizont, sowie x und y die Koordinaten des Elementes dF in der Fig. 26 umgeklappt gezeichneten Wandebene mit der im Flüssigkeitsspiegel liegenden x-Achse so folgt sofort

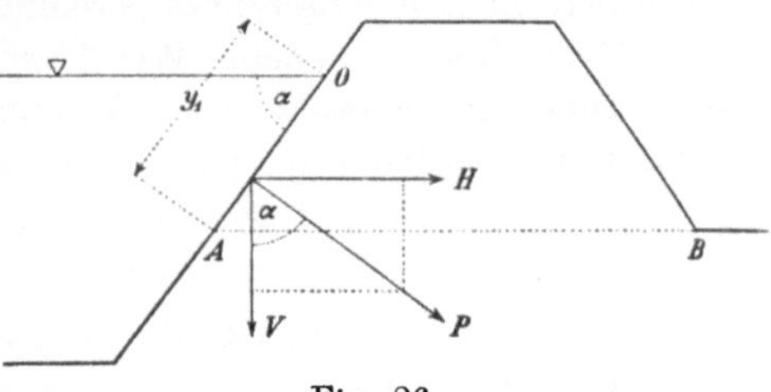

Fig. 26.

$$h = y \cdot \sin \alpha \qquad 4)$$

---

[1]) Lorenz, Technische Hydromechanik.

und damit geht die vorangeführte Gleichung über in

$$P = p_0 \cdot F + \gamma \sin\alpha \int y \cdot dF, \qquad 3a)$$

worin das Integral der rechten Seite mit dem statischen Momente des Flächenstückes F in bezug auf die x-Achse übereinstimmt.

Es entsteht nun die Frage nach dem Angriffspunkt der Kraft p, an dem die Fläche F, ohne zu kippen, durch die Gegenkraft gestützt werden kann, wenn sie nicht an ihrem Umfang mit den anderen Teilen der Wand fest zusammenhängt.

Zu diesem Zwecke greifen wir auf die Momentgleichung der Mechanik zurück und bezeichnen die Drehmomente der auf die Fläche F wirkenden Drücke in bezug auf die Koordinatenachsen O X, O Y mit $\mathfrak{M} y$ und $\mathfrak{M} x$, so zwar, daß

$$\mathfrak{M} x = \int x \cdot dP, \qquad \mathfrak{M} y = \int y \cdot dP,$$

oder

$$\left.\begin{aligned} \mathfrak{M} x &= p_0 \int x \cdot dF + \gamma \sin\alpha \int x \cdot y \cdot dF \\ \mathfrak{M} y &= p_0 \int y \cdot dF + \gamma \sin\alpha \int y^2 \cdot dF \end{aligned}\right\} \qquad 5)$$

Sind ferner x_0 und y_0 die Koordinaten des Angriffspunktes der Resultanten P in der Ebene der Gefäßwand, so haben wir auch

$$\mathfrak{M} x = x P, \qquad \mathfrak{M} y = y P,$$

wenn wir den Wert für P einsetzen:

$$\left.\begin{aligned} x_0 (p_0 F + \gamma \sin\alpha \int y \cdot dF) &= p_0 \int x \cdot dF + \gamma \sin\alpha \int x \cdot y \cdot dF \\ y_0 (p_0 F + \gamma \sin\alpha \int y \cdot dF) &= p_0 \int y \cdot dF + y \sin\alpha \int y^2 \cdot dF \end{aligned}\right\} \qquad 5a)$$

Für den Fall, daß die willkürliche y-Achse unseres Systems durch den Schwerpunkt des Flächenstückes F hindurchgeht, verschwindet auf der rechten Seite der ersten dieser Formeln das erste Glied und, wenn die Fläche außerdem noch symmetrisch zur y-Achse liegt, auch das zweite Glied, womit $x_0 = 0$ wird, was ohnehin evident ist.

Die berechneten Ergebnisse vereinfachen sich durch den Umstand, daß das Gefäß frei steht, seine Wand von außen dem konstanten Atmosphärendruck p_0 ausgesetzt ist. Alsdann kommt für den Druck nach außen nur der Überdruck $p - p_0$ in Frage, und wir erhalten die Gleichungen

$$P = \sin \gamma \alpha \int y \cdot dF \qquad 3b)$$

$$\left.\begin{aligned} x_0 \int y \cdot dF &= \int x \cdot y \cdot dF \\ y_1 \int y \cdot dF &= \int y^2 \cdot dF \end{aligned}\right\} \qquad 5b)$$

Zu den letzten beiden Formeln wären wir auch dadurch gelangt, daß wir von den Momenten die Momente des Atmosphärendruckes

$$\mathfrak{M} x_0 = p_0 \int x \cdot dF, \qquad \mathfrak{M} y_0 = p_0 \int y \cdot dF$$

abgezogen und den Rest mit den Produkten x_0 P und y_0 P gleichgesetzt hätten. Aus 5 a erhellt jedenfalls, daß der Abstand des Angriffspunktes der Resultanten, des sog. Druckmittelpunktes, vom Flüssigkeitsspiegel in der Ebene der Gefäßwand mit der reduzierten Pendellänge des um den Schnitt des Spiegels mit der Wandebene drehbar gedachten Flächenstückes identisch ist.

Haben wir es z. B. mit einem Damm Fig. 27, der einen Wasserbehälter (Teich) abschließt, zu tun, so werden dessen Böschungen so gut als möglich als Ebenen ausgeführt, so daß die Formeln 3 b und 5 b unmittelbar angewendet werden dürfen. Da der Wasserdruck das Bestreben hat, den Damm auf seiner Unterlage A B zu verschieben, so kommt als Druckfläche die Böschung O A = y in Frage, während wir die ganze Länge des Dammes mit l bezeichnen wollen. Alsdann ist $dF = l \cdot dy$, und wir erhalten aus 3 b für den Gesamtdruck

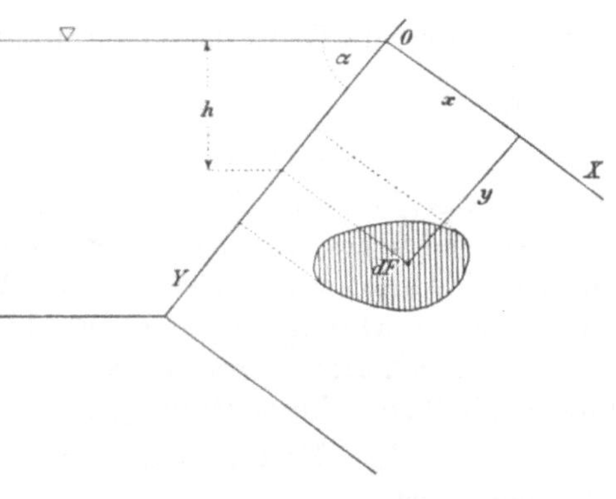

Fig. 27.

$$P = \gamma \cdot l \cdot \sin\alpha \int_0^{y} y \cdot dy = \frac{\gamma \cdot l \cdot y_1^2}{2} \cdot \sin\alpha$$

oder den Druck auf die Längeneinheit des Dammes

$$\frac{P}{l} = \frac{\gamma \cdot y_1^2}{2} \cdot \sin\alpha .$$

Die erste Formel hat in unserem Falle keine Bedeutung, bzw. das rechts stehende Zentrifugalmoment der Böschungsfläche O A verschwindet, wenn wir uns den Schnitt durch die Mitte des Dammes, also im Abstande l/2 vom Ende gelegt denken, wo aus Symmetriegründen auch die Resultante des Wasserdruckes angreifen muß. Dann liefert die zweite Formel

$$y_0 \int_0^{y_1} y \cdot dy = \int_0^{y_1} y^2 \cdot dy$$

oder

$$y_0 = 2/3\, y,$$

d. h. der Druckmittelpunkt liegt in 2/3 Tiefe der Unterkante der Druckfläche. Den Druck zerlegt man in diesem Falle zweckmäßig in eine Horizontalkomponente H, welche den Damm vor sich herschieben will, und eine Vertikalkomponente V, welche ihn auf der Unterlage niederdrückt und daher den Reibungswiderstand, der schon vom Gewichte des Dammes herrührt, noch erhöht. Beide Komponenten ergeben sich zu

$$H = P \cdot \sin\alpha = \frac{\gamma \cdot l \cdot y_1}{2} \cdot \sin^2\alpha$$

$$V = P \cdot \cos\alpha = \frac{y \cdot l \cdot y_1^2}{2} \cdot \sin\alpha \cdot \cos\alpha$$

oder, wenn wir die Druckfläche selbst mit $F = l \cdot y$, sowie ihre Schwerpunkttiefe $h = \frac{y}{2} \cdot \sin$ einführen, zu $H = \gamma \cdot h \cdot F \cdot \sin\alpha$, $V = \gamma \cdot h \cdot F \cdot \cos\alpha$, worin $F \cdot \sin\alpha$ und $F \cdot \cos\alpha$ ersichtlich die Vertikal- und Horizontalprojektionen der Druckfläche darstellen. Die Komponenten des Wasserdruckes auf eine ebene Fläche berechnen sich demnach aus dem Drucke in der Tiefe des Flächenschwerpunktes mit der zur Komponentenrichtung normalen Flächenprojektion.

Bezeichnen wir die Vertikalprojektion (Aufriß) der ganzen gedrückten Fläche mit F_v, die Horizontalprojektion (Grundriß) mit F_h, so ist offenbar

$$dF \sin\alpha = dF_v \cdot dF \cdot \cos\alpha = dF_h$$

und daher aus

$$H = \gamma \int h \cdot dF_v, \quad V = \gamma \int h \cdot dF_h .$$

Im Ausdruck für die Vertikalkomponente des Flüssigkeitsdruckes bedeutet das Integral rechts aber nichts anderes als das Volumen eines über die gedrückte Fläche bis zum Spiegel bzw. der Fortsetzung desselben reichenden Flüssigkeitskörpers, mit dessen Gewicht somit der Vertikaldruck selbst identisch ist, und zwar unabhängig von der sonstigen Form des Gefäßes.

Für die Tiefe h_0 des Angriffspunktes der Horizontalkomponente H erhalten wir weiterhin

$$h_0 H = \int h \cdot dH = \gamma \int h^2 \cdot dF_v,$$

worin das Integral offenbar das Trägheitsmoment der Vertikalprojektion der gedrückten Fläche um eine im Spiegel liegende Achse von H bedeutet. Führt man noch den Wert von H ein, so folgt unter Wegfall von γ

$$h_0 \int h \cdot dF_v = \int h^2 \cdot dF_v,$$

und man erkennt, daß die Tiefe des Angriffspunktes der Horizontalkomponente des Flüssigkeitsdruckes identisch ist mit der reduzierten Pendellänge der Vertikalprojektion der gedrückten Fläche in bezug auf eine im Spiegel liegende Achse.

Bezeichnen wir dann mit x den Horizontalabstand unseres Flächenelementes von einer beliebigen Vertikalebene, so folgt für den Abstand x_0 der Vertikalkomponente des Flächendruckes von dieser Ebene

$$x_0 V = \int x \cdot dF = \gamma \int x \cdot h \cdot dF_h,$$

worin die rechte Seite mit dem statischen Momente des ganzen über die Fläche bis zum Spiegel reichenden Flüssigkeitskörpers übereinstimmt.

Daraus ergibt sich, daß die Vertikalkomponente durch den Schwerpunkt dieses Körpers hindurchgeht, und daß ihr Angriffspunkt durch den Schnitt der vertikalen Schwerachse mit der gedrückten Fläche gegeben ist.

VII. Herstellung der Dämme.

26. Die Bauart der ersten Teichdämme.

Wie die Teichdämme im Mittelalter hergestellt worden sind, beschreibt J. Dubravius in seinem im Jahre 1547 erschienen Buche von den Teichen und den Fischen, welche in denselben gezüchtet werden sollen:

„Es gibt zweierlei Arten von Dämmen, wonach die Namen beider Verfahren nach Vitruvius mit ‚verwerkt' und ‚unfest' genannt werden. Verwerkt ist diejenige, bei der nach Art eines Zaunes die in den Teich gerammten Pfähle mit Baustämmen und Stangen verstrickt und verschlungen sind. Der unfeste Damm aber ist jener, bei welchem die Baumstämme ohne besondere Verflechtung, sondern haufenweise und wahllos, die einen über die anderen, hinter die Pfähle geworfen und zusammengedrängt werden. Diese Art wird von den meisten angenommen, nicht so sehr der Schnelligkeit als auch der Festigkeit (sic) wegen. Welcher der beiden Arten man aber auch immer folgt, so muß man in jedem Fall die Pfähle so aufstellen und einrammen, daß sie in mäßigen Zwischenräumen voneinander abstehen und ein wenig gegen den Wall geneigt sind."

Oft wurden auch eichene Pfähle in die Erde getrieben; an diesen wurde ein Zaun aus starken Eichenästen geflochten und hinter ihm ein Quantum Scheitholz aufgeschlichtet. An der Wasserseite belegte man das Scheitholz mit Reisig und verwahrte es mittels fichtenen, im Zaune dicht aneinander befestigten Pfählen, worauf sodann dieses Schutzwehr durch alljährlich zugeführtes Reisig gedeckt werden mußte.

Derartige Erdwälle, welche durch Pfähle, Faschinen und Reisig gegen Wellenschlag geschützt wurden, konnten, wie leicht erklärlich, nur geringen Wassermengen Widerstand leisten. Später erfolgte die Terrassierung der Dämme mit Steinen.

Große und bedeutendere Teiche sind selten auf einmal entstanden; sie wurden nach und nach durch Erhöhung und Verstarkung der Dämme vergrößert.

Es läßt sich nicht leugnen, daß diese alten, durch ihre Dimensionen überraschenden Dämme (Damm des Rosenberger Teiches, Fig. 14) nicht immer nach den Regeln der Baukunst hergestellt worden sind, daher nicht selten unerklärbare, grobe Gebrechen nachweisen. So fehlt bei einigen Dämmen das entsprechende Verhältnis der Höhe zur Breite. Dies dürfte hierin die Ursache haben, daß man sich dem labilen Untergrunde, auf welchem der Damm errichtet wurde, anpaßte. Entweder war die Dammsohle ein Moorgrund oder Sand und es sollte durch große Abmessungen des Dammes die geringe Tragfähigkeit des Untergrundes ersetzt werden, oder wollte man eine große und tiefe Fischgrube herstellen. Einige übermäßig groß dimensionierte Dämme lassen darauf schließen, daß der Damm einmal oder wiederholt beschädigt war und durch große Anschüttungen vom frischen Material verstärkt und daher standfester gemacht werden sollte.

Bevor ein Damm hergestellt wird, schreite man zur Untersuchung des Untergrundes.

27. Untersuchung des Untergrundes.

Die Untersuchung des Baugrundes auf jener Stelle, wo der neue Damm aufgeführt werden soll, hat die Bodenart, nicht allein in bezug auf ihre Mächtigkeit, sondern auch hinsichtlich ihrer Neigung, festzustellen, und kann in folgender Weise vorgenommen werden:

1. Das Aufgraben oder Schürfen. Dieses ist die sicherste und beste Art der Bodenuntersuchung. Indem man auf der Baustelle an passend gewählten Punkten Vertiefungen ausgräbt, hat man die Lage und Beschaffenheit der Bodenschichten sowie deren Mächtigkeit deutlich vor Augen.

2. Das Sondieren erfolgt mittels des Sondier- oder Visitiereisens, einer 2—4 cm starken und am unteren Ende zugespitzten Eisenstange, die in den Boden eingestoßen, eingedreht oder eingerammt wird. Aus dem geringeren oder größeren Widerstande beim Eindrehen des Sondiereisens in den Boden, ferner aus dem Gefühle beim Hineinstoßen desselben, endlich aus den Bodenteilchen, die nach dem Herausziehen des Eisens daran hängen, bleiben kann man auf die Beschaffenheit der durchgestoßenen Bodenschichten schließen.

3. Das Bohren ist selbst auf große Tiefen ausführbar und gibt die Beschaffenheit und Mächtigkeit der einzelnen Erdschichten sicher an. Das zum Bohren dienende Werkzeug besteht aus dem eigentlichen Bohrer und den daran befestigten, bis über den Erdboden reichenden Bohrstangen oder dem „Gestänge“. Die Bohrlöcher werden bei Bodenuntersuchungen 10—12 cm weit hergestellt. Beim Hinabtreiben des Bohrloches wird der unten gewonnene Boden in kleinen Mengen herausgeschafft, und dadurch sowie aus der Tiefe des Bohrloches erlangt man die Kenntnis der Bodenschichten.

Der Baugrund muß an und für sich tragfähig sein; die Reibung des Dammes auf der Unterlage muß derart groß sein, daß kein Gleiten oder Abrutschen des Dammkörpers stattfinden kann. Das Vorland des Dammes sowie allgemein die natürliche Bodenoberfläche muß einen genügenden passiven Widerstand leisten, so daß keine Abtrennung der obersten Schichten erfolgt, in welchem Falle sonst der Damm mit dieser Schicht abrutschen würde.

Über die zulässige Belastung des Untergrundes durch den aufzuführenden Damm gibt uns die folgende Tabelle Aufschluß.

Bodengattung	Zulässige Belastung in kg/cm³
1. Felsen	bis zur Höhe des zulässigen Druckes.
2. Festgelagerter grober Sand, dann Kies und Schotter . . .	bis 6
3. Mergel, fester Ton, trockner, wenig tonhaltiger Sandboden	4—5
4. Lehm, mittlersterTon und mäßig feuchter oder stark tonhaltiger, jedoch trockener Sandboden .	2—3
5. Weicher Ton und sehr feuchter feinkörniger Sandboden . . .	0,5—1,5

Ein Boden, der selbst 0,6 kg/cm³ nicht ohne Setzungen zu tragen imstande ist, erscheint ungeeignet für eine dauernde Belastung durch einen Teichdamm und muß vorerst in bezug auf die Tragfähigkeit verbessert werden. Bei den Bodenarten unterscheidet man die sog. Setzungsgrenzen, wo sich bereits unzulässige Setzungsunterschiede einstellen, und die Versenkungsgrenze, bei welcher das Objekt in das umgebende Gelände versinkt.

28. Vorarbeiten bei Herstellung von Dämmen.

Die zu diesem Behufe einzuleitenden Vorarbeiten zerfallen in geodätische Aufnahmen und in die Erdarbeiten.

Zu den geodätischen Aufnahmen gehören:

a) das Ausstecken der Achse des Teichdammes mittels Fluchtstäben mit Einbeziehung der Terrainbruchpunkte. Man bezeichnet die Punkte durch Boden- und Schriftpflöcke; die ersteren werden nahezu ganz in den Boden eingeschlagen, die letztgenannten, hervorstehenden Pflöcke dienen zur Numerierung der Terrainpunkte;

b) das Nivellieren der ausgesteckten Achse, insbesondere auch der Geländebruchpunkte (anzunivellieren sind bloß die Bodenpflöcke);

c) die Aufnahme der Querprofile senkrecht auf die Achse, mittels Annivellierens von durch ein Maßband eingemessener, nicht auszupflockender Seitenpunkte.

Vermittels dieser auf solche Weise gewonnenen Daten, welche auf den gleichen Horizont bezogen werden müssen, können die Querprofile des herzustellenden Teichdammes, dessen Höhenkote aus den Höhenschichten entnommen wird, gezeichnet und das kubische Maß des Auf trages berechnet werden. Aus den Querprofilen kann sodann die Breite des Dammes abgenommen und in der Natur aufgetragen werden.

Zu den Vorarbeiten nicht geodätischer Natur, welche vor Errichtung eines jeden Dammes durchgeführt sein müssen, gehört die Herstellung des sog. „Dammfeldes“, d. h. also Vorbereitung eines entsprechenden Fundamentes für den neuen Teichdamm.

Durch diese Arbeit wird bezweckt, einerseits die Reibung des Dammes auf der Bodenoberfläche und damit die Stabilität gegen Gleiten zu erhöhen, ein seitliches Abrutschen zu verhindern, welche Bewegungserscheinungen auch dadurch hervorgerufen werden könnten, daß die auf der Bodenoberfläche wachsende Vegetation mit der Zeit im Damme verwest und Hohlräume bewirkt, welche durch eindringendes Wasser die Ursache von größeren Setzungen und Abrutschungen bilden könnten.

Es ist somit in erster Linie das Dammfeld von allen Bäumen, Gestrüpp, Grasnarbe usw. zu befreien, die Wurzeln müssen ausgerodet, der Rasen muß in Form von Ziegeln abgestochen und mit der gleichfalls ausgehobenen Humusschicht, zwecks späterer Verwendung zur Bedeckung und Humifizierung der Böschungen, seitwärts deponiert werden.

29. Ausführung der Dämme.

Wie bereits erwähnt, muß man die Dammbasis von allen Wurzeln, Sträuchern und allen jenen Hindernissen, welche einem innigen Anschlusse des Untergrundes an den auszuführenden Bau hinderlich wären, befreien, und die Fläche durch Pflügen oder durch Umgraben mindestens 30 cm tief aufzulockern. Als Prinzip wolle aufgestellt werden, daß „Erd auf Erd“ kommt.

Wird der Damm über wasserdurchlassendes Terrain geführt, was jedoch womöglich vermieden werden soll, so kommen folgende Maßregeln in Betracht:

1. Das wasserdurchlassende oder nicht genügend widerstandsfähige Material wird von der Dammgrundfläche bis auf eine wasserundurchlässige Schicht oder bis auf den festen Untergrund entfernt, damit an der Dammbasis eine sorgfältige, gegen Durchquellen gesicherte Verbindung mit dem Dammuntergrunde erreicht wird.

2. Durch Einbau eines Lehm-, Ton- oder Betonkerns, gegen die Bildung von Wasseradern.

Die Einbringung eines 1—2 m breiten, in der ganzen Länge des Dammes ausgeführten, bis auf die wasserundurchlässige Schicht reichenden Kernes, von tonigem Boden ist fast in allen Fällen von günstiger Wirkung (Fig. 28).

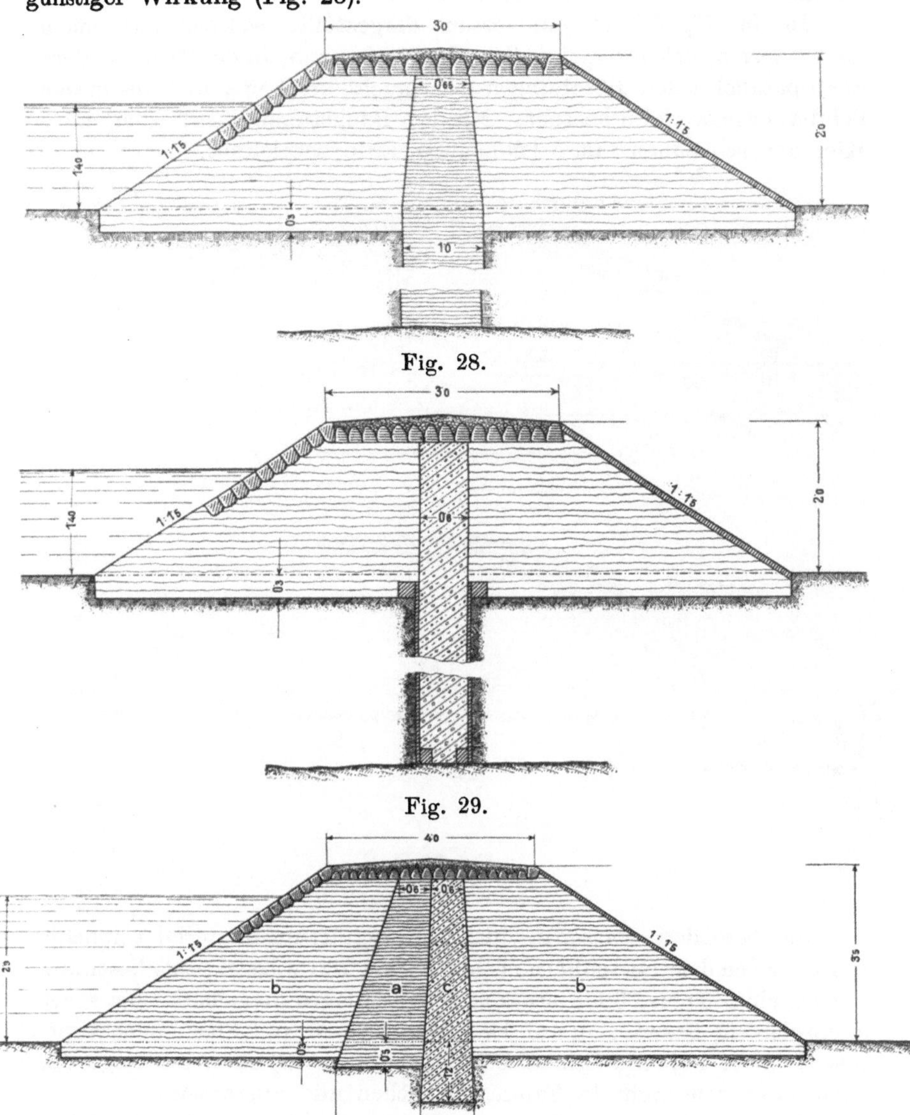

Fig. 28.

Fig. 29.

Fig. 30. a Tonkern, b Erde, c Beton.

Der Lettenschlag kann durch einen bis auf die wasserundurchlässige Schicht reichenden Betonkern von 0,6 bis 1,0 m Mächtigkeit, Fig. 29, oder durch Verbindung beider verstärkt werden. In der Fig. 30 ist mit dem Buchstaben b ein Tonkern, mit c Betonkern und mit a das wasserdurchlassende Schüttungsmaterial bezeichnet.

In der Fig. 31 ist ein Damm dargestellt, welcher aus einem Lettenkern a, welcher nicht allein der Länge nach, in der Mitte, sondern auch parallelzu den Böschungen eingebracht erscheint und aus gutem Schüttungsmaterial b besteht. Mit dem Buchstaben c wird Sand, mit d Kies und schließlich mit e lehmhaltige Erde bezeichnet.

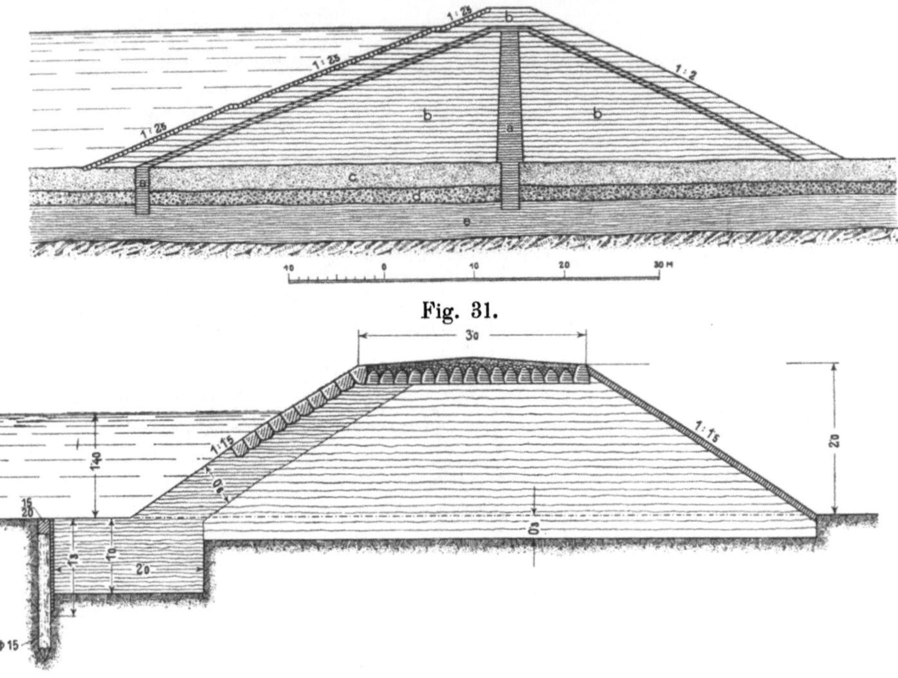

Fig. 31.

Fig. 32.

Bei besonders wasserdurchlässigem Schüttungsmaterial empfiehlt es sich neben dem Lettenkern noch die Sohle und wasserseitige Böschung mittels eines 30 bis 60 cm starken Lettenschlages zu sichern. Der sonst anempfohlene Rasenbelag auf der Wasserseite, ob mit Flach- oder Kopfrasen, bietet nur eine kurze Zeit Gewähr und Schutz, insolange die Pflanzenwurzeln nicht in Fäulnis übergehen und absterben.

Bei den Oberharzer Dämmen, welche im Anfang des 16. Jahrhunderts gebaut wurden, ist an Stelle des Lettenkernes ein Schram mit schräg gestochenen Rasenpanzen, 10 cm stark, 30 bis 40 cm im Geviert, in horizontalen Schichten, die Fugen gegen den Wasserdruck versetzt und mit Dammerde gedichtet, ohne geringste Lücke, fest zugeschlagen, eingebaut.

Bewußt oder unbewußt hat sich das Bestreben geltend gemacht, das Absperrwerk in einen schützenden und dichtenden Teil zu zerlegen.

Der letztere erfordert eine besondere Beschaffenheit und Güte des Materials sowie sorgfältige Ausführung, während der erstere Teil, welcher die Masse hergibt, sofern er nur vor den Angriffen des Wassers geschützt ist, geringere Anforderungen stellt und daher schneller und billiger auszuführen ist.

Der Schutz des Dammes ist am vollkommensten bei einer wasserseitigen dichten Abdeckung der Böschung, welche am Fuße bis zu undurchlässigen Schichten heruntergeführt ist. Ein solcher Bau ist auch bei leerem Teiche für Ausbesserungen zugänglich.

In der Fig. 32 ist ein Damm, welcher eine sorgfältige Abdichtung erfordert hatte, dargestellt. Im Teiche selbst ist durch eine 1,3 m tiefe Spundwand der Lettenschlag gegen das Unterwaschen geschützt. Die Böschung ist noch unter den höchsten Wasserspiegel gepflastert.

Andererseits ist der Materialverbrauch bei dieser Art der Verdämmung zu groß, überdies muß die Lettendecke, besonders gegen Frostschäden, geschützt werden, weshalb diese Art bloß im äußersten Notfalle verwendet wird, und sonst der Lettenschlag (Lettenkern) in die Mitte des Dammes verlegt wird.

Unter allen Umständen ist es jedoch fehlerhaft, mehr als eine Dichtung anzuordnen; denn das die erste Dichtung durchdringende Wasser würde von der zweiten Schicht aufgehalten werden und das dazwischenliegende Dammaterial durchweichen. Vielmehr muß der Dammkörper wasserseitig des Kernes und dieser selbst möglichst dicht und undurchlassend sein. Der talseitige Dammkörper kann hingegen nicht genug ausgiebig drainiert werden, um etwaige Durchsickerungen unschädlich abzuführen.

Die Ausführung des Kernes eilt der Dammschüttung um ein geringes voraus, so daß die Aufstellung von Gerüsten gespart wird. Das dichte Dammaterial ist wasserseitig, das Gerölle und dergleichen talseitig zu verwenden, letzteres derart, daß Felsstücke und dergleichen den Damm nicht beschädigen.

Angesichts der zahlreichen Harzer Staudämme, welche bis zu 15 m Höhe aus Geröllschüttung mit einer aus Rasenboden gestampften Dichtungswand ausgeführt sind, hält man diese Bauart für derartige Stauhöhen für vollkommen dem Zweck entsprechend.

Bei der Herstellung von Dämmen für die zum Speisen des Marne-Saône-Kanals notwendigen Wasserbehälter hat die Ausführung der Dichtung gewechselt.

In der ersten Zeit erhielten die Dämme einen Mittelkern aus mit Hand gestampfter Erde. In der Folge hat man die Dichtungsschicht an die Böschungen gelegt und mit gerippten Walzen, bis deren Gewicht auf 2000 kg/m³ betrug, komprimiert (Corroi). Diese Seitenkerne müssen jedoch keilförmig in natürlichen Boden eingebunden sein, von welchem zuvor die obere Erdschicht abgedeckt worden ist. Die größte Vorsicht muß in der Auswahl der für das Corroi geeigneten Materialien (30—70% Sand, das übrige Lehm) gebraucht werden. Dem Preise nach stellt sich das Walzen für 1 m³ auf fc. 0,30, das Sortieren und Ausbreiten des Dichtungsmaterials auf fc. 0,2—,4. — Beim Damme von Vingeanne betrug die Menge des Corroi rund 230 000 m³, dabei ist der Damm 1250 m lang, 12,7 m hoch, in der Sohle 43,6 m breit. Der Fassungsraum des Hochbehälters umfaßt 8,700 000 m³ Wasser. Die Höhe der Schutzmauer (mur de garde) bei Charmes beträgt an 22 m, bei 362 m Länge, 63,9 m Sohlenbreite und einem Fassungsraume von 11,600 000 m³.

Dichtungsart an Teichdämmen mittels Einbaues von Betonwänden[1]). Das Dichtungssystem durch vertikale Wände aus Beton besteht in folgendem: Wasserseitig wird eine Serie von unten zugespitzten Bohlen eng aneinander bis unter die tiefste Filtration eingetrieben. Hierauf werden die Bohlen herausgezogen und in die Höhlungen, die sie hinterlassen haben, wird Beton eingetrieben. Auf diese Weise hat man im Teichdamm eine vertikale Betonwand geschaffen, die das Versickern verhindert und die Vorteile besitzt, daß mögliche Senkungen des Dammes nicht zu fürchten sind und daß vollständiger gegen Eindringen des Wassers vorhanden ist.

Die Bohlen, die unten mit einem Schuh versehen sind, müssen eine gewisse Form haben und bündig, eine hart neben der anderen, ohne irgend welche Fugen liegen und in einer Ebene eingetrieben sein. Mit Bohlen, die am unteren Ende 12 cm und auf eine Länge von 2,5 m 18 cm stark sind, lassen sich gute Erfolge erzielen. Zunächst werden die Bohlen auf etwa 10 bis 20 cm vorsichtig herausgezogen. Im allgemeinen wird das Erdreich durch das Eintreiben der Bohlen zusammengepreßt, daß beim Herausziehen die Sickerungen momentan aufhören werden, so daß Beton im Trockenen eingelassen werden kann.

Die durch das Herausziehen der Bohlen entstandenen Höhlungen werden bis auf die erwünschte Tiefe gereinigt und zwei unter rechtem Winkel gebogene Bleche eingeführt. Diese zwei Bleche und die auf einer Seite fertige Betonwand und auf der anderen Seite die Bohlenwand bilden eine Art Trichter. Nun wird der Beton eingebracht und gestampft und die Bleche nach und nach herausgezogen. Ist diese Höhlung gefüllt, dann wird die angrenzende Bohle herausgezogen und in der Art fortgefahren.

[1]) Annales des ponts et chaussées VI. 1910.

Die Kosten einer 2 m hohen Dichtungswand stellen sich im lehmigsandigen Boden auf etwa 12 K. für 1 m.

Die bisher gemachten Erfahrungen sind sehr günstig und geben diesem Verfahren den Vorrang gegenüber allen anderen Methoden, die bisher üblich waren.

30. Schüttung der Dammerde.

Bei der Dammschüttung auf festem Boden unterscheidet man drei Arten, nämlich:

a) die Lagenschüttung,
b) die Kopfschüttung,
c) die Seitenschüttung.

Für die Herstellung von Teichdämmen kommt ausschließlich nur die Lagenschüttung in Betracht. Sie erfolgt in dünnen Lagen von 15 bis 30 cm Stärke, welche entweder nach außen oder von der Mitte nach beiden Seiten abfallen, damit das Regenwasser während der Ausführung ablaufen könne. Zur Verhütung der Durchquellung werden die Lagen auch etwa parallel der Außenböschung geschüttet, um keine Fuge durchgehen zu lassen; doch ist eine so weit getriebene Vorsicht betreffs der Neigung der Lagen bei gleichmäßiger Erde nicht notwendig, da sich diese vermöge ihrer bedeutenden Kohäsion so verbindet, daß überhaupt keine Schichten entstehen können. Nur dann ist eine solche Schüttung vorzuziehen, falls die auf die Außenböschung zu bringende gute Erde in geringerer Menge zur Verfügung steht.

Wichtig ist dagegen, die einzelnen Lagen nur so stark zu nehmen, daß sie nach ihrer Schichtung durch Stampfen und Abrammen mittels 15 bis 20 kg schwerer Handrammen tüchtig komprimiert werden können, um einen wasserdichten widerstandsfähigen Dammkörper herzustellen und ein nachträgliches und ungleichmäßiges Schwinden desselben zu verhüten.

Behufs Erreichung einer vollständigen Wasserundurchlässigkeit erweist sich die Kalkmilchdichtung als sehr ersprießlich. Für die Kalkmilchdichtung wird das Material in Lagen von 10 cm aufgebracht, sodann mit der Gießkanne die dünnflüssige Kalkmilch aufgegossen und hierauf nochmals eine dünne Schicht Material aufgestreut, um das Aufkleben des Kalkbreies an den Stämpfeln zu verhindern. Je nach der mehr oder weniger lehmigen Beschaffenheit des zur Verwendung kommenden Materials, wie es die örtlichen Verhältnisse ergeben, wird entsprechend mehr oder weniger Kalkmilch beigemengt. Das Verhältnis des zu verwendenden hydraulischen Kalkes beträgt zwischen 15 und 20 Liter Kalkpulver auf 1 m^3 gestampfter fertiger Dammschüttung oder 9 bis 13 kg für 1 m^3. Bei feuchtem Wetter und nach starken Regengüssen wird der Kalk in Pulverform ausgestreut, und in die Schicht werden kleine Steine miteingestampft, damit verhindert werden soll, daß das Material unter der Stampfe elastisch in die Höhe getrieben werde.

Der eigentliche Dammkern wird in gleicher Weise in horizontalen Lagen von 20 cm gestampft und je nach der Witterung durch Zugießen von Wasser oder Kalkmilch angefeuchtet. Durch die Kalkdichtung soll das Verweilen der verschiedenen Nagetiere im Damme selbst unmöglich gemacht werden.

Erwähnenswert ist noch, daß die Dammerde frei von faulenden Stoffen, als Wurzeln, Pflanzen, Moos, überhaupt von Gegenständen, welche in Verwesung übergehen, sein soll, da sich sonst viel Ungeziefer (Käfer und Larven) im Damme aufhält, wodurch wieder Maulwürfe angelockt werden.

Wir lassen in folgender Zusammenstellung das Bodengewicht der einzelnen Bodenarten folgen:

Bodenart	kg/m^3
Dammerde, locker, trocken oder wenig feucht .	1400
Dammerde, angestampft, trocken	1700
Dammerde, locker, von Wasser durchdrungen .	1800
Lehmige Erde, nicht festgestampft, trocken oder wenig feucht	1500
Lehmige Erde, festgestampft, trocken oder wenig feucht	1700
Lehmige Erde von Wasser durchdrungen . . (Sind die Zwischenräume mit Wasser gefüllt, so ist dessen Gewicht noch zuzuschlagen.)	1500—2000
Ton	1800—2600
Sandstein	1900—2700
Kalkstein	2200—2800
Granit	2400—3000
Mittelwerte.	
Für leichten Boden	1500
Für mittleren Boden	2000
Für schweren Boden	2500

Das ausgehobene Material erleidet eine bleibende Volumvermehrung, auf welche bei Anstellung der Massenverteilung Rücksicht zu nehmen ist. Die Vermehrung beträgt ungefähr:

bei feinem Sand . . . . 0—1%,
„ Lehm, Kies, Gerölle . . . . 2—3%,
„ Mergel, Ton . . . . 5—8%.

Für die Schüttung des Dammes ist die Wahl der Jahreszeit und der Witterung nicht gleichgültig. Soll das aufgeschüttete Material sich fest verbinden, so darf die Arbeit weder bei Frostwetter noch bei großer Nässe vorgenommen werden. Ist es unerläßlich, bei nasser Witterung die Arbeit vorzunehmen, so muß wenigstens durch gehöriges Stampfen der Zusammenhang der Masse gefördert werden, eine Maßregel, welche bei allen Dammaufführungen empfehlenswert ist. Kann man das Erdreich im trockenen und lockeren Zustande schütten, so ist ein übermäßiges Stampfen kaum nötig.

Bei vollständig trockenem Material erfolgt die notwendige innige Verbindung der einzelnen Lagen untereinander nicht und es ist nötig, für eine mäßige Anfeuchtung des Schüttungsmaterials Vorsorge zu treffen. Insbesondere während der Jahreszeit, wo die Verdunstung rascher vor sich geht, ist ein mäßiges Feuchthalten des Schüttungsmaterials sehr ersprießlich. Während der Arbeitsunterbrechung soll der Damm mit feuchten Tüchern, zwecks Vermeidung rascher Austrocknung der oberen Schichten, bedeckt werden.

Je feuchter das Schüttungsmaterial war, umso stärker ist das Sacken des fertigen Dammes, worauf bei der Ausführung Rücksicht genommen werden muß.

31. Das Schwinden, Setzen oder Sacken des Dammes.

Ursachen desselben können sein:

a) das Nachgeben des Untergrundes, in welchem der Damm einsinkt und zwar am meisten unter der Krone und von dort allmählich nach dem Auslauf der Böschungen zunehmend,

b) die Ausfüllung der zwischen den einzelnen Erdteilen infolge mangelhafter Stampfung verbliebenen leeren Zwischenräume,

c) der durch das Zusammenpressen und Verdunstung herbeigeführte Verlust des in der feuchten Dammerde enthaltenen Wassers. Durch diese Eintrocknung des geschichteten Dammkörpers entstehen, falls die Kohäsion kleiner als die Kontraktion ist, Hohlräume, welche namentlich bei schlechtem Untergrunde gefährlich werden können, so daß bei diesem nur möglichst trockene Dammerde verwendet und eine neue Lage erst aufgebracht werden darf, nachdem die vorhergehende abgetrocknet ist.

d) Die Erdteilchen werden durch den Druck selbst komprimiert; nur beim Sandboden ist dies nicht der Fall.

Je dünner einzelne Lagen sind, je besser sie abgestampft und abgerammt werden, je langsamer und gleichmäßiger sie übereinandergebracht, also während der Ausführung ausgetrocknet werden, je sandiger und trockener die Dammerde und je fester der Untergrund, desto geringer wird das Schwinden des fertigen Teichdammes sein.

Gewöhnlich genügt bei festem Untergrund eine Überhöhung des Kerns von $^1/_{12}$ der Höhe, bei weichem Untergrund von $^1/_8$—$^1/_4$ um die zu erzielende Höhe des Dammes noch nach Ablauf einiger Jahre zu behalten.

Da der Damm im Augenblick seiner Vollendung diese Überhöhung noch in Rücksicht auf das künftige Schwinden besitzen muß, aber auch schon während der Ausführung eine Kompression des Untergrundes und der Dammerde erfolgt, so ist der kubische Bedarf an Erde noch größer, nämlich 1,1 bis 1,3 des definitiven (nicht überhöhten) Profils zu veranschlagen.

Durch das Schwinden können die ebenen Böschungsflächen zu konvexen oder konkaven Flächen verändert werden, indem das Nachgeben des Untergrundes eine konkave, die Kompression der Erdteilchen eine konvexe Form hervorrufen wird. In der Regel ist die erstere Ursache vorherrschend, so daß die alten Dämme hohl sind, weshalb es sich empfiehlt, die Böschungen bei der ersten Ausführung schwach konvex herzustellen. Wegen der leichteren Ausführbakreit wird statt der konvexen allerdings gewöhnlich die gerade Böschung gewählt, keinesfalls dürfen aber die geringsten Abweichungen von der Geraden nach der entgegengesetzten, konkaven Richtung geduldet werden.

Bei der Absteckung des Dammes wird die Überhöhung, da die Dammhöhe bei verschiedenen Höhenlagen des Terrains eine verschiedene ist, auch eine ungleiche sein; da ferner je nach den Untergrundverhältnissen das relative Sackmaß ein verschiedenes sein muß, so können sich erhebliche Unterschiede bei den einzelnen, in etwa 20 m Entfernung abzusteckenden Profilen ergeben.

32. Bekleidung der Dammböschungen.

Jene Stellen des Teichdammes, welche dem Wellenschlag ausgesetzt sind, müssen ausgepflastert werden. Die Pflasterung richtet sich nach dem zu gewährenden Schutze und kann entweder in Moos oder auch in Mörtel hergestellt werden. Die Abpflasterung erfolgt entweder über die ganze wasserseitige Böschung, wenn der Damm eines ganz besonderen Schutzes bedarf, oder gemäß der österr. Ministerialverordnung vom 14. 2. 1894, mindestens in der Breite von 1 m, von der Dammkrone an gerechnet. Wo es sich um untergeordneten Schutz des Teichdammes handelt, genügt oft liegendes trockenes Flechtwerk aus Weiden oder anderen weichen Holzarten.

Auf der landseitigen Böschung muß auf die Herstellung und Erhaltung der Rasendecke die größte Sorgfalt verwendet werden. Der als Belag zu verwendende Rasen soll von Viehweiden, wo er fester und dichter als auf Wiesen ist, entnommen werden und die Rasenziegeln beim Versetzen mit feiner trockener Erde, welche Schutz vor den Sonnenstrahlen gewährt und bei Regen die feinen Fugen ausfüllt, überstreut werden.

Es empfiehlt sich auch, stets eine Lage des gelegten Rasens mit hölzernen Nägeln zu befestigen, sowie für eine innige Verbindung des Rasens mit der Dammerde vorzusorgen. Die Rasenziegel müssen mindestens 5 cm stark sein und womöglich im Verbande gelegt werden.

Dammbewegungen entstehen durch schlechte Beschaffenheit der Anschüttung oder durch Bewegung des Untergrundes infolge von Gleichgewichtsstörungen. Wird die Erde naß oder gefroren in den Damm eingestampft, oder ist sie untermischt mit vegetabilischen, der Fäulnis unterworfenen Stoffen, so bildet sich bald ein Schlamm, welcher, wenn er in Bewegung gelangt, die Dammwandungen hebt; es entsteht häufig ein hohler Kern, während die seitlichen Schichten abrutschen.

Ist in solchen Fällen die Erde nicht ganz aufgelöst, so wird es genügen, diese abzugraben und, sobald sie abgetrocknet ist, in wagerechten Schichten neuerdings anzuschütten. Ist aber die Erde bereits aufgelöst, also verdorben, so ist es am geratensten, diese vollständig zu entfernen und durch gutes Schüttungsmaterial zu ersetzen. Auch kann man unter Umständen bei Dämmen, die aus schlechter Erde geschüttet werden müssen, durch Anbringung von Sickerschlitzen den Abzug des Wasserüberschusses befördern und den Damm dadurch trocken legen. Beruht hingegen die Dammbewegung auf einer Bewegung des Untergrundes, so ist die Ursache derselben durch eingehende Untersuchung des letzteren zu ermitteln.

In den meisten Fällen wird diese Bewegung auf eine oder mehrere geneigt liegende wasserführende und undurchlässige Tonschichten zurückgeführt werden können, auf deren schlüpfriger Oberfläche die durch die Anschüttung im Gleichgewicht gestörte obere Bodenschicht in Bewegung gelangt. Das einzige Mittel, solcher Rutschungen Herr zu werden besteht in der Trockenlegung der Gleitschicht durch Abfangen der Quellen oberhalb des Dammes.

33. Geschlämmte Dämme.

In jüngster Zeit hat die in Amerika in Aufnahme gekommene hydraulische Bauweise der Erddämme eine ganz außerordentliche Verbilligung und schier unbegrenzte Verwendbarkeit gefunden. In Kalifornien läßt man die zum Wasseranstauen erforderlichen Dämme aus dem bei Lösung, Förderung und Sonderung und neuerliche Erhärtung des goldhaltigen Gebirges herstellen, wodurch die Dichte der Dammschüttung bis auf 2,0 m im Dammkörper erhöht wird. Durch die in Aufnahme gekommene hydraulische Bauweise der Erddämme wird diesen eine außerordentliche Verbilligung und unbegrenzte Verwendbarkeit gebracht. Die Dämme, die das Wasser aufzuspeichern haben, läßt man nach diesem System bauen. So entstanden die „Hydraulic Fill Dams“ und die verwandten „Rock Fill Dams“. Die Bauweise derartiger Dämme ist folgende: Mittels eines Wasserstrahles von 30—60 m Geschwindigkeit in der Sekunde wird gegen jene Stelle das Mundstück gerichtet, wo das für den Dammkörper benötigt Material lagert. Die gelockerten Massen werden vom abfließenden Wasser auf eine Spülpritsche herabgeschwemmt und von hier durch Holzgerinne oder Rohrleitungen zu der gewünschten Stelle des neuen Dammes gefördert. Die größeren Steine werden je nach Korngröße abgesetzt und dienen zur Herstellung der Außenböschungen und haben die Aufgabe, stabile Böschungen zu liefern und den flüssigen Erdbrei vor dem Abfließen zu hindern, und zwar derart, daß immer kleine, der Böschungsfläche entsprechende Außendämme („levees“) aus dem verfügbaren, entweder direkt zugeschwemmten oder von Gespannen und Wagen in trockenem Zustande zugeförderten, Material aufgeschlichtet oder angeschüttet werden.

Die Herstellung der Hydraulic Filldams ist etwa folgende: Das innere Drittel dieser Dämme soll aus undurchlässigem Material bestehen. Die äußeren Hälften der beiden Außendrittel sollen aus grobem, porösem, offenem Material aufgebaut sein, durch welches das aus dem Damminneren sickernde Wasser frei abfließen kann, während die innere Hälfte der Außendrittel eine Mischung von grobem und feinem Material bilden soll, so daß sie als ein Filter wirkt und Entweichen der feinen Teilchen verhindert. Während des ganzen Arbeitsvorganges wird immer über der jeweiligen Krone des wachsenden Dammes ein Schlämmteich von 0,3—1,5 m Tiefe erhalten.

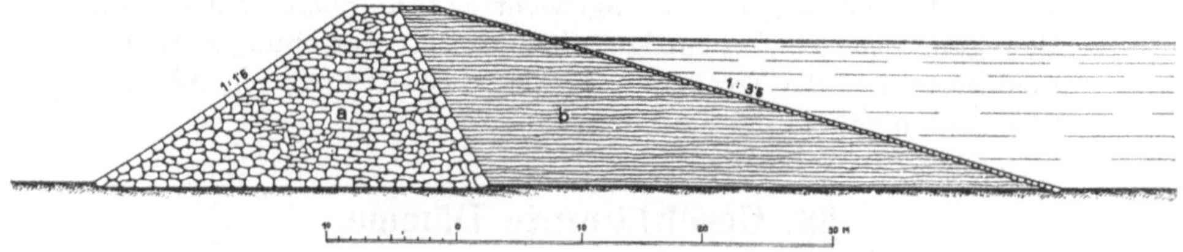

Fig. 33. Pecos-Walley-Damm I. a Steinwurf, b geschlämmte Erde.

In Kalifornien sind mehrere derartige Dämme ausgeführt worden: Crane Valley Dams (Fig. 33) haben folgende Abmessungen:

Höhe	30 m
Länge	216 m
Kronenbreite	6 m
Wasserseitige Neigung	2 : 1.

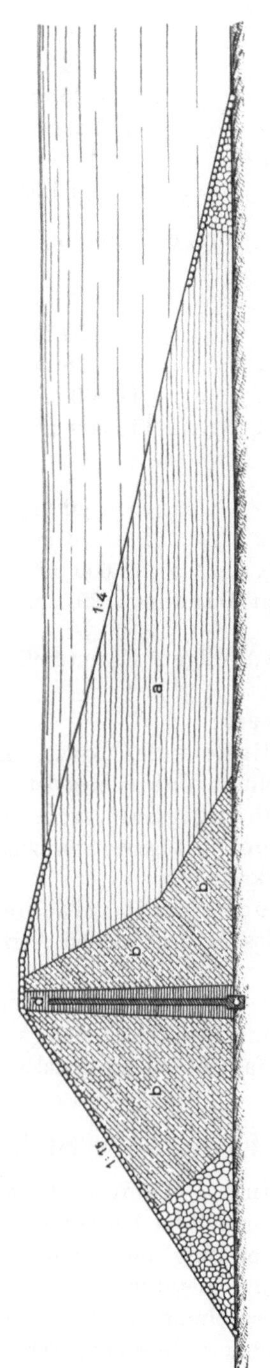

Fig. 34. Snake-River-Damm. a geschlämmte Erde, b Steinwurf, c Beton, d Lettenkern.

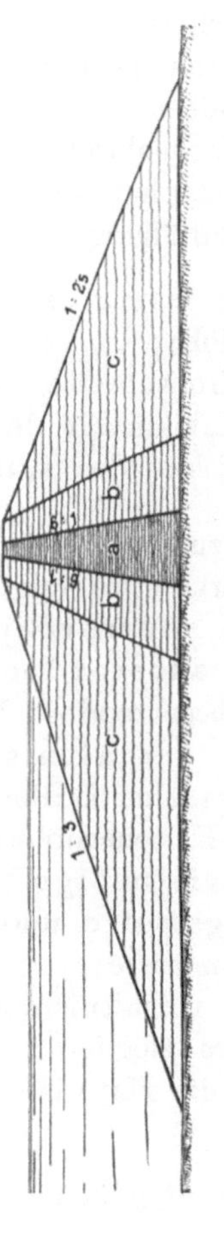

Fig. 35. a Tonschlag, b auserlesener Boden, c geschlämmte Erde.

Snake River Dams (Fig. 34).

Kronenlänge	104 m
Höhe	26 m
Die Erdfüllung betrug	36 700 m³
Wasserseitige Neigung	1 : 4
Talneigung	1 : 1,5.

Mit a wird geschlämmte Erde, b Steinwurf, c Beton und d Lettenkern bezeichnet.

Waialua Damm (Fig. 35).

Höhe	29 m
Kronenbreite	8 m
Felsschüttung	19 900 m³
Erdfüllung	115 300 m³.

Tyler Damm in Texas.

Höhe	10 m
Kronenbreite	4 m
Kubikinhalt des Dammes	18 600 m³
Kosten des Kubikmeters fertigen Dammes	29,5 h.

Kurz zusammengefaßt sind die augenfälligen Eigentümlichkeiten der Bauwerke etwa folgende:

1. die außerordentliche Billigkeit;
2. die außerordentliche Schnelligkeit des Baues. Dämme von ganz bedeutendem Inhalte sind in einem Jahre beendet;
3. Die verhältnismäßige Unabhängigkeit vom Wetter, welches gerade im Erdbau ganz bedeutende Verzögerungen und sonst erhebliche Kostenerhöhung herbeiführen kann;
4. die vielseitige Verwendungsmöglichkeit verschiedener Schüttungsstoffe und die Wirkung des hydraulischen Verfahrens auf die Dammasse;
5. der verhältnismäßig automatische Vorgang. Bei dieser Bauweise ist es möglich, leichter die gewünschte Gleichmäßigkeit und Sortierung des Materials in der großen Dammasse zu erzielen.

34. Geschüttete Dämme aus Erde oder Steinen.

a) Mit wasserseitiger Abdeckung. Während die ältesten Ausführungen von Dämmen allein aus lehmiger Erde hergestellt wurden, entstand bald das Bestreben nach einer Trennung der Dämme in einen stützenden und einen dichtenden Teil. Letzterer wurde anfangs aus einer die Wasserseite der Dämme überziehenden, bis zu undurchlässigen Schichten hinabgeführten wasserdichten Böschungsverkleidung gebildet. Diese besteht vielfach aus einer Steinpackung, Trockenmauerwerk, oder aber aus einer einfachen Tonverkleidung oder aus Lehmschlag, als der billigsten Abdeckung. Doch kann zu diesem Zwecke, wo geeignetes Material nicht vorhanden ist, Beton, Eisenbeton oder auch Eisen zur Verwendung gelangen.

Eine wasserseitige Eisenbetonverkleidung wurde von Prof. Holz-Aachen bei Wassertiefen von 4 m für Staudämme in Schweden mit ausgezeichnetem Erfolge angewendet.

b) Mit wasserdichtem Kern. Der mit obiger Anordnung verbundene große Baustoffverbrauch und die Gefahr einer Beschädigung

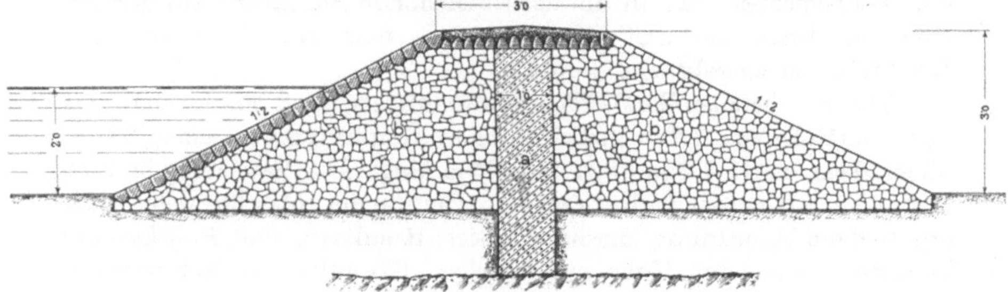

Fig. 36. a Beton, b Steinwurf.

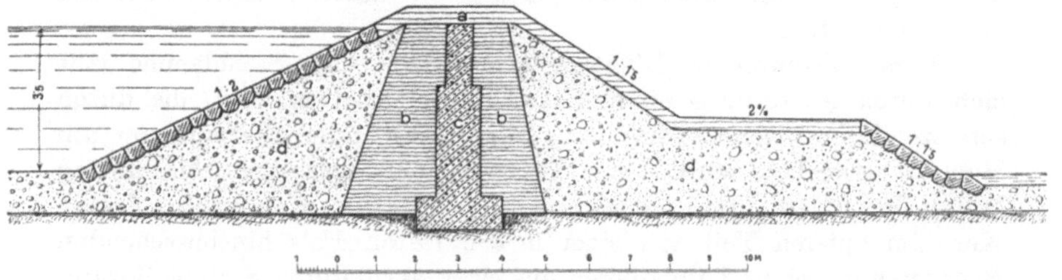

Fig. 37. Staudamm am Sammelweiher für das Elektrizitätswerk Luzern-Engelberg. a Mutterboden, b Lehmschlag, c Eisenbeton, d Kies.

der freiliegenden Dichtung führte jedoch bald dazu, diese in das Innere der Dämme zu verlegen, so daß annähernd in der Mitte der nun in zwei Teile getrennten Schüttungen ein sogenannter „Dichtungskern" entstand, der aus Ton, Mauerwerk, Beton, Eisenbeton, gegen Rost geschützte Eisenplatten oder mehreren dieser Baustoffe gleichzeitig hergestellt werde.

Bei Boston in Southborough wurde ein Damm ausgeführt, dessen Kern aus einer tief in den Felsgrund eingreifenden, sich von unten nach oben verjüngenden Betonmauer nebst einer davorliegenden Tondichtung besteht. In ähnlicher Weise ist auch die Dichtung des Staudammes an dem Vorbecken der Solinger Talsperre im Sengbachtale durch einen Betonkern vorgenommen worden (Fig. 36).

In kleinerem Maßstabe liegt auch bereits die Ausführung eines Betonkerns bei dem Damme des Sammelteiches für das Elektrizitätswerk Luzern-Engelbert vor (Fig. 37), dessen Bewehrung aus Rundeisenstäben von 25 cm Durchmesser besteht bei geringen Höhen von 5,1 m und verhältnismäßig großen Dimensionen des Betonkerns, aber eine untergeordnete Rolle spielt.

Zwei amerikanische Beispiele für die Anwendung eines Diaphragmas aus Eisenbeton zwecks Dichtung seien im nachfolgenden beschrieben. Der durch Unterwaschung zerstörte Avalodamm in Karlsbad, Neu-Mexiko, wurde anläßlich seiner Wiederherstellung in der Art gedichtet, daß in die noch bestehende Schüttung aus Steinen eine Spundwand aus „U"-Eisen getrieben, bzw. eine Kernmauer aus Konkretbeton eingebracht wurde.

Der neu herzustellende Teil wurde mittels einer Eisenbetonwand auf eine Höhe von 7,2 m gedichtet. Das Diaphragma ist unten 30 cm oben 20 cm, stark, 7,2 m hoch und 315 m lang. Die Bewehrung besteht aus einem 12 mm Quadrateisennetz von 30 cm Maschenweite. Es ergab diese Anordnung derart günstige Resultate, daß Projekte für Dämme bedeutender Höhe auf derselben Grundlage verfaßt wurden. So ein 28 m hoher Damm für Portoriko, in welchem die Dichtung auf die volle Höhe mittels einer aus 15 cm starken Eisenbetonwand vorgesehen ist.

Eine vollkommene Dichtigkeit der Erd- und Steindämme läßt sich durch Anordnung einer Eisenblechwand erzielen, die durch schützende Anstriche, Einhüllung in Asphalt oder Zementbeton am Rosten verhindert wird. Ein Beispiel einer derartigen Ausführung bietet der untere Otaydamm in San Diego, Kalifornien, dessen Kern im unteren Teil aus einer in den festen Fels hineinreichenden Bruchsteinmauer und im oberen aus einer vernieteten Stahlblechwand besteht, die auf beiden Seiten durch eine 30 cm starke Betonschicht eingehüllt wird. Die großen Abmessungen des unteren Mauerwerkklotzes stammen daher, weil ursprünglich die Herstellung einer massiven Steinmauer geplant war und der Kostenersparnis und schnelleren Herstellung wegen, während des Baues diese Absicht aufgegeben und die Errichtung eines Dammes aus lose geschütteten Steinen mit einem dichten Kern zur Ausführung gebracht wurde. Zur Bildung der Blechwand, deren Stärke von unten nach oben abnimmt, wurden Stahlplatten von 1,53 bis 2,44 m Höhe und 5,2 bis 6,1 m Länge verwendet, die an den Stößen nach Art einer Dampfkesselnietung verbunden und verstemmt wurden. Außerdem erhielt sie vor der Ausführung der beiderseitigen Betonwände noch einen doppelten, heiß aufgebrachten Asphaltanstrich. Bei der Ausführung folgte die Steinschüttung der Herstellung des Kerns so schnell als möglich und auf beiden Seiten gleichmäßig.

Nachdem sich die Einlage von Rundeisen bei nasser Betonherstellung als Dichtung in Amerika hinreichend bewährt hat, werden sich Versuche mit dieser Lösung wohl bloß bei großen Wassertiefen rechtfertigen. Bei Wärmeschwankungen wird sich eine betonumhüllte Eisenblechwand ausdehnen als auch zusammenziehen, und es werden dabei entweder Faltenbildungen oder Trennungsfugen entstehen können, denen durch wellenförmige Gestaltung der Dichtungswand vorgebeugt werden kann (Fig. 38). Auf die gegen Rost sicher schützende Wirkung der Betonumhüllung sei noch einmal hingewiesen.

Fig. 38. Wellenförmige Dichtungswand für Erddämme.

Bei den geringen Abmessungen, die einer solchen dichtenden Eisenblechwand zu geben sein werden, und den davon abhängenden geringen Kosten des Dichtungsmittels, dürfte dieselbe auch geeignet sein, bei der Abdichtung im Auftrag liegender Kanaldämme und im Deichbau Verwendung zu finden, wobei die an sich selbst höheren Herstellungskosten durch die Benutzung beliebiger, ohne die sonst üblichen Vorsichtsmaßregeln zu schüttender Erdarten leicht ausgeglichen werden können.

Tatsächlich wurde nach diesem Grundsatz in Ungarn bei einem Hochwasserdamm verfahren, dessen Unterlage sich als wasserdurchlässig erwies. Nach dem Entwurfe Prof. Kovacs in Budapest wurde in einen Damm ein Schlitz gegraben, in welchen eine Eisenbetonwand aufgestellt wurde, deren Herstellung insofern von Interesse ist, als bei derselben fertige Eisenbetonständer Anwendung fanden.

Bei den Staudämmen aus Erde oder Steinschüttung kann Eisenbeton außer zur Dichtung auch zur Herstellung der Entnahmevorrichtungen oder Einbau von Mönchen (Ablaßvorrichtungen) verwendet werden. Ein Beispiel dafür bietet der im Bau begriffene Belle-Fourche-Damm in Süd-Dakota, der bei einer Länge von fast 2 km die größte Höhe von 35 m erreicht.

35. Gemauerte Dämme.

In jenen Gegenden, wo es an geeignetem Schüttungsmaterial mangelt und kurze zwischen Felsenufern eingespannte Dämme hergestellt werden sollen, empfiehlt es sich die Dämme aus Mauerwerk herzustellen. Auch in dem Falle wo die Erddämme auf Felsen fundiert werden sollen, wären Mauern aufzuführen.

Die Bedingungen bei einer jeden Staumauer sind folgende: Daß die Drucklinie das mittlere Drittel des Querschnittes nicht verlassen, sich also kein Teil des Mauerwehres der Druckwirkung entziehen darf, ist bloß durch Anordnung größerer Massen zu erfüllen und schließt hohe Druckspannungen von selbst aus.

Der obere Teil der Mauer muß aus praktischen Gründen eine Stärke erhalten, welche die zulässige Pressung selbst bei geringeren Mauerwerkssorten nicht in Anspruch nimmt.

Durch den Aushub der Baugrube wird dem Felsen eine Wunde geschlagen, welche wasserseitig geschlossen werden muß, um das Eindringen des Wassers zu verhindern, luftseitig, um einen allfälligen Schub des Mauerfußes zu übertragen. Diese Arbeit wird gerade an der Stelle, wo ihr Erfolg am wichtigsten ist — wasserseitig der Mauer — durch das Grundwasser beeinträchtigt werden. Durch einen Verputz (1 Sand, 2 Zement, $\frac{1}{4}$ Kalk) wird die abgeglichene Felsoberfläche bedeckt. Vorerst muß jedoch die Dammsohle genau gereinigt, vergossen und ausgefugt werden.

Zu allen Gattungen von Mauerarbeiten dürfen nur solche Steinmaterialien verwendet werden, deren Güte und Tauglichkeit nachgewiesen worden ist. Der Mörtel muß aus ganz reinen und guten Materialien und im richtigen Mengenverhältnisse vollständig gemischt und tüchtig durchgearbeitet zur Verwendung gelangen. Als Normalprofil wählt man ein rechtwinkliges Dreieck, dessen Basis gleich $\frac{2}{3}$ der Höhe angenommen wird (Fig. 39).

Entsprechend der gewünschten Kronenbreite b wird das Profil im obersten Teile rechteckig, endlich als Basis, bei Berechnung der Standfestigkeit, der Wasserspiegel in gleicher Höhe mit der Mauerkrone angenommen. Für niedrige Staumauern bis 4,0 m Höhe kann die sonst übliche Verbreitung an der Wasserseite entfallen.

Zum Behufe rechnerischer Untersuchung teilt man das Profil in Lamellen von 1 m Höhe und untersucht bzw. berechnet nachstehende Größen für jede Kante:

1. die horizontale Komponente des Wasserdruckes H,
2. die vertikale Komponente des Wasserdruckes V,
3. den Wasserdruck W,
4. das Mauergewicht G,
5. die Resultante R aus dem Mauergewicht und Wasserdruck,
6. Bestimmung des Winkels ω,
7. Bestimmung der Kantenpressung.

Eine einfache von Prof. Rehbock aus Karlsruhe aufgestellte Formel zur Bestimmung des Mauerwerksinhaltes von gemauerten Dämmen gibt für die Voraussetzung, daß die Staumauer geschlossen und aus Stein und Beton hergestellt wird sowie daß Zugspannungen nicht

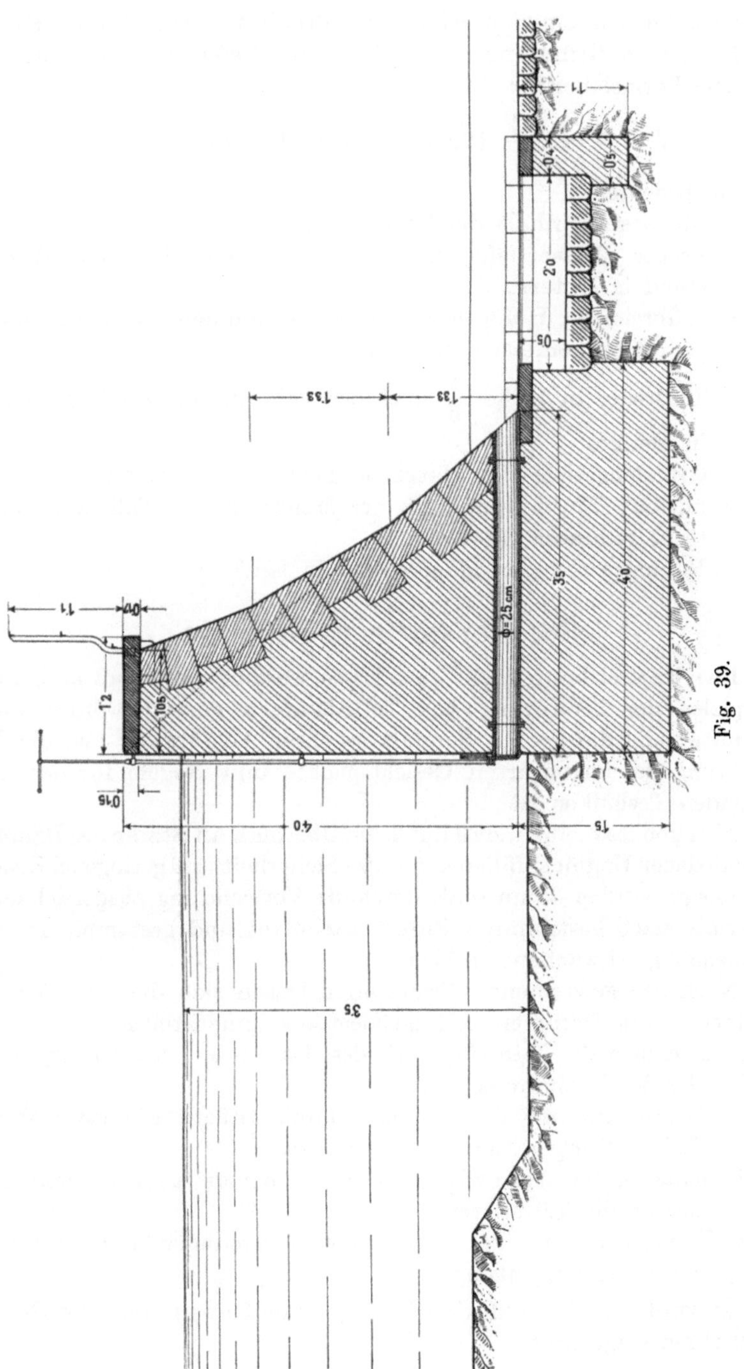

Fig. 39.

auftreten können, ein ziemlich genaues Resultat. Auch gilt diese Formel nur für mäßige Gründungs- und Einbindungstiefen von höchstens 8 m.

Die Formel lautet:

$$V = \frac{(t + g)^2}{\sqrt{\gamma_0}} \cdot [0{,}08 \cdot b + 0{,}44 \cdot b + e] + t \cdot b \cdot l.$$

Hierbei bedeutet:

V = Mauerwerksinhalt der Talsperre in m^3,
t = größte Wassertiefe im Staubecken beim höchsten Wasserstand in Metern.
b = Talbreite, in Höhe des höchsten vorkommenden Wasserstandes geradlinig gemessen, in Metern,
b = Talbreite, in Höhe $\frac{t}{5}$ über den Talgrund geradlinig gemessen, in Metern.
g = Gründungstiefe der Mauer im Talgrunde in Metern,
e = mittelre Einbindungstiefe der Mauer in die Talhänge, wagerecht gemessen, in Meter,
γ_0 = Raumgewicht des Mauerwerkes in t/m^3.

36. Zerstörte Erddämme.

Das Kapitel kann nicht geschlossen werden, ohne daß an einigen Beispielen der Zerstörung von Teichdämmen gezeigt worden wäre, wie notwendig die größte Sorgfalt bei ihrer Ausführung und die Beobachtung der angeführten Gesichtspunkte und Regeln für den ausführenden Techniker ist.

Man könnte meinen, daß durch ein Übermaß an Stärke des Dammes verschiedenen Unglücksfällen mit großer Sicherheit und geringeren Kosten vorgebeugt werden könnte als durch die Verwendung ausgezeichneten Materials, nach bestimmten Regeln geschüttet und gestampft, in verhältnismäßig schwachen Profilen.

Nach den gewonnenen Erfahrungen lassen sich die Ursachen der Zerstörung von Dämmen in folgendem zusammenstellen:

1. ungenügende Dichtigkeit des Dammes, des Untergrundes oder der Entnahmenleitung,
2. Beschädigung des Dammes durch äußere Einflüsse: Wind, Wellen, Temperatur, Senkungen usw.,
3. mangelhafter Anschluß des Dammkörpers an den Untergrund oder an die Einbauten,
4. Überströmung der Krone infolge ungenügender Entlastungs- und Ablaßvorrichtungen.

So wurde der Bruch des Teichdammes von Longpendu von Durchsickerungen eingeleitet.

Beim Teiche von Berthand peitschte ein heftiger Wind die Wellen gegen den neu hergestellten Teichdamm und veranlaßte bedenkliche Kolke bis sich im Damm eine Bresche zeigte, durch die der Teich entleert worden ist.

Der Teich von Plessis und Beneschau brach zusammen, nachdem der Oberflächenüberlauf, in welchem der Fischrechen angebracht war, sich durch Laub und Zweige verstopft hatte, durch Überströmung seiner Krone.

Im Jahre 1913 durchbrach der Damm des sog. „Hildebrandteiches" in Gablonz oberhalb des Grundablasses in der Breite von ungefähr 5,0 m. Als Ursache werden die zahlreichen Maulwurfsbaue angegeben. Die bei der gerichtlichen Kommission vorgefundene Kluft von 6—8 m Breite, bei einer Tiefe von 2,0—2,3 m in dem Dammkörper läßt die Vermutung zu, daß bei Erneuerung des Grundablasses die Anschüttung nicht mit der gebotenen Vorsicht bewerkstelligt worden war.

Es ist nicht uninteressant, die Wirkung des den Teichdamm überflutenden Wassers am Dammfuße zahlenmäßig zum Ausdruck zu bringen, wie es Herr Bachemann im Zentralblatt der Bauver. 1909 S. 332 veröffentlicht:

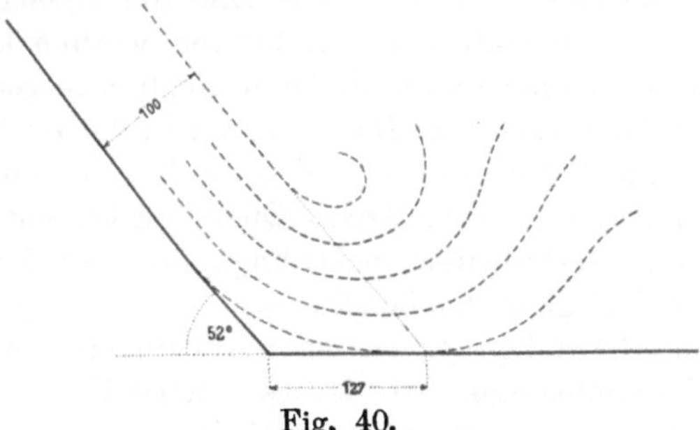

Fig. 40.

Der Wasserstrahl P nach der Fig. 40 ist:

$$P = (1 - \cos\alpha)\frac{v}{g} \cdot Q \cdot \gamma^3.$$

Setzen wir für $Q = 1\ \text{cm}^3/\text{s}$, $\gamma = 1000$ kg, $h = 12$ ein, wenn für $v = 2\,g \cdot h \cdot 10 \cdot H$ Widerstandsverluste abgesetzt werden, so wird

$$P = (1 - 0{,}62)\frac{28}{9{,}81} \cdot 1 \cdot 1000 = 1083\ \text{kg}.$$

Die getroffene Fläche bei 15 m Länge des Absturzbettes wird mit

$$\frac{1083}{255 \cdot 1500} = 0{,}028\ \text{kg/cm}^3$$

beansprucht.

Eine von einem Wasserpolster senkrecht frei aus großer Höhe aufgefangene Wassermenge verzehrt ihre Kraft durch Zerstäubung, Wirbelbildung und dgl. viel unschädlicher, als wenn sie unter großer Druckhöhe durch einen wagrechten Entnahmekanal rast.

37. Wiederherstellung zerstörter Dämme.

Handelt es sich darum, zerstörte Dämme zu erneuern, allenfalls bloß zu ergänzen, so entsteht in erster Reihe die Aufgabe, die Ursache, welche die Zerstörung des Dammes herbeiführte, zu ergründen.

Die Ursachen können verschiedener Natur sein: Ungenügendes Schüttungsmaterial, lose Anschüttung, beweglicher Untergrund, geringe Abmessungen des Dammes, so daß der Damm dem Wasserdrucke nicht standhielt und deshalb entweder umgekippt oder fortgeschoben wurde. Sind die Maße der Ablaßvorrichtungen ohne Rücksicht auf die katastrophalen, in sehr großen Zeiträumen eintreffenden Hochwässer gewählt worden, so überfluten die Hochwässer den Damm und verursachen dessen Zerstörung.

Tritt daher der Fall ein, daß der Teichdamm infolge der einen oder anderen Ursache zerstört worden ist, so müssen vorerst gründliche Untersuchungen, bestehend in der Prüfung des Untergrundes, des Schüttungsmaterials usw., ein klares Bild der Ursache geben, bevor an die Beseitigung der Gebrechen geschritten werden kann. Das ungenügende Schüttungsmaterial muß durch ein hierzu geeignetes ersetzt werden, die Schüttung des neuen Dammes muß in der im Abschnitt 30 angegebenen Art und Weise erfolgen. War der Teichdamm mit geringen Abmessungen versehen, so ist dessen Querschnitt, unter Anwendung der ungünstigsten Verhältnisse, neuerdings und sorgfältigst in bezug auf dessen Standfestigkeit zu berechnen.

Bestand die Ursache der Dammzerstörung in ungenügend profilierten Ablaßvorrichtungen, so ist es unerläßlich, wenn Wiederholungen derartiger Katastrophen vermieden werden sollen, daß die Hochwasserüberfälle in solchen Dimensionen hergestellt werden, daß selbst die im Umflusse eines längeren Zeitraumes sich wiederholenden Hochwässer, bei geschlossenen Schützen, ohne Schaden für den Teichdamm durchgeleitet werden können.

In der Fig. 41 wird die Art und Weise veranschaulicht, wie ein zerstörter Damm erneuert werden soll. Es ist dringend geboten, jene Teile des Dammes, deren Zusammenhang durch die Katastrophe zerstört oder gelockert worden ist, zu entfernen. Hernach wird der Damm treppenförmig abgeböscht und in dem neuberechneten Querschnitte mit der größten zu Gebote stehenden Umsicht angeschüttet. Auf die innigste Verbindung des stehengebliebenen Dammteiles mit der neuen Anschüttung ist die größte Sorgfalt zu verwenden, denn dann, wenn der erneuerte Damm ein einheitliches Ganzes bilden wird, kann er allen gestellten Anforderungen entsprechen.

Zur Versicherung der Undurchlässigkeit des Dammes und zwecks Vermeidung von Unterwaschungen kann die wasserseitige Böschung

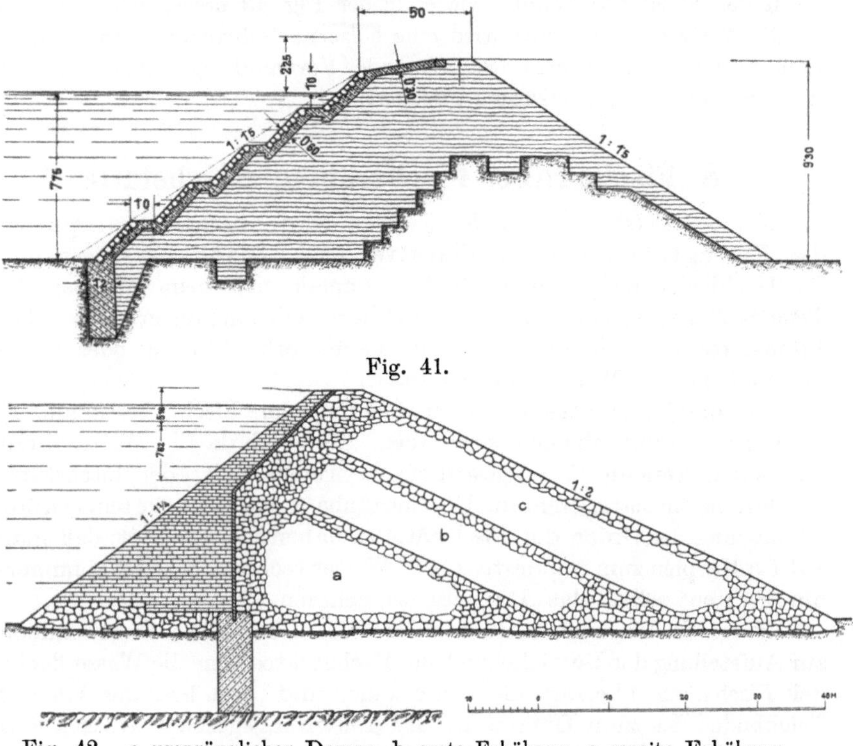

Fig. 41.

Fig. 42. a ursprünglicher Damm, b erste Erhöhung, c zweite Erhöhung.

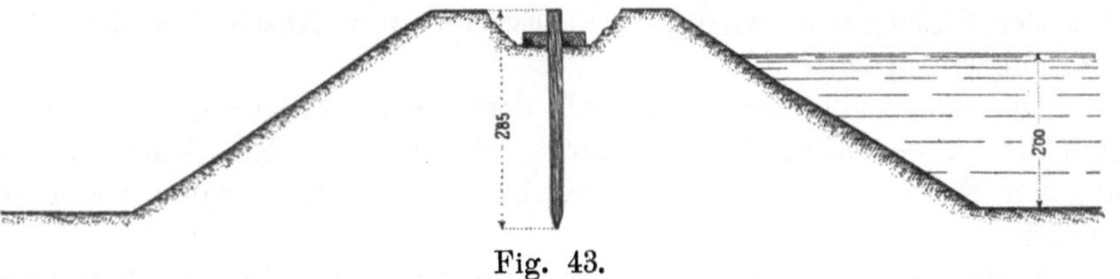

Fig. 43.

in Kalkmörtel gepflastert werden. Die Herstellung von 1,0 m breiten Bermen am Fuße der Dammböschung bezweckt eine größere Standfestigkeit des Dammes.

Am Fuße der wasserseitigen Dammböschung wäre, sofern sich die Notwendigkeit ergibt, ein 1—1,2 m breiter Lettenkern, bis auf die undurchlässige Schichte des Untergrundes, einzubauen.

Der in der Fig. 42 dargestellte Damm wurde zweimal erhöht;

mit dem Buchstaben a ist der ursprüngliche Dammquerschnitt ausgedrückt; b stellt die erste, c die zweite Erhöhung dar. Wasserseitig ist die Abdichtung bis zur Dammkrone durchgeführt.

Handelt es sich darum, kleinere Dammrisse zu ergänzen, so kann es in der Weise geschehen, wie es in der Fig. 43 ersichtlich erscheint. In die Mitte des Dammes wird eine hölzerne Schrotwand, in neuester Zeit finden auch eiserne Schrotwände Verwendung, eingebaut und wasserseitig mit Lettenschlag gesichert.

38. Fischgrube, Fischgräben, Fischstätte.

An der tiefsten Stelle des Teiches, wird oberhalb des Dammes die Fischgrube oder Fischstätte, auch Fischkessel genannt, im Teichboden ausgehoben. In ihr sammelt sich beim Ablassen des Teiches alles Wasserund die Fische, welche daselbst gefangen werden. Die Fischstätte ist rechteckig und mit Flechtwerk, Pfosten oder selbst hie und da mit Mauerwerk eingefaßt.

Ist die Fischstätte zur Überwinterung der Fische bestimmt, so muß ihre Tiefe danach bemessen werden. Der Teich darf im Winter nicht ausfrieren, weshalb die Wassertiefe im Teiche über der Fischstätte mindestens 2 m betragen muß. Um einen Anhaltspunkt für die annähernde Abmessung der Größe der Fischstätte zu haben, sei erwähnt, daß man auf 1 q Karpfen zum mindestens 800 l Wasser rechnet, doch ist es immerhin geraten, selbst das Doppelte zu nehmen.

Zwischen der Fischstätte und dem Damm befindet sich gewöhnlich zur Aufstellung der Bottiche und des Fischgerätes eine die Wasserfläche der Fischstätte überragende Schrotwand, und von hier aus soll der Teichboden bis zum Damme für das Abfischungsgeschäft trocken und entweder mäßig ansteigend oder mit Stiegen versehen sein. Über die Art der Standplätze wird im nächstfolgenden Abschnitte die Beschreibung folgen.

Die Einfassung der Fischstätte darf nie scharfkantig sein, damit sich die Fische während des Abfischens nicht verletzen. Auch müssen aus der Fischstätte Steine, Stöcke und sonstige Hindernisse beseitigt werden.

Während des Abfischens ist es unbedingt nötig, in die Fischgrube frisches Wasser zuzuführen, um die auf einen kleinen Raum zusammengedrängten Fische zu laben, sie vor Schaden zu bewahren und sie mühelos von dem anhaftenden Schlamm und Schmutz zu reinigen.

Nicklas rechnet auf 1 q Fische 16 hl Wasser in der Fischgrube. Da von einer zweckmäßigen Beschaffenheit der Fischgrube nicht nur ein günstiges Resultat der Fischerei, sondern auch eine glückliche Überwinterung der Fische abhängt, muß derselben, sowohl was ihre

Anlage als auch ihren Inhalt anbelangt, von seiten des Teichwirtes besondere Sorgfalt zugewendet werden.

Nach der Fischgrube führen von den seichten Stellen die Fischgräben. Sie durchziehen den Teichboden an den tiefsten Stellen, sorgen für eine gute Ableitung des Wassers, für eine gute Zuführung der Fische nach der Fischgrube und schließlich für eine vollkommene Trockenlegung des Teichbodens. Den Fischgräben kommt dieselbe Eigenschaft zu wie bei der Entwässerung eines jeden landwirtschaftlichen Zwecken dienenden und zu entwässernden Grundstückes. Sie müssen stets genügendes Gefälle haben; ihre Tiefe beträgt 0,3—1,0 m, die Sohlenbreite 0,3—0,5 m. Die Breite des Hauptgrabens nimmt nach dem Wasserlaufe zu, sogar bis zu 0,75 m und noch mehr, je nachdem der Teich lang ist und das überschüssige Wasser mit einer größeren oder kleineren Geschwindigkeit aus dem Teiche entfernt werden soll. Bei einer größeren Tiefe kann der Grundwasserspiegel leerstehenden im Teiche während der Wintermonate in einem derartigen Maße gesenkt werden, daß die Luft in eine entsprechende Tiefe eindringen und durch oxydierende Wirkung den für die Fischzucht gedeihlichen Zustand im Teichuntergrunde bewirken kann.

Im allgemeinen sind breite Gräben besser als schmale; denn die schmalen Gräben haben den Nachteil, daß sie leicht verschlammen, daher schneller unwirksam werden und mühselig zu erhalten sind. Die Böschungen werden zumeist im Verhältnisse 1 : 1¼ angelegt. Die Zahl der Gräben hängt von dem Gefälle des Teichbodens und seiner Durchlässigkeit ab. Je geringer das Gefälle und je weniger durchlässig der Boden ist, umso geringer muß die Entfernung der Gräben untereinander aber umso größer ihre Zahl sein. Besonders in Teichen mit moorigem Grunde ist ein gut angelegtes Grabennetz unerläßlich. Alle tiefen Stellen des Teichbodens müssen von den Gräben erreicht, um gründlich entwässert werden zu können.

Die Grabenanlage bietet aber auch außerordentliche Vorteile bei der Entsäuerung und Austrocknung des Teichbodens, besonders dann, wenn die Trockenlegung zur Zeit des Winters erfolgt. Unter der Einwirkung des Frostes lockern und zersetzen sich jene feinen dem Boden beigemischten Bestandteile, sie werden assimiliert und zum Aufbau neuer organischer Gebilde geeignet gemacht.

Die Anlage der Fischgruben, ihre bauliche Herstellung ist aus den Abbildungen von Grundablässen am besten zu ersehen.

39. Standplatz für Bottiche.

Zu den wichtigen Einrichtungen eines Teiches während der Abfischung müssen die Bottiche gezählt werden. Je nach der Größe des Teiches und der Anzahl der verschiedenen Fischarten müssen in der nächsten Nähe der Fischgrube mehrere mit Wasser gefüllte größere oder kleinere Bottiche, breite, nicht zu hohe runde Holzgefäße, in Bereitschaft gehalten werden. In diesen Bottichen wird während der ganzen Zeit der Abfischung stets Waser erneuert. Sie müssen derart aufgestellt sein, daß sie dem Manipulierenden zur Hand und von allen Seiten zugänglich sind und einen leichten Überblick während der Abfischung gewähren.

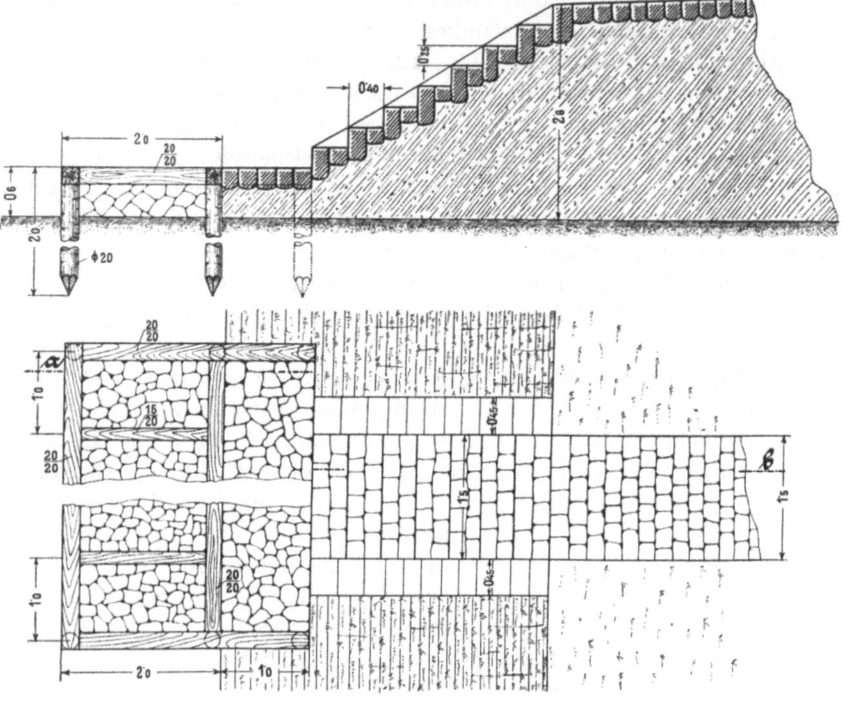

Fig. 44. Schnitt a—b.

In den Bottichen werden die aus der Fischgrube mit Netzen und Handkeschern ausgehobenen Fische vorübergehend aufbewahrt, nachdem sie nach Gattung und Alter auf dem Sortiertische eingeteilt und auf einer gut funktionierenden und genauen Wage abgewogen worden sind, mittels eigener zu diesem Zwecke dienender länglichen Blachen aus grober Sackleinwand in die am Damme stehenden Transportfässer übertragen werden. Die Fische werden sodann mittels der Fässser entweder in die einzelnen Teiche, in die Fischeinsätze oder zur Bahn übergeführt.

Die Standplätze sollen genügenden Raum zur Aufstellung von diesem Zwecke dienenden Bottichen schaffen, sie sollen genügend breit sein und einen festen Stand für die schweren mit Wasser gefüllten Gefäße bieten, weshalb deren Herstellung einige Aufmerksamkeit zugewendet werden soll.

Für größere Teiche bewähren sich am besten aus Kiefernholz hergestellte Kästen, 15/20—20/20 cm behauen, auf Piloten aufgezogen, welche mit Steinwurf von grobem Korn aufgefüllt sind (Fig. 44), deren Oberfläche mit größeren Steinen mit Moos abgepflastert wird. Als Bindematerial kann auch Teichschlamm genommen werden, die Fugen müssen jedoch ordentlich ausgekeilt werden. Derartig ausgeführte Bauten besitzen den Vorteil, daß sie genügend fest und dauerhaft sind.

Der Transport der in den Bottichen sortierten und abgewogenen Fische in die auf der Dammkrone bereit gehaltenen Fässer erfolgt auf einer mit Bruchsteinen gepflasterten Stiege, welche während der Abfischung mit Schilf und Gras bedeckt wird, damit die mit dem Transporte beschäftigten Menschen nicht so leicht ausrutschen.

Bei kleineren Teichen und überall dort, wo bloß kleinere Bottiche zur Verwendung gelangen, genügt es, wenn der Teichboden verebnet wird, oder wenn kleinere Holzschwellen als Unterlage unter die Bottiche benutzt werden.

40. Schlägelgrube.

Die Vertiefung, in welche das Teichwasser aus den Röhren der Grundablässe tritt, wird gemeinhin „Schlägelgrube“ genannt. Ihr Zweck ist ein mehrfacher.

Wenn trotz aller Vorsicht und aller Vorkehrungen dennoch Fische aus dem Teiche entschlüpfen, so werden sie in der Schlägelgrube, welche von einem stehenden Rechen eingeschlossen ist, aufgehalten. Die in der Schlägelgrube erbeuteten Fische sind jedoch öfters derart beschädigt, daß sie zur weiteren Aufzucht untauglich sind und am besten an Ort und Stelle zum Verkaufe gelangen. In der Schlägelgrube werden vorwiegend kleinere Fische, welche durch den Zapfenhausrechen entschlüpfen, zurückgehalten und können von dort als sog. „Hechtspeise“ herausgeholt werden.

Ein weiterer Zweck der Schlägelgrube, welche stets mit Wasser gefüllt bleibt, besteht darin, daß die hölzernen Teichröhren ohne Unterbrechung im Wasser liegen und auf die Weise zu deren Erhaltung wesentlich beitragen. Bei Teichen mit gut angelegten Schlägelgruben halten die Röhren mehrere Jahrhunderte aus. Bei einer zeitweiligen Trockenlegung der Röhren und Einströmung der Luft in dieselben würde die Dauerhaftigkeit vollständig in Frage gestellt werden.

Schließlich dient das in der Schlägelgrube angesammelte Wasser zur Verminderung der Ausflußgeschwindigkeit des aus der Teichröhre herausströmenden Wassers, besonders bei Teichen mit mehrere Meter betragender Druckhöhe. Es ist angezeigt, jede Schlägelgrube tiefer als die Abflußröhren und stets tiefer als die Fischstätte anzulegen.

Die Größe und Tiefe der Schlägelgrube richtet sich nach der Ausdehnung des Teiches und seinen örtlichen Verhältnissen und schließlich nach der mutmaßlich aufzunehmenden Menge von Fischen. Die Schlägelgruben werden gewöhnlich rechteckig 1—2 m breit und 1,5—3 m lang, die längere Seite nach der Stromrichtung gerichtet, ausgebaut. Die Versicherung der Wände erfolgt je nach Bedarf entweder mit Flechtwerk, mit Holzwänden oder aus vollständig geschlossenem Mauerwerk.

Zeigen sich Fische während des Sommers in der Schlägelgrube zur Zeit, wo aus dem Teiche durch den Grundablaß, der Hochwässer wegen, Wasser abgelassen worden ist, so muß ein Gebrechen an dem Rechen des Zapfenhauses angenommen werden. In dem Falle hat der Teichwirt für die sofortige Ausbesserung des Rechens zu sorgen, wenn er sich vor größerem Schaden bewahren will.

Die Anordnung von Schlägelgruben unterhalb des Teiches ist aus der Fig. 46 ersichtlich. Die Schlägelgrube selbst ist durch Bretter, besser durch starke Pfosten, eingefaßt, welche durch Piloten festgehalten werden. Flechtwerk zur Einfassung von Schlägelgruben empfiehlt sich weniger, weil die Fische durch die scharfen Spitzen leicht beschädigt werden können. Auch ist das Flechtwerk weniger als Bretter haltbar. Die Schlägelgruben auszumauern empfiehlt sich nicht.

41. Abweisgräben oder Wildgerinne.

Wenn ein Fluß oder ein Bach mit größerer Wasserführung durch jenes Terrain fließt, wo neue Teiche angelegt werden sollen, so tritt die Notwendigkeit heran, wenn die Fische durch die starke Strömung der fließenden Gewässer nicht beunruhigt werden sollen, nur diejenige zum gedeihlichen Fortkommen der Fische nötige Wassermenge in den Teich einzulassen, während das andere Wasser mittels eines Gerinnes, das wir als Abweisgraben bezeichnen wollen, um den Teich herum abgeleitet wird.

Dienen Wildbäche zur Speisung von Teichen, so muß das häufig mitgeführte Gerölle, Kies, Sand u. a. m. vor Eintritt in den Teich zur Ablagerung gelangen. Dies erreicht man durch Herstellung von Kiesfängen, Erbreiterung des Profils, wobei infolge verminderter Wassergeschwindigkeit die mitgeführten Sinkstoffe zum Absetzen gebracht werden. Würde ein Wildbach unmittelbar in den Teich geleitet werden, so würde er in kurzer Zeit durch das mitgeführte Gerölle und Schlamm ausgefüllt und der Fischzucht entzogen werden.

Der Abweisgraben muß in bezug auf sein Profil reichlich genug bemessen werden, um selbst größere Hochwasser aufzunehmen.

In dem Flusse oder Bache ist ein Wehr mit Schützen eingebaut, welches nur das zur Fischzucht erforderliche Wasser durchleitet.

Das im Abweisgraben oder Wildgerinne geführte Wasser dient als Regulator zur Speisung von Teichen, besonders in der heißen Jahreszeit, wenn durch Verdunstung der Teichspiegel sich zusehends senkt.

Ebenso erscheinen solche Gräben notwendig überall dort, wo Überschwemmungen nach starken Regengüssen oder im Frühjahr durch Zufluß des kalten Schneewassers bei Tauwetter zu befürchten sind. Durch an geeigneten Stellen richtig angelegte Gräben, welche die schädlichen Wässer ableiten, kann sich der Teichbesitzer gegen empfindliche Schädigung der Fische schützen.

Wie bereits erwähnt wurde, wird der„ Rosenberger Teich" auf der Domäne Wittingau mit dem aus dem Flusse Luschnitz kommenden Wasser gespeist. Gleich nach der Anlage des Teiches (1590) erkannte dessen Erbauer, daß ohne Abkehrung des diesen Teich durchziehenden Flusses Luschnitz das Bestehen dieses großen Wasserbeckens gefährdet sein würde, weshalb er zur Anlage eines Abweisgrabens im großen Stile geschritten ist. Mit Überwindung großer Terrainschwierigkeiten wurde der 11 km lange „Neubach", welcher heutigentags noch besteht und dazu dient, das Hochwasser des Flusses Luschnitz in den Naserfluß abzuleiten, angelegt. In dem Neubache ging ein Teich auf. Das Hochwasser wird über dem Teiche gefaßt und in einem künstlichen Bette, teils aufgedämmt, teils in Felsen ausgehauen, mit einem mäßigen Gefälle bis in den Naserfluß geleitet. Der Neubach wird gegenwärtig zur Holzflöße benutzt, um die reichen Holzvorräte der Wittingauer Forste auf dem Umwege über den Naserfluß in die Luschnitz und sodann in die Moldau zu bringen.

VIII. Abflußvorrichtungen an Teichen.

Jeder Teich muß einen Grundablaß zur gänzlichen Entleerung und einen Hochwasserüberfall, als Sicherheitsventil gegen die Überschreitung des äußerst zulässigen Stauspiegels besitzen.

Der Hochwasserüberfall muß für sich allein genügen, den Wasserüberfluß abzuführen.

Zum Ablassen des Teiches dient die auf der tiefsten Stelle, an der Fischstätte, in den Damm eingelassene Röhre; zur Ableitung der Hochwasser, oder des Wasserüberschusses überhaupt, werden an einer sicheren Stelle des Dammes, oder besser im gewachsenen Boden, im Anstoße an den Damm Überfälle hergestellt.

Die bei einem Teiche anzubringenden Abflußvorrichtungen müssen gestatten:

1. die Stauhöhe des Teiches entsprechend dem Zufluß und den wirtschaftlichen Bedürfnissen genau regeln zu können,
2. den Teich bis zum Grund (vollständig) zu entleeren.

Bei der Anlage der Abflußvorrichtungen ist streng darauf zu sehen, daß die ausgeführten Bauten dem Zwecke vollständig entsprechen und daß durch sie der Bestand des Teiches nicht gefährdet erscheint.

Soll der Teichbesitzer in der Lage sein, seinen Teich vollständig entleeren zu können, so muß der Grundablaß stets tiefer als die Fischstätte und sämtliche im Teiche befindlichen Entwässerungsgräben gelegen sein. Die zu diesem Behufe in der tiefsten Stelle der Teichanlage einzulegende Röhre kann entweder aus Holz, Beton oder Eisen beschaffen sein. Die Wahl des zu verwendenden Materials richtet sich nach den örtlichen Verhältnissen und ist abhängig von der leichteren oder schwierigeren Beschaffung des für die Röhren nötigen Stoffes.

Der Durchmesser des Abflußrohres ist eine Funktion der abzuführenden Wassermenge, des Gefälles und der zum Entleeren des Teiches bestimmten Zeit.

Die Wandstärke, welche man den Rohrleitungen von kreisrundem Querschnitte zu geben hat, hängt ab:

1. von dem Stoffe, aus welchem die Rohre bestehen,
2. von ihrer lichten Weite,
3. von dem inneren Drucke, den sie auszuhalten haben,
4. von den Einwirkungen, die von außen her auf die Rohrwandungen sich geltend machen.

Wird mit e die Wandstärke in Zentimetern, mit d die lichte Weite in Zentimetern, und mit n der Überdruck im Rohrinneren in Atmosphären (kg/cm^2) bezeichnet, so ist:

$$e = \alpha \cdot n \cdot d + \beta.$$

Die Werte der Zahlen α und β werden für verschiedene Stoffe sehr verschieden angegeben und wechseln z. B. beim Gußeisen für α von 0,002 bis 0,004 und für β von 0,5 bis 0,8.

Man kann die Wandstärke erfahrungsgemäß annehmen für Rohre

aus Holz $e = 0{,}033 \cdot n \cdot d + 2{,}7$ cm,

aus Gußeisen $e = 0{,}003 \cdot n \cdot d + 0{,}7$ cm,

aus Schmiedeisen oder Stahl $e = 0{,}0008 \cdot n \cdot d + 0{,}3$.

Zur Regelung des Teichabflusses oder zur vollkommenen Entleerung des Teiches gelangen zur Verwendung:

1. der Zapfenabfluß,
2. die Holzschaufel,
3. der Wasserschieber,
4. der Schleusenverschluß,
5. der Mönch oder Ständerabfluß.

42. Der Zapfenabfluß.

Bei den ersten zur Herstellung gelangten Teichen hat man ausschließlich Holzröhren verwendet. Das Legen der Holzröhren, welche aus gesunden im strengen Winter gefällten Tannen, später auch aus Fichten, Kiefern und sog. Steinlärchen verfertigt worden sind, erfolgt in folgender Weise:

Das gewachsene Material innerhalb des Teichdammes wird senkrecht auf die Längsachse des Dammes, 0,7 bis 0,9 m tief, ausgehoben und für das einzulegenden Rohr ein Lager aus gut gestampften Letten, ungefähr 20 cm hoch, hergestellt.

Zu Teichröhren werden Rundhölzer, gerade gewachsen, womöglich astrein, von 3—5 m Länge ausgewählt, von welchen eine Schwarte abgeschnitten wird. Der Kern des Rundholzes wird, je nach Bedarf und Stärke des Klotzes, in Form eines Rechteckes oder Quadrates

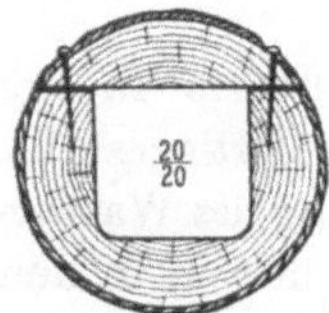

Fig. 45.

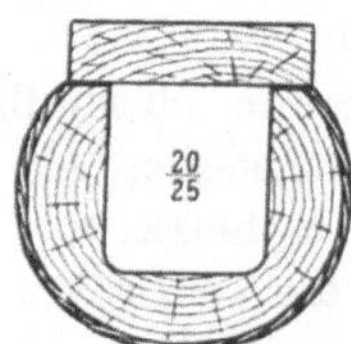

Fig. 46.

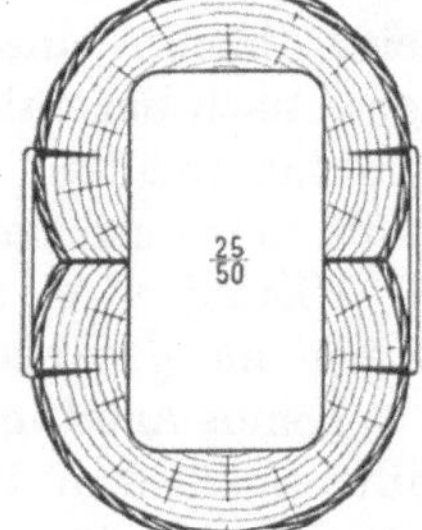

Fig. 47.

mit 20/20 cm bis 40/45 cm l. W. ausgearbeitet. Zur Bedeckung, gleichzeitig als Abschluß der Teichröhren, wird entweder bei kleinen Durchflußprofilen die abgeschnittene Schwarte oder eine Bohle von 8—12 cm Stärke aufgelegt (Fig. 45 und 46).

Soll jedoch ein größeres Durchflußprofil erzielt werden, so werden zu diesem Behufe stärkere Klötzer verwendet und auf die ausgearbeitete Röhre, noch eine zweite, in gleicher Weise hergestellte, aufgesetzt (Fig. 47).

Beim Legen der Teichröhren soll die Richtung der Holzfaser die gleiche sein wie die des Wasserlaufs, so daß das stärkere Holzende der Teichröhre gegen das zuströmende Wasser gerichtet ist. Hierdurch wird ein zu frühes Auswaschen und Ausblättern der Holzfaser und des Profils verhindert.

Nun wird auf das eingestampfte Röhrenstück der obere Teil aufgelegt, wobei die Auflager mit einem reinen, von Erdteilen befreiten Waldmoos ausgefüllt und die beiden Stücke mit Metallklammern verbunden werden. Die nunmehr geschlossene Röhre wird mit gestampften Letten umgeben. Reicht mit einer Länge das Rohr nicht aus, so wird ein zweites, allenfalls auch ein weiteres, angeschoben, doch dürfen die Anschlüsse der beiden Röhrenstücke nicht auf einer und derselben Stelle erfolgen, sondern es wird das untere Ende länger belassen und das obere Stück dementsprechend kürzer gemacht.

Die Ablaßröhren werden stets in der Rinde gelassen, um eine innigere Verbindung zwischen dem Holze und dem einzustampfenden Letten herzustellen. Anläßlich Aushebung alter Teichröhren hat man sich wiederholt überzeugt, daß die alten Röhren nur an jenen Stellen schadhaft befunden wurden, wo die Rinde gefehlt hatte, hingegen war das Holz unversehrt, wo die Rinde erhalten blieb.

Auf der Domäne Wittingau (Böhmen) sind 300 bis 400 Jahre alte Ablaßröhren aus Tannenholz, welche sich ununterbrochen unter Wasser befanden, noch heute in einem vollkommen guten Zustande erhalten. Auf der Innenseite erscheint die Holzfaser wohl zum Teil ausgewaschen. Beim Abheben eines oberen Rohrstückes war das Moos auf dem Auflager, nach ungefähr 300 Jahren, noch grün und vollkommen in seiner Struktur erhalten, färbte sich aber an der Luft sofort schwarz und zerfiel in kurzer Zeit zu Staub.

Hierauf wird der Teichdamm oberhalb der Ablaßröhre in der bereits im 7. Abschnitt beschriebenen Art und Weise fertiggestellt.

Behufs Anbringung eines Abschlusses zur Verhinderung des Wasserabflusses aus dem Teiche ragt die Teichröhre 0,4 bis 1,0 m weit in den Teich hinein. Der Verschluß des Rohres (Fig. 48) erfolgt durch einen konisch zugespitzten Zapfen, welcher in das korrespondierende in der Teichröhre angebrachte Loch hineinpaßt.

Ist die Ablaßröhre durch den Zapfen geschlossen, dann wird das Abdichten des noch allenfalls durch die Röhre durchfließenden Wassers durch Einwerfen von Erde und Schlamm in der Nähe des Zapfens bewerkstelligt.

Vor der Ausflußöffnung muß ein Fischrechen, welcher das Entweichen der Fische aus dem Teiche durch die Röhre verhindern soll, angebracht werden. Auch bei diesem Rechen müssen die Zwischenräume der einzelnen Rechenstangen größer sein als das Durchflußprofil der Teichröhre.

Je nach Größe des Teiches und der durch den Grundablaß abzuleitenden Wassermenge bringt man eine oder mehrere Teichröhren an. In der Fig. 49 sind zwei Teichröhren nebeneinander angeordnet. Zum Ablassen des auf der Domäne Wittingau befindlichen sog. „Rosenberger Teiches" dienen elf Röhren.

Die Herstellung der Teichablässe mit Holzröhren bringt verschiedene Nachteile mit sich:

1. Die Unmöglichkeit, bei der gegenwärtig herabgesetzten Umtriebszeit der meisten Waldungen von bloß 80—100 Jahren, längere

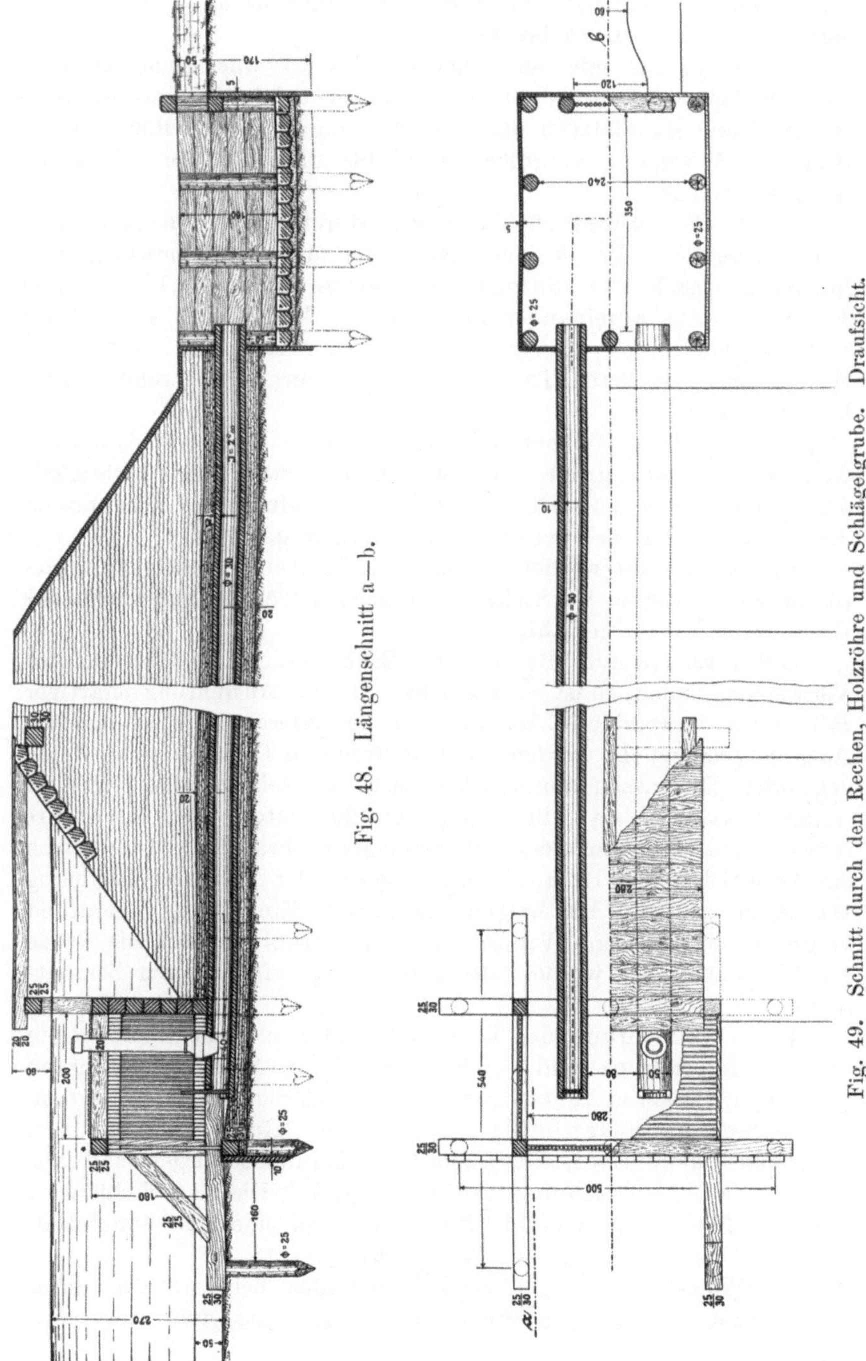

Fig. 48. Längenschnitt a—b.

Fig. 49. Schnitt durch den Rechen, Holzröhre und Schlägelgrube. Draufsicht.

Tannenstämme von 0,40 bis 0,50 m Durchmesser am dünnen Ende mit geringen Kosten zu beschaffen.

2. Infolge des mit der Tiefe des Teiches wachsenden Druckes des die Zapfenöffnung belastenden Wassers erfolgt ein rasches Auswaschen und Ausblättern der Holzfaser innerhalb der Röhre wobei deren Profil solange vergrößert wird, bis die Holzfaser vollständig ausgewaschen ist.

3. Die Beschränktheit des Profils durch das in den Wäldern vorhandene Holz; Profile von 30/30 cm herzustellen erfordert immerhin Stammausschnitte von mindestens 40 cm am Zopf. Werden zwei Rohrausschnitte aufeinander aufgelegt, so kann man aus solchen Hölzern bloß eine Teichröhre von 40/60 cm herstellen. Handelt es sich um einen größeren Teich, so müssen mehrere Teichröhren angebracht werden.

4. Bei größeren Teichen mit einem größeren Wasserstande müssen daher mehrere Abzugröhren, auf Kosten der erwünschten Dichtigkeit des Dammes, nebeneinander gelegt werden, wodurch die Handhabung des Grundablasses sich wesentlich schwieriger gestaltet.

In neuester Zeit werden, um die geschilderten Nachteile der Holzröhren zu beseitigen, an Stelle der hölzernen Teichröhren solche aus Beton oder Eisen gewählt.

Sollen Röhren aus Beton oder Eisenbeton als Grundablässe Verwendung finden, so ist es unerläßlich, das zur Ausführung derartiger Röhren zu verwendende Material von besonderer Güte zu wählen. Auch muß untersucht werden, ob die Röhren den Druck der über ihnen gelagerten Erdmassen auszuhalten imstande sein werden. Es ist weiter unerläßlich, daß die Auflage für die Beton- oder Eisenrohre entweder aus Mauerwerk oder aus Beton selbst besteht, weil hierdurch ein Verschieben der Rohre in horizontaler oder vertikaler Richtung vermieden und die Haltbarkeit der ganzen Einrichtung bedeutend vergrößert wird. Beim Verlegen der Zementrohre müssen die Stöße sorgfältigst gestützt werden, deren Dichtung erfolgt durch Zementmörtel.

Durch Vermehrung der Wandstärke können Zementrohre gegen größeren Außendruck und durch Einlegen von Eisendrahtgeflechten auch gegen stärkeren Innendruck widerstandsfähiger gemacht werden. Druckrohre aus Eisenbeton bestehen aus Rundeisenstäben von 6—12 mm Durchmesser, die parallel zur Rohrachse liegen und aus Stäben, die im Querschnitte angeordnet sind. Dieses Geflecht wird mit einer Betonmasse von 15—20 cm Stärke in einer dem Durchflußprofil entsprechenden eisernen Form festgestampft.

Die Wandstärken der Röhren entsprechen bei Leitungen unter hohem Druck, wie sie in Frankreich vielfach ausgeführt sind, der empirischen Formel:

$$e = 0{,}02\ (1 + D \cdot h),$$

worin unter h die dem Druck entsprechende Wassersäulenhöhe, unter D die Lichtweite des Rohres verstanden wird. Alle Maße sind in Metern gedacht.

Bei Verlegung von Betonröhren von größerer lichter Weite ist eine ganz besondere Vorsicht zu gebrauchen, damit die Schüttung und die Tonumhüllung stets, in bezug auf die Dichtung der Rohre in vollkommenster Weise erfolgt. Es empfiehlt sich daher die Beton- und Eisenrohre wasserseitig einzumauern, wodurch ein ganz vollkommener Wasserabschluß hergestellt werden kann.

Eisenrohre. Die zu Teichröhren zu verwendenden Gußeisenrohre müssen stehend gegossen und bei einer Wärme nicht unter 180° C asphaltiert werden, sie müssen in der Längsrichtung vollständig gerade sein und einen vollkommen konzentrischen Querschnitt besitzen. Die Zusammensetzung der einzelnen Rohre zu ganzen Rohrsträngen erfolgt mit Hilfe von Muffen oder Flanschen.

Rohre aus Schweißeisen und Stahl. Man unterscheidet genietete, geschweißte und nathlose Rohre. Genietete Röhren kommen für gewöhnlich nur bei größeren Weiten als 600 mm und darüber in Betracht. Genietete Rohre werden aus einzelnen Blechstücken zusammengesetzt und erhalten in ihren Längsnähten gewöhnlich doppelte, in ihren Quernähten dagegen meist einfache Nietung. Die Verbindung der einzelnen Rohre zu einem Rohrstrange erfolgt gewöhnlich durch Flanschen, die aus aufgenietetem Winkeleisen bestehen und durch Nieten oder Schrauben miteinander vereinigt werden.

An Stelle der genieteten Rohre finden auch vielfach geschweißte Rohre Verwendung.

Beim Legen der Eisenrohre ist dieselbe Vorsicht wie beim Legen der Betonrohre zu beobachten.

Der geringere oder größere Gehalt an Kohlenstoff, welcher den grundsätzlichen Unterschied zwischen gußeisernen oder schmiedeeisernen Röhren bildet, beeinflußt die Eigenschaften dieser Rohre. Der größere Gehalt an Kohlenstoff verleiht dem Gußeisen eine größere Sicherheit gegen Angriffe durch Rost, als sie das Schmiedeeisen besitzt. Andererseits ist das Schmiedeeisen eben wegen des Mangels an Kohlenstoff elastischer und gegen äußeren Druck nachgiebiger als das spröde Gußeisen. Die Dehnbarkeit des geschweißten Eisens wird zu 22 v. H. angegeben. Die Zugfestigkeit des Gußeisens für ruhige Last beträgt etwa 1200 kg/cm², während die des Schweißeisens 3500—4000 kg/cm² erreicht. Für gutes Gußeisen gelten 180 kg/cm² Zugbeanspruchung als zulässig.

Hinsichtlich der Rostfrage sind bloß bei Gußeisen Erfahrungen gesammelt, während die Verwendung von Schmiedeeisen erst seit ungefähr 40 Jahren erfolgt. Gegen Rostbildung besitzen die stärkeren Wandungen der Gußrohre einen größeren Schutz als die Rohre aus Schmiedeeisen. So hat man Gußrohre, die im Jahre 1790 in Hamburg verlegt wurden, vor einigen Jahren ausgegraben und noch vollständig erhalten gefunden. In Versailles hat Ludwig XIV. zu den Wasserwerken in den Jahren 1660—1680 ungefähr 24 000 m gußeiserne Rohre von 325—500 mm Weite eingebaut. Die Leitung soll heute noch, also nach mehr als 240 Jahren, im Betriebe sein.

Von seiten der Verfechter des Schmiedeeisens wird die bessere Erhaltung des Gußeisens zwar anerkannt, aber darauf hingewiesen, daß man imstande sei, durch einen geeigneten Überzug genügenden Rostschutz herbeizuführen, wenn dieser Überzug aus Asphalt und Teerstoffen auf die Rohre in warmem Zustande, unmittelbar im Anschluß an das Schweißverfahren, aufgebracht wird. Dieser Überzug, verstärkt durch spätere Anstriche, soll dauernd eine feste und geschlossene Schutzdecke abgeben. Entschieden ist es anzuraten, die Wandstärke über die theoretische Wandstärke für die Abnutzung einen kleinen Zuschlag von einigen Millimetern zu machen. Im allgemeinen wird bei Gußeisen mit 7—10 facher, bei Schmiedeeisen mit 6—7 facher Sicherheit gerechnet.

Bei höherem inneren Druck oder bei Druckschwankungen ist das Schmiedeeisen den hohen inneren Pressungen besser gewachsen als das Gußeisen, weshalb die Verwendung von Schmiedeeisen wünschenswerter erscheint.

Der Zapfenverschluß ist die einfachste Vorrichtung und besteht darin, daß in die in der tiefsten Stelle eingelassene Röhre eine kreisförmige Öffnung eingeschnitten wird, welche durch ein gleichförmiges Holzstück — den Zapfen — verschlossen werden kann. Der Zapfen ist je nach der Tiefe des Teiches entweder ganz kurz, oder er ragt bis über das Normalwasser heraus.

In ersterem Falle ist er ungefähr 60—100 cm lang, am unteren Ende genau nach dem Einschnitte der Teichröhre geformt, der obere Teil ist viereckig 15/15 cm oder auch stärker behauen und je nachdem mit einem eisenbeschlagenen Loche oder einem Haken versehen. Mittels einer mit einem eisernen Haken bewehrten Stange wird der Zapfen aus seinem Standorte herausgezogen. Diese Art des Verschlusses eignet sich bloß für kleine Zapfen, welche sich mit einer Stange ohne besondere Kraftaufwendung herausziehen lassen (Fig. 46).

Bei ganz kleinen Teichen genügt es indessen auch, wenn der Zapfen zum Heben bloß einen Kerb, in welchen der sog. Teichhacken eingesetzt wird, erhält.

Nachdem der Zapfen beim Einlassen in die Teichröhre, behufs Wasseransammlung im Teiche, mit Schlamm, Moos, Leinwand u. dgl. wasserdicht abgesperrt worden ist, so muß, falls der Teich gezogen werden soll, durch öfteres Daranschlagen vorerst der Zapfen locker gemacht werden, worauf erst dieser herausgezogen werden kann.

Bei größeren Teichen und demgemäß auch größeren Röhren sind die Zapfenverschlußstücke ihrer Größe wegen schwer zu handhaben, weshalb eigene Gerüste mit Öffnungen, durch welche der obere Teil des Zapfens, welcher aus dem Wasser herausragt, auf und ab bewegt werden kann, hergestellt werden. Der Zapfenstengel ist mit runden Löchern in kurzen Entfernungen versehen, in welche Eisenstangen eingepaßt werden können, die als Stütze für den Hebel, den Angriffspunkt der anzuwendenden Kraft, zum Heben des Zapfens dienen. An das in dem Teich aufzustellende Gerüst wird eine Laufbrücke befestigt, auch wird der Zapfen mit Eisenstangen, durch Schlüssel oder mittels Schrauben gegen mutwilliges Herausziehen versichert.

Diese in früheren Zeiten sehr beliebten Ablaßvorrichtungen wurden von zwei Seiten mit einer Stein- oder Holzwand versehen, um sie gegen Wellenschlag oder Eisdruck zu schützen. Gegen den Teich zu war das sog. Zapfenhaus, welches bei größeren Teichen mit viel Holz und Aufwand hergestellt worden ist, mit einem Fischrechen versichert, um das Entweichen der Fische aus dem Teiche zu verhindern. War es unumgänglich notwendig, das Zapfenhaus weit in den Teich hineinzubauen, so wurde zu dem Zapfenhaus vom Ufer aus eine Brücke oder ein Damm hergestellt.

Durch die Herstellung von Zapfen als Abflußvorrichtung kommen folgende Nachteile in Betracht.

1. Beim plötzlichen Herausziehen des Zapfens läuft das Wasser aus dem Teiche zumeist mit großer Geschwindigkeit und Gewalt ab.

2. Ein Unterbrechen des Wasserablaufes ist meist nicht so leicht zu erzielen, da der Zapfen in das Ablaufrohr nicht so leicht wieder hineingestoßen werden kann, solange der Teich unter Wasser ist. Dieser Umstand kann auch, unter Umständen, für die Teichwirtschaft von unangenehmen Folgen begleitet werden, zumal der Teichbesitzer die Regelung des Wasserabflusses nicht nach Belieben bewerkstelligen kann.

3. Außerdem ist eine Regulierung des Wasserstandes durch den Zapfenverschluß im Teiche ausgeschlossen.

Zapfen mit hohlem Kern (Schachteinfall). Bei Teichen, welche von der Wohnung des Personals weit entfernt sind und durch oftmals und rasch wechselnden Wasserstand gefährdet erscheinen, finden zur unabhängigen und selbständigen Wasserableitung vielerorts Zapfenverschlüsse mit einem hohlen Kern Verwendung.

Diese Art der Wasserableitung ist sehr einfach und bringt den Vorteil mit sich, daß das Wasser im Teiche bloß bis zu der oberen Kante des Zapfens, welche gleich hoch sein muß mit der behördlich bewilligten Stauhöhe, steigen kann, um sodann selbsttätig, bis zur Normalbespannung des Teiches, abzufließen.

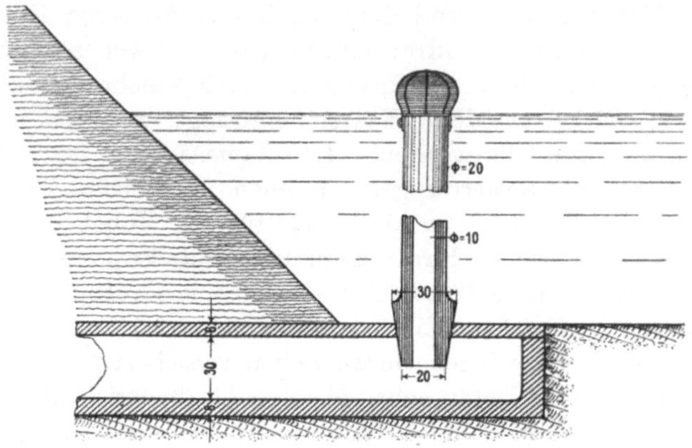

Fig. 50.

In einen ungefähr 20—25 cm starken Zapfen (Fig. 50), welcher aus einem womöglich astreinen Fichten- oder Tannenholz hergestellt ist, wird eine 8—10 cm weite Öffnung angebracht. Es muß darauf besondere Sorgfalt gelegt werden, daß die Bohrung mitten durch den Stamm durchgeführt werde, da sonst die Haltbarkeit des Zapfens darunter leidet.

Die im Zapfenstiel angebrachte Öffnung wird mit einem Korb aus Kupfer oder verzinktem Eisendraht versehen, um das Entweichen der Fische zu verhindern. Schließt man die beschriebene Öffnung im Zapfen, in welcher Art immer, so kann im Teiche auch vorübergehend ein höherer Wasserstand erzielt werden.

43. Die Holzschaufel.

Die Holzschaufel findet ausschließlich Anwendung bei Holzröhren und besteht aus einem auf einer Stange befestigten Brette, oder Bohle, welches in einer am Ende der Teichröhre eingepaßten Nut sich auf- und abwärts bewegen läßt, wodurch die Röhrenöffnung entweder geöffnet oder geschlossen wird und dementsprechend der Teich entleert oder gespannt werden kann.

Die Konstruktion der Schaufel richtet sich nach der Beanspruchung derselben beim Ziehen des Teiches und besteht je nachdem aus einer 4—8 cm starken Pfoste. In gleicher Weise wird auch die Stange

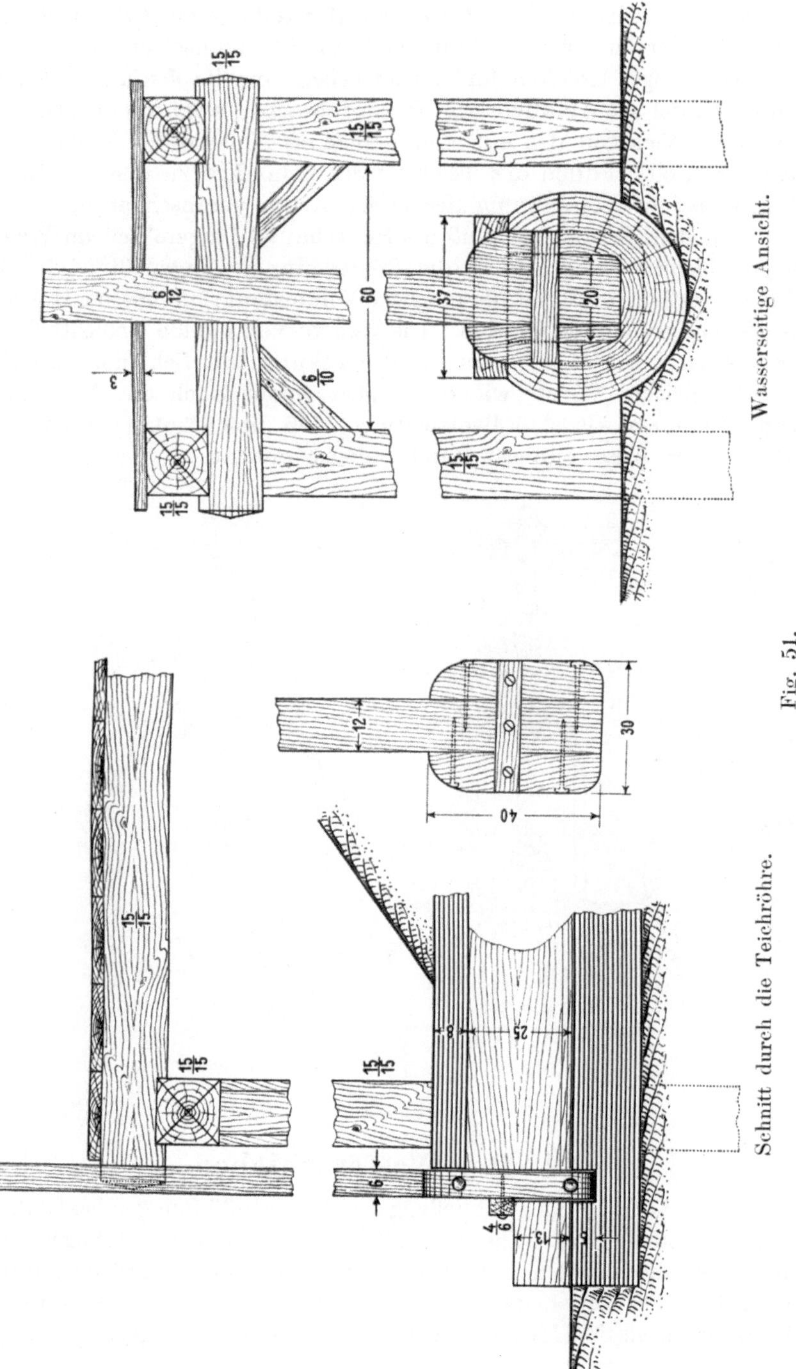

Wasserseitige Ansicht.

Schnitt durch die Teichröhre.

Fig. 51.

ausgestaltet. In der Fig. 51 wird die Herstellung einer Schaufel samt dem Ständer im Längenschnitt und Aufriß veranschaulicht.

Bei einigen Teichen findet man neben dem Zapfen auch noch die Holzschaufel als Ablaßvorrichtung angebracht, wohl aus dem Grunde, um beim Versagen des einen oder anderen Ablasses im willkürlichen Entleeren oder Füllen des Teiches nicht behindert zu werden. In der Fig. 48 ist die Vereinigung der beiden Arten veranschaulicht.

Vor dem Gebrauche muß die Holzschaufel längere Zeit im Wasser liegen bleiben, bevor sie in die Röhrenöffnung eingepaßt wird. Bei der Herstellung muß auf die mögliche Volumsvergrößerung der Holzteile Rücksicht genommen werden. Die etwa vorkommende Undichtheit der gesteckten Schaufel wird durch Überdeckung mit Schlamm beseitigt.

In gleicher Weise wie die Zapfen findet auch die Anbringung von Schaufeln als Ablaßvorrichtung bloß beschränkte Verwendung und werden diese zumeist durch Mönche ersetzt.

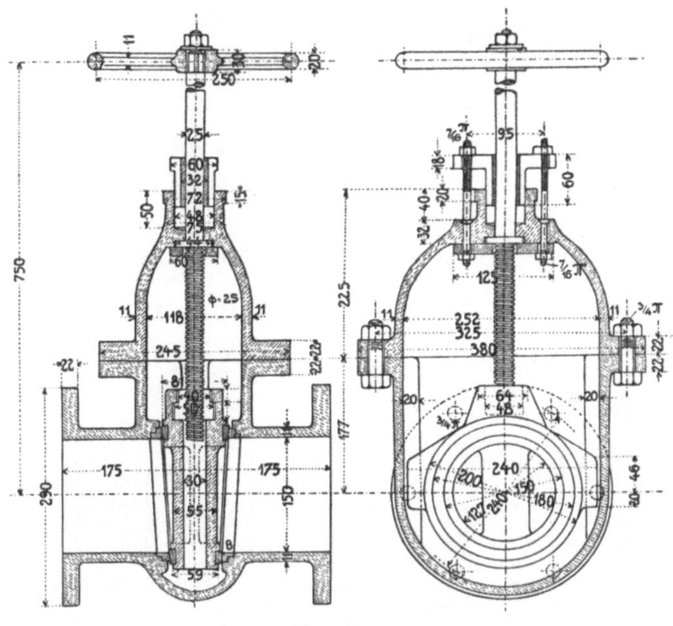

Fig. 52.

44. Der Wasserschieber.

Da die Öffnung oder Schließung der Durchflußöffnungen bei Röhren, zur Vermeidung hydraulischer Stöße, äußerst langsam erfolgen soll, so werden die in solchen Fällen üblich gewesenen Konushähne durch Schieber (Fig. 52) ersetzt. Dieselben können im Anschlusse an eiserne Ablaßröhren als Muffen- oder Flanschenschieber gebaut sein.

Der Schieber besteht aus dem Schiebergehäuse mit der Stopfbüchse, dem eigentlichen Ringschieber und der aus Rotguß hergestellten Schraubenspindel, mit sehr flacher Steigung. Durch Drehung der fixen Spindelschraube wird der Schieber in dem oberen, dornförmigen Gehäuseteil emporgehoben. Der Schieber kann mittels eines Handrades, wleches abnehmbar hergestellt werden kann, bewegt werden. Für die Aufsteckspindel kann ein Schutzrohr, das den höchsten Wasserstand des Teiches überragt und absperrbar gemacht werden kann, hergestellt werden. Wasserschieber werden bis zu 1000 mm lichter Weite der Durchgangsöffnung erzeugt.

45. Schleusenverschluß.

Die eisernen Abflußgerinne bei einem Teiche sind auf der Wasserseite mit einem Schieber oder einer Klappe, dem Striegel oder Schleusenschieber, versehen.

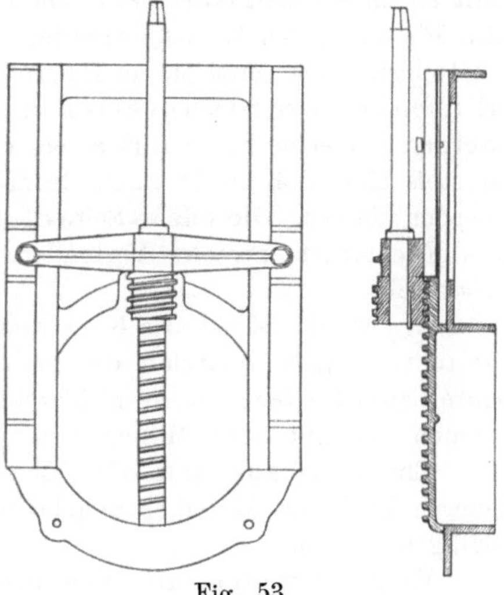

Fig. 53.

Gewöhnlich sitzt der Striegel an einer langen eisernen Stange, der Striegel- oder Schieberstange, fest, welche, je nachdem der Verschluß senkrecht zur Längsachse der Teichröhre oder parallel mit der Böschung liegt, von einer Brücke oder von einem besonderen Schutzgehäuse aus senkrecht oder zu der Brust des Teichdammes geneigt emporgehoben oder gesenkt wird. Die Bewegung erfolgt mittels eines Kurbel- oder Schraubenmechanismus. Die Schneckenverzahnung ist im Schieberdeckel vertieft angebracht, so daß die Schnecke im Schwerpunkte des Schieberdeckels angreift; hierdurch sowie durch die zentrale Führung des Schieberdeckels wird eine sehr leichte und sichere Bewegung erzielt.

In der Fig. 53 ist der Schleusenschieber samt dem in das Mauerwerk einzulassenden Rahmen abgebildet. Auch diese Ablaßvorrichtung kann für Rohre bis 1000 mm hergestellt werden.

46. Der Mönch, auch Wasserständer oder Ständerabfluß genannt.

Gegenwärtig sind die Mönche die meistverbreiteten Abflußvorrichtungen für Teiche. Wie bei den Zapfenhäusern und den anderen Grundablässen besteht der Mönch aus einem an der tiefsten Stelle des Teiches gelegten Rohr, je nach Wahl aus Holz, Eisen, Beton u. a. mehr, und dem Ständer, welcher gleichfalls aus Holz, Eisen oder Beton hergestellt ist.

a) Hölzerne Mönche.

α) Der einfache Mönch. Über dem Ende des im Teiche befindlichen hölzernen Abflußrohres, welches in der bereits beschriebenen Art und Weise hergestellt und eingelegt worden ist, wird ein lotrechter viereckiger Kasten, der an drei Seiten durch zusammengenagelte und mit einem eisernen Gurt versehene Pfosten wasserdicht geschlossen und auf Piloten aufgesetzt ist, errichtet. Die vierte, dem Teiche zugekehrte Seite bleibt offen, enthält im Innern kleine Falze für das Einstellen von Einschub- oder Staubrettchen von 15—20 cm Höhe. Die Brettchen werden auf einer Seite mit einem eisernen Bügel versehen, damit sie mittels einer Stange je nach Bedarf herausgezogen oder eingeschoben werden können. Die offene Seite des Mönches ist mit einem Drahtgitter, als Fischrechen, zwecks Verhinderung von Entweichen von Fischen überdeckt.

In der Fig. 54 ist die Konstruktion eines einfachen Mönches dargestellt. Gegen Auftrieb der ganzen Vorrichtung wird der Mönch durch zwei Piloten, welche gleichzeitig zur Auflage für den Zugangsteg dienen und mit dem Mönch fest verbunden sind, gesichert.

Ein Deckel aus Holz oder Eisen, zum Absperren eingerichtet, am oberen Ende des Mönches angebracht, schützt die Anlage gegen böswilligen Eingriff.

Vielerorts werden an Stelle des senkrechten Kastens solche, die auf der Dammböschung aufliegende Mönche (liegende Mönche) hergestellt. Bei dieser Art der Ausführung erfordert die Verbindung des liegenden Mönches mit dem Abflußrohr eine ganz besondere Sorgfalt. Der liegende Mönch wird durch entsprechend in der Dammböschung gesicherte Polsterung festgehalten. Bei den liegenden Mönchen entfällt die Herstellung eines Zugangsteges, nachdem die Handhabung mit den Staubrettchen, unmittelbar vom Damme aus, erfolgen kann.

Mit der Aufstellung von einfachen Mönchen als Abflußvorrichtung bei Teichen ist der Nachteil verbunden, daß stets das warme und entsprechend oxydierte Wasser von der Teichoberfläche, weches überdies zahlreiche aus der Luft auf den Wasserspiegel gefallene Insekten enthält, abfließt, während das kalte, infolge Verwesung von Abfallstoffen sauerstoffarme Bodenwasse' die ganze Zeit der Wasserbespannung am Teichboden liegen bleibt, wodurch für die Fischzucht ein nachteiliger Zustand eintritt.

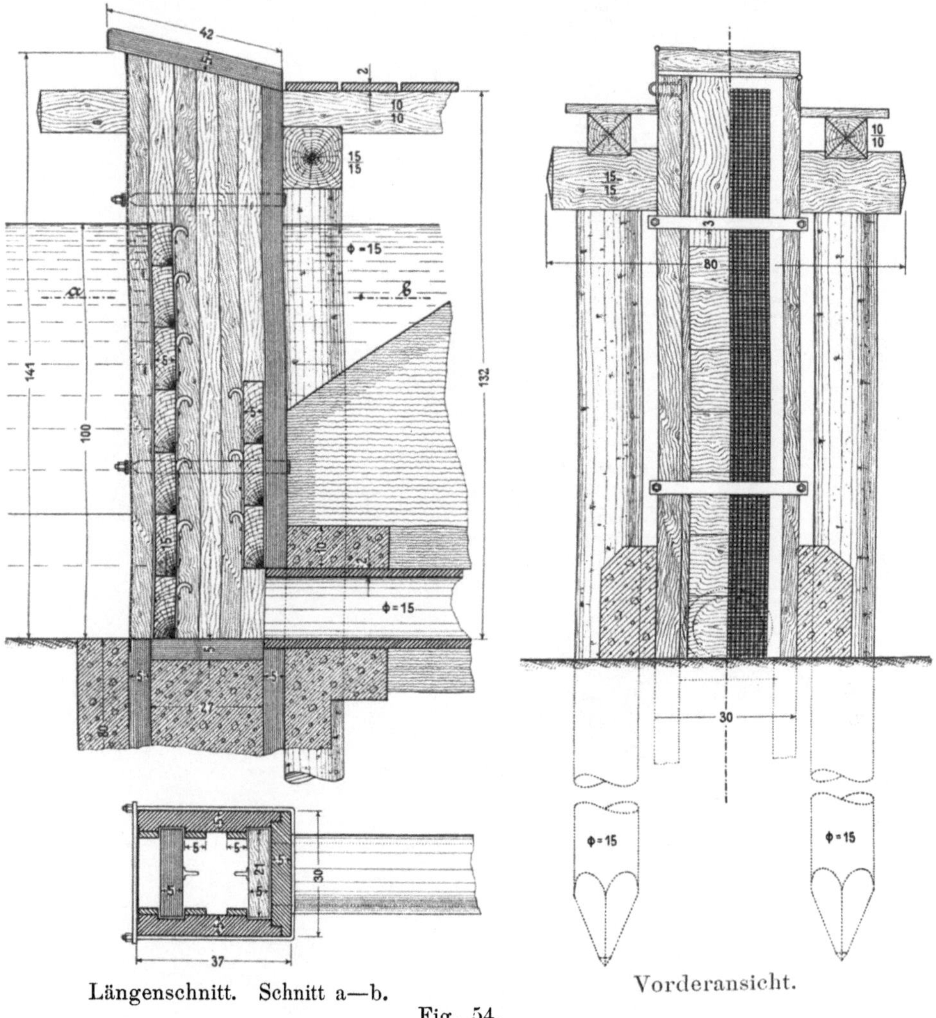

Längenschnitt. Schnitt a—b. Vorderansicht.

Fig. 54.

Diesem vorhin geschilderten Nachteil hat man durch Herstellung von Doppelmönchen zu begegnen getrachtet.

β) Der Doppelmönch, Fig. 55, ist noch einmal so breit als der einfache Mönch, besteht gleichfalls aus einem aus mindestens 5 cm starken Pfosten hergestellten Kasten, dessen Vorderseite bloß im unteren Teile offen und daselbst mit einem Drahtgitter als Fischrechen versehen ist. Die in gleicher Weise wie beim einfachen Mönch konstruierten Staubrettchen sind jedoch in der Mitte des Kastens an-

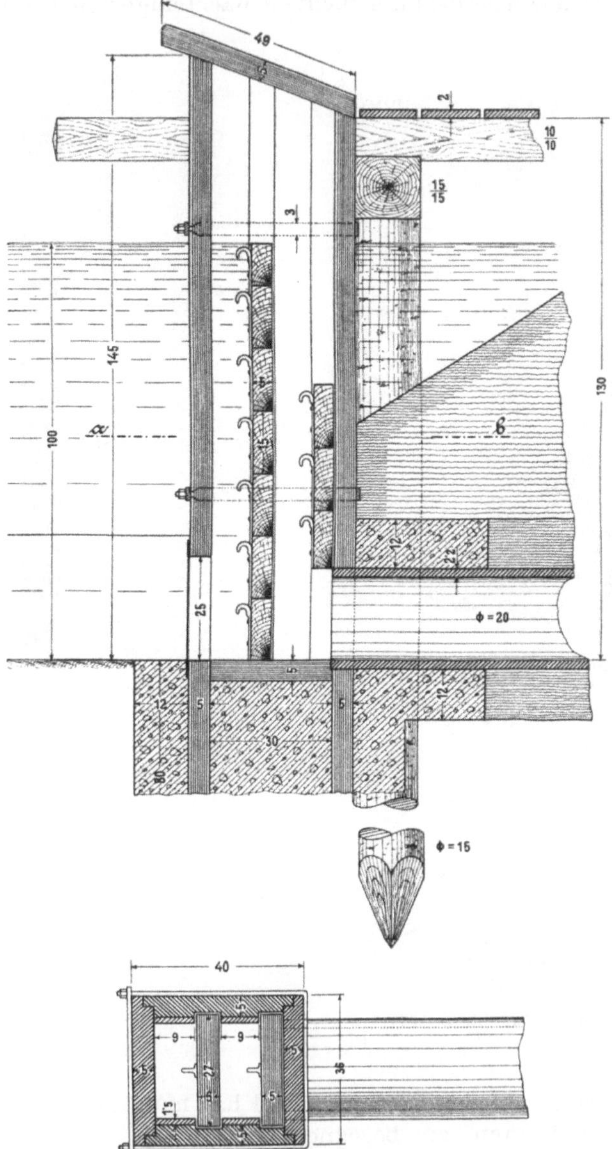

Fig. 55. Längenschnitt. Schnitt a—b.

gebracht. Diese Vorrichtung hat den Vorteil, daß bei der ganz einfachen Handhabung stets das am Teichboden befindliche, der Fischzucht weniger zuträgliche Wasser abgeleitet wird, während das unter der Teichspiegelfläche befindliche sauerstoffreiche Wasser im Teiche verbleibt. Wenn der Teich mit einem entsprechenden Zufluß ausgestattet ist, so strömt das Wasser den ganzen Teich der Länge nach durch und verteilt die mitgeführten wertvollen Sinkstoffe und Nährstoffe für die Fische im ganzen Teiche.

Die in der äußersten Mönchwand angebrachte Öffnung muß gleich sein der lichten Weite des Grundablasses, wobei bloß die das Wasser durchlassenden Zwischenräume des Fischrechens gezählt werden dürfen.

Zu dem als Fischrechen dienenden Drahtgitter wird zumeist Messingdraht oder verzinkter Eisendraht verwendet; das Gitter darf jedoch nicht an den Mönch angenagelt werden, sondern durch eine Nut befestigt werden, wenn es nicht vorzeitig abbrechen soll. Noch besser eignen sich als Gitter gelochte Zinkbleche, sie haben den Vorzug, glatter zu sein als die Gittergewebe.

In der Allg. Fischerei-Zeitung vom Jahre 1895, Seite 128 und 334 wird eine vom Fischmeister Herrguth entworfene Ablaßvorrichtung, die als

γ) dreifacher Mönch bezeichnet wird, beschrieben. Diese Art von Mönchen hat innerhalb des Kastens zwei Zwischenräume, in die äußerste Wand ist ein Drahtgitter eingelegt. Fig. 56.

Gerhardt hat den von Herrguth hergestellten Mönch in der Weise abgeändert, daß die Außenseite des Mönches nicht vom Drahtgitter, sondern von einer festen Wand mit der Sohlenöffnung eingenommen wird und an Stelle der ersten Zwischenwand das Gitter eingebaut erscheint.

δ) In der Fig. 57 ist eine Vereinigung des Zapfens mit dem Mönch dargestellt. Der in etwas größeren Abmessungen hergestellte Zapfen samt dem Zapfenstiel wird ausgehöhlt, die im Stiele entstandene Öffnung wird durch Staubrettchen geschlossen. Die Handhabung mit den Staubrettchen erfolgt in gleicher Weise wie bei den vorbeschriebenen Mönchen. Gegen das Entweichen der Fische durch den Mönch schützt das Gitter oder gelochtes Zinkblech, über der Zapfenöffnung in der Teichröhre ist in der üblichen Weise ein Fischrechen angebracht.

Die Vorteile dieser Konstruktion bestehen darin, daß das Wasser aus dem Teiche je nach Belieben durch den Zapfen selbst oder durch Herausnahme der Staubrettchen abgelassen und in jeder beliebigen Höhe gestaut werden kann. Der zeitweilige Abfluß kann je nach Bedarf vom Boden oder von der Wasseroberfläche erfolgen. Die vollständige Entleerung des Teiches kann natürlich lediglich durch den die Teichröhre abschließenden Zapfen vorgenommen werden.

Die Verwendung der hölzernen Mönche, ob nun aus Fichten- oder Eichenholz, bringt manche Nachteile mit sich.

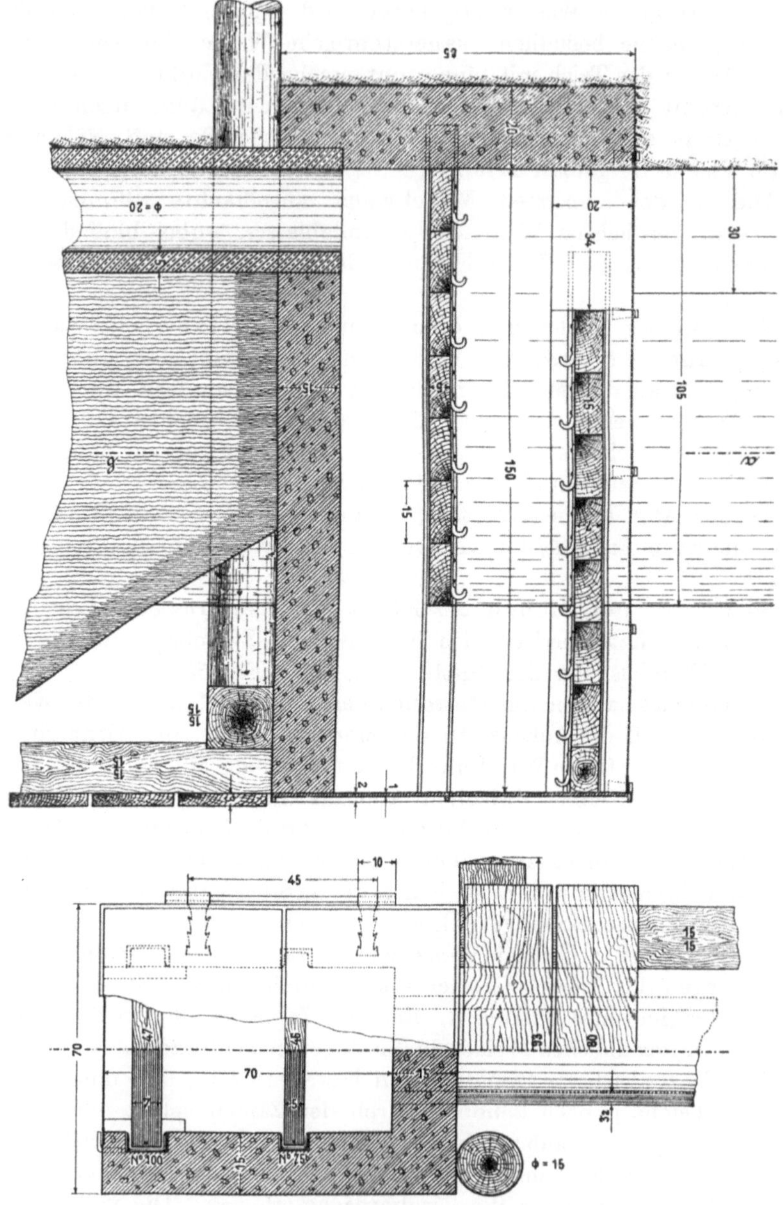

Fig. 56. Längenschnitt. Schnitt a—b. Draufsicht.

1. Die Abnutzung der aus Holz erbauten Mönche ist infolge der wechselnden Witterungseinflüsse, insbesondere bei den bloß zur Sommers-

zeit unter Wasser gehaltenen Teichen, eine verhältnismäßig rasche; deshalb ist

2. deren Dauer eine beschränkte und beträgt kaum 10 Jahre. Dem größten Angriffe ist der aus dem Wasser hervorragende Teil ausgesetzt, indem durch stete Berührung mit dem Wasser die Holzfäulnis gerade gefördert wird.

3. Die Befestigung des hölzernen Kastens auf dem Abflußrohre ist mühsam und selten von größerer Dauer.

4. Bei nicht gut angearbeiteten Staubrettchen beansprucht das Dichten der Zwischenräume zeitraubende und öfters zu wiederholende Arbeiten.

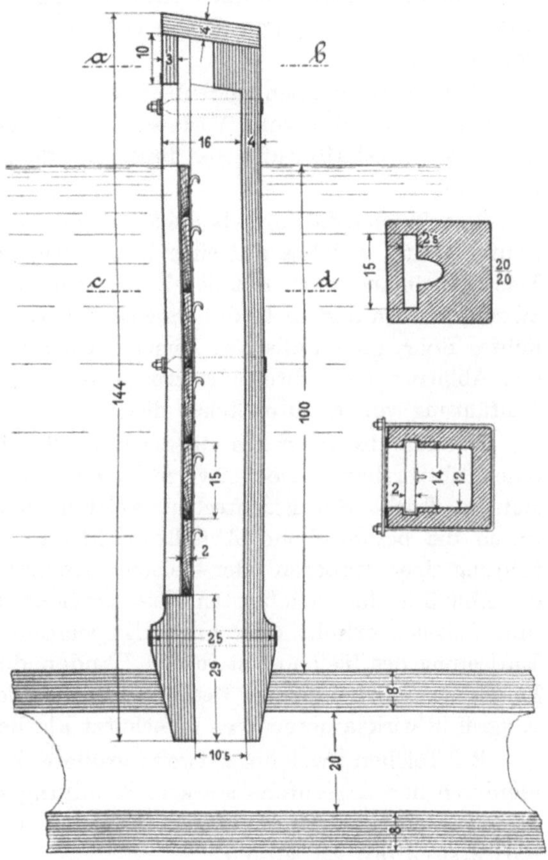

Fig. 57. Schnitt a—b, c—d.

5. Beim Ablassen des Teiches und nachheriger Trockenlegung über den Winter trocknet das Holzmaterial, aus welchem der Mönch hergestellt ist, derart ein, daß genau gearbeitete Staubrettchen nicht mehr eingebracht werden können, im Wasser aufquellen, zwischen den Führungsleisten derart einklemmen, daß durch die zum Herausnehmen anzuwendende Gewalt oft die ganze Vorrichtung gefährdet werden kann.

6. Das ganze Bauwerk entbehrt mit der Zeit der nötigen Stabilität.

Die angeführten Nachteile der hölzernen Mönche bringen es mit sich, daß man zu deren Herstellung entweder scharfgebrannte Ziegel oder Beton verwendet, wobei die Teichabflußröhren aus Ton oder Zement ausgewählt werden. Die Herstellung der Ziegelmönche ähnelt ganz der Konstruktion jener von Holz, mit dem Unterschiede jedoch, daß an Stelle von Holzbohlen die Mauern aus scharfgebrannten oder Schlackenziegeln in 1½ oder 2 Steinen ausgeführt werden. Die Führungsrinnen für die Staubrettchen können entweder in eisernen, hölzernen oder selbst aus Beton hergestellten Rillen bestehen.

Betonmönche können entweder an Ort und Stelle hergestellt werden oder im fertigen Zustande von einer Zementwarenfabrik bezogen werden.

Auf der fürstl. Schwarzenbergschen Domäne Kornhaus in Böhmen bewährten sich die vom Verfasser konstruierten Mönche seit Jahren aufs beste, weshalb auf deren Beschreibung näher eingegangen werden soll. Fig. 58.

Das Teichabfallrohr besteht aus einem Zementrohr von 25 cm lichter Weite, welches auf einer 30 cm starken Aufmauerung aufruht. Das Grundmauerwerk hat den Zweck, für das Rohr eine feste Auflage zu schaffen. In der Mitte des Dammes ist auf die Ablaßröhre ein 70 cm lichtes Rohr, gleichfalls aus Zement, welches senkrecht zur Richtung des Abflusses 5 cm breite Führungsleisten besitzt, aufgesetzt die zur Einführung von Staubrettchen dienen.

Das Standrohr ist bis auf die Höhe des Dammes geführt und mit einem absperrbaren Deckel verschlossen. An der Wasserseite befindet sich im Teiche ein Fischrechen, welcher das Entweichen der Fische durch die beschriebene Abflußvorrichtung verhindert. Durch Einführung einer größeren oder kleineren Anzahl von Staubrettchen kann der Abfluß in der beliebigsten Weise geregelt, und zwar je nach Bedarf und Belieben erhöht oder erniedrigt werden. Auch die vollständige Entleerung des Teiches ist in den Händen des Teichbesitzers gelegen. Durch den absperrbaren Deckel wird die Teichanlage vor fremdem Eingriff in wirksamerer Weise geschützt als bei offenen Anlagen.

Bei Teichen, welche zeitweise größere Zuflüsse erhalten, und die hierdurch hervorgerufene stärkere Strömung der Fischzucht schädlich werden könnte, empfiehlt es sich für ein richtig angelegtes System von Abweisgräben zu sorgen.

An Stelle von Betonmönchen können auch Tonrohrformstücke zur Verwendung gelangen.

Nach dem Vorschlage des Grafen von Geldern-Egmont sind auch Mönche in Eisen zur Ausführung gekommen; des hohen Anschaffungspreises wegen ist deren Verwendung eine beschränkte.

Zu jedem Mönch kann vom Damme aus ein entweder fester oder abnehmbarer Steg, je nach der Länge des zu überbrückenden Raumes, aus Pfosten oder Langholz hergestellt werden.

Die wesentlichen Vorzüge der aus Ziegel, Beton, Ton oder aus Eisen ausgeführten Mönche sind folgende:

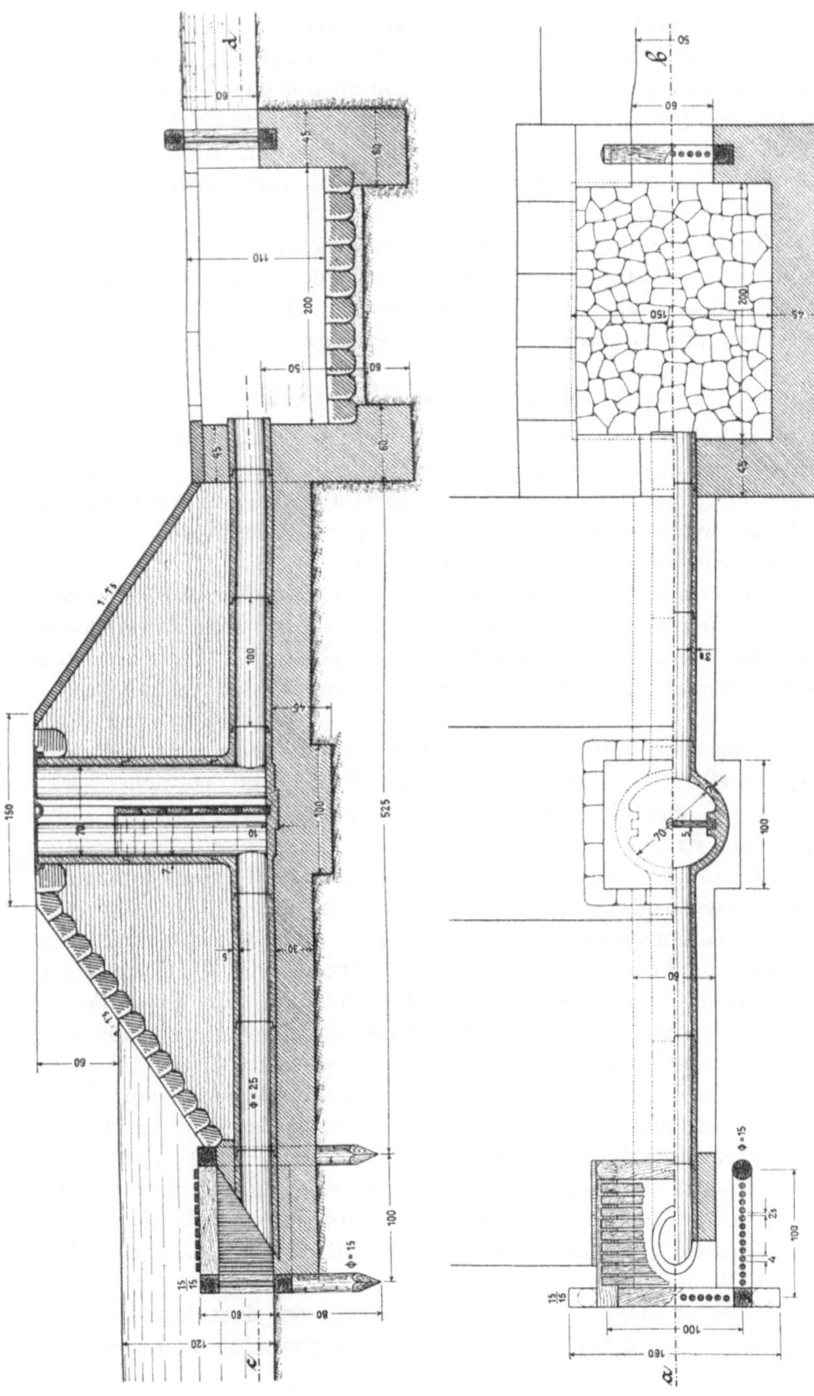

Fig. 58. Draufsicht. Längenschnitt a—b, Grundrißschnitt c—d.

1. Die Herstellung erfolgt aus dauerhaftem, wasserbeständigem Material, so daß Reparaturen im allgemeinen ausgeschlossen sind.

2. Durch die Einrichtung des Staukastens aus dauerhaftem Material ist es zulässig, ihn in der Mitte des Dammes aufzustellen, wodurch das Bauwerk an Stabilität gewinnt und unauffällig sein wird.

3. Der Wasserabfluß kann je nach Wahl vom Teichspiegel oder von der Sohle erfolgen.

4. Die Herstellungskosten aus Beton, Ziegeln und Ton stellen sich im allgemeinen niedriger als bei Mönchen, welche aus Eichenholz hergestellt worden sind. Die Mönche aus dem besprochenen Material können von der betreffenden Fabrik fertiggestellt bezogen werden.

47. Hochwasserüberfälle.

Um den Teich vor zu großer Anschwellung zu bewahren, werden Hochwasserüberfälle eingebaut, eine jede derartige Vorrichtung muß solcherart beschaffen sein, daß die Fische im Teiche zurückgehalten werden, zu welchem Behufe vor jeden Hochwasserüberfall (von der Teichseite) ein Fischrechen aufgestellt wird.

Das Überfallwehr besteht aus dem auf der Stauseite gelegenen Vorboden, der Krone und dem nach dem Unterwasser zu gelegenen Abfall mit dem Hinter- oder Abschußboden. Unterhalb des letzteren befindet sich allenfalls noch ein mehr oder weniger langes Sturzbett.

Der Vorboden fällt bei kleinen Teichen entweder ganz weg oder besteht derselbe aus einer etwas geneigten Ebene und hat den Zweck, die Geschiebe, das Eis und andere schwimmende Gegenstände ohne Stoß über die Krone gleiten zu lassen.

Die Krone ist den größten Angriffen ausgesetzt, weshalb dieselbe eine besondere Sorgfalt in der Ausführung erfordert.

Der Abfall ist entweder senkrecht, oder er besteht aus einem Abschußboden in Form von vertikalen Absätzen oder in Form einer schiefen Ebene. Bei stufenförmigem Hinterboden wird die stoßende Kraft des Wassers zum Teil von den Absätzen aufgenommen, wodurch zwar der Sturzboden geringeren Angriffen ausgesetzt ist.

Der schiefe Abschußboden ist eine zweckmäßige und daher sehr häufig anzutreffende Form, indem hierbei durch den schiefen Abfluß bei entsprechender Länge weder der Boden noch die Treppe einem stärkeren Angriff ausgesetzt ist. Die Befestigung des Sturzbodens geschieht durch Steinwürfe und Pflasterungen, allenfalls mittels Reisig, Faschinen oder Senkstücken; auch wird der Sturzboden zuweilen mit einem Bohlenbelag versehen.

Es empfiehlt sich, den Hochwasserüberfall an einer sicheren Stelle des Dammes, oder besser, womöglich in den gewachsenen Boden des seitlichen Talganges anzulegen. Durch die Trennung der Abflußvorrichtung von der Teichanlage wird die Sicherheit des Teichdammes in besonderer Weise gehoben werden. Wird die Abflußvorrichtung in festgewachsenen Boden hergestellt, so stellen sich die Kosten billiger, nachdem die Gründungen mit weniger Aufwand, rücksichtlich der Sicherung gegen Unterwaschungen, hergestellt werden können.

Je nach der Lage und Wichtigkeit des Teiches kann das Überfallwehr mit einer unveränderlichen, ganz festen Krone versehen sein und entweder aus Holz, Stein oder Beton hergestellt werden. Oder es werden auf die Krone des Wehres Vorrichtungen zum Anstauen des Wassers aufgesetzt, welche nach Belieben gezogen oder geschlossen werden können. Ob nun ein festes oder ein bewegliches Wehr den Hochwasserüberfall bildet, darf der höchste Punkt des Überfalles, im ersten Falle die Wehrkrone, im zweiten Falle die Oberkante der Schützentafel oder des Dammbalkens, die behördlich als zulässige Spannung konsentierte Höhe des Wasserspiegels im Teiche nicht übersteigen.

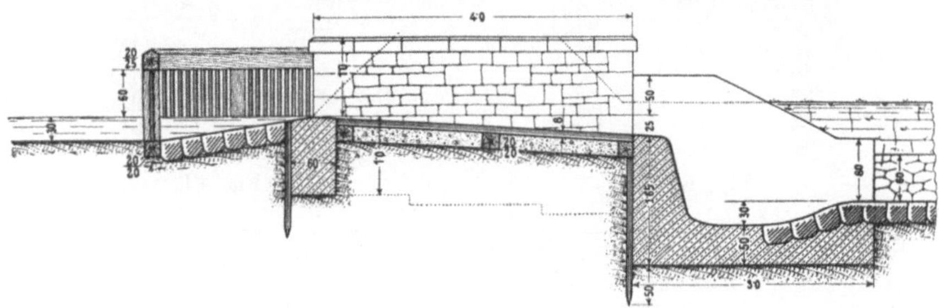

Fig. 59.

In der Fig. 59 ist ein **festes Überfallwehr**, ohne die Möglichkeit das, Wasser im Teiche aufzustauen, abgebildet. Der Vorboden ist gegen das Wasser schwach geneigt und gepflastert, die Krone besteht aus einem 0,60 m breiten und 1,0 m tiefen Betonkörper, der überdies mit einer Spundwand gegen Unterwaschung geschützt ist. Der Abschußboden ist schwach geneigt und mit 8 cm starken Bohlen belegt. Der Abfall besteht aus Betonmauerwerk, ist mit einem Absturzbett versehen und gleichfalls durch eine Spundwand gegen Angriffe gesichert. Die Seitenwände oder Wangen sind aus Quadermauerwerk aufgebaut und bleiben entsprechend den örtlichen Verhältnissen entweder offen, oder sie werden überbrückt. Ist kein dem Wasser Widerstand leistendes Steinmaterial mit Leichtigkeit zu beschaffen, so versichert man die Seitenwände gegen Auskolkungen durch Bohlenbelag bis über die wasserfreie Höhe.

Bewegliche Wehre werden bei jenen Teichen angelegt, wo eine zeitweilige Senkung des aufgestauten Wasserspiegels erforderlich ist.

Dies ist namentlich dort der Fall, wo bei der heimmäßigen — normalen — Wehrhöhe durch Hochwässer schädliche Überschwemmungen eintreten können.

Bei beweglichen Wehren kann die Absperrung der freien Öffnung entweder durch Balken (Dammbalkenwehre) oder durch Schützen (Schützenschleusen) erfolgen.

Die Dammbalkenwehre bestehen aus Bohlen oder beschlagenen Balken vom quadratischen oder rechteckigen Querschnitt, welche aufeinander gelegt in beiderseitigen ganzen oder halben Falzen liegen, gegen welche Falze die Balken durch den Druck des aufgestauten Wassers gedrückt werden (Fig. 60, 61). Durch das Einsetzen oder die Entnahme einer mehr oder weniger großen Anzahl von Balken kann der Aufstau

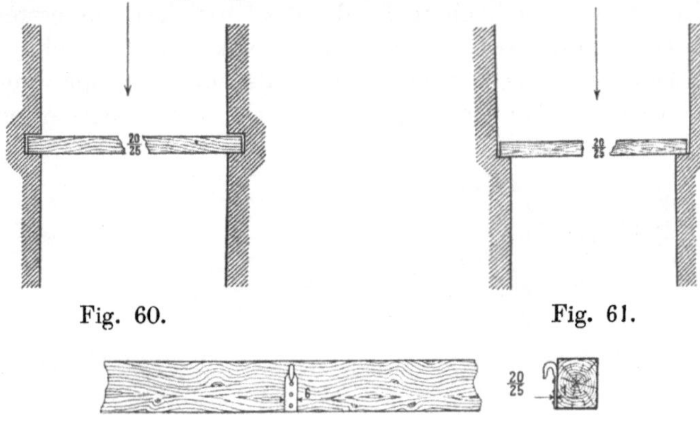

Fig. 60. Fig. 61.

Fig. 62.

geregelt werden. Die Länge der Balken kann bis 6,0 m betragen. Diese Anordnung hat den Vorteil der Einfachheit und Billigkeit, sowie, daß für die Bewegung der einzelnen Balken ein verhältnismäßig kleiner Kraftaufwand erforderlich ist, benötigt aber zur vollständigen Entnahme der Balken viel Zeit, was bei plötzlich eintretenden Hochwässern zu Überschwemmungen Anlaß geben kann.

Zum Ein- und Ausbringen der Dammbalken dienen Hackenstangen oder Zugketten, welche in die an den Balken angebrachten Hacken oder Ringe eingreifen (Fig. 62).

Schützenwehre (Schleusenwehre) bestehen aus zusammenhängenden Bohlen- oder Blechtafeln (Schützen, Tafeln genannt), welche in vertikalen, halben oder ganzen Falzen bewegt werden. Bei den Schützenwehren haben wir zwei Teile zu unterscheiden: den festen Unterbau und die bewegliche Verschlußvorrichtung.

Die Wahl der Verschlußvorrichtung richtet sich nach der Breite des Wehres, nach der Stauhöhe und nach der zum Öffnen und Schließen der Schütze verfügbaren Zeit und Kraft. Die breiten Öffnungen der Wehre werden durch Mittelwände — Griesständer — in mehrere Öffnungen und die Schützen der Höhe nach in mehrere Teile zerlegt.

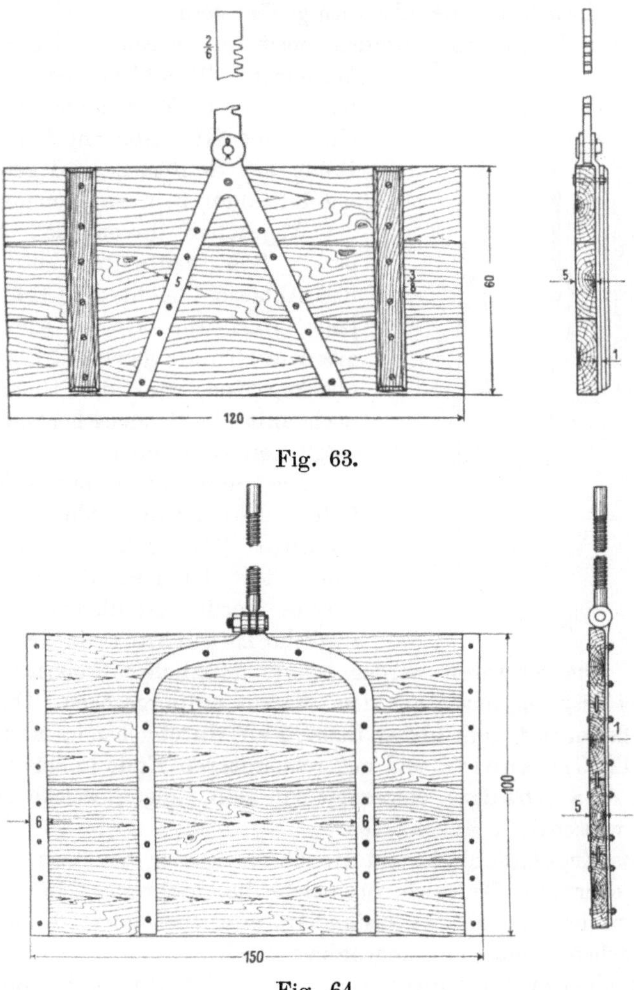

Fig. 63.

Fig. 64.

Die hölzernen Schützen bestehen aus horizontalen, stumpf aneinander gestoßenen, oder besser gespundeten Bohlenlagen, welche durch angenagelte oder angeschraubte Querleisten miteinander verbunden sind (Fig. 63, 64). Die Bohlen sollen der Abnützung wegen mindestens 5 cm Dicke erhalten und können entsprechend der Zunahme des Wasserdruckes und nach Maßgabe der Schützenbreite von oben nach unten stärker angenommen werden. Die Höhe der Schützentafeln ist bei gegebener Breite so zu bemessen, daß die Bewegung leicht und sicher mit der zur Verfügung stehenden Kraft erfolgen kann. Die Breite der Schützen (Schützentafeln) wird gewöhnlich zwischen 1—3,5 m angenommen, doch kann dieselbe auch größer sein.

Eiserne Schützen werden meist aus Blech — flaches Blech, Wellblech, Trogblech oder Buckelplatten — in Verbindung mit Walzeisen oder Gußeisen angefertigt. Die Breite der Schützen wird gewöhnlich mit 1 m oder 2 m angenommen.

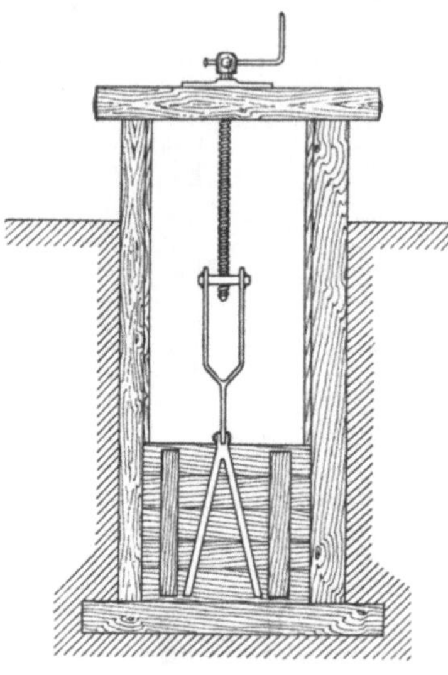

Fig. 65.

Abgesehen davon, daß bei größeren Schützenbreiten beim Auf- und Ablassen leicht ein „Ecken" eintritt, darf die Größe einer Tafel aus dem Grunde gewisse Grenzen nicht überschreiten, um das Hinaufziehen noch mit 1—2 Menschenkräften ermöglichen zu können.

Die Schützen lehnen sich gegen feste hölzerne oder eiserne Ständer (Griessäulen) oder gemauerte Pfeiler (Griespfeiler), oder es werden zu diesem Behufe bewegliche Loßständer in Verwendung gebracht. Die letzteren werden behufs gänzlicher Freimachung der Rinne (bei Eisgang usw.) aus dem Wasser emporgezogen. Die Griesständer pflegen mit dem oberen Ende in ein durchgehendes horizontales Kappholz (Griesholm) und mit dem unteren Ende in eine Grundschwelle (Fachbaum) eingezapft zu sein, gegen welche sich die Schützen wasserdicht anschließen.

Behufs Zugänglichkeit und Handhabung der Schützen dient ein Gehsteg oder eine Brücke, für welche bei mehreren Öffnungen entweder Konsolen an den Griesständern oder besondere Joche oder Pfeiler neben denselben angeordnet sind.

Aufziehvorrichtungen. Kleinere Schützen werden an einem Punkte (Fig. 65), größere, welche sich beim Heraufziehen und Herablassen leichter in die Falze oder Nuten einklemmen, an zwei Punkten aufgehängt. Das Aufziehen erfolgt bei Schützen bis 1 m Breite häufig durch Holzlatten in Verbindung mit dem Wuchtelbaum. Bei größeren Schützen kommen Aufzugsketten, Schraubenspindeln oder Zahnstangen (Fig. 66, 67) in Anwendung. Die Windevorrichtung für die Aufzugsketten ist entweder in den Griessäulen festgelagert oder fahrbar angeordnet. Die Schraubenspindeln gehen gewöhnlich durch eine

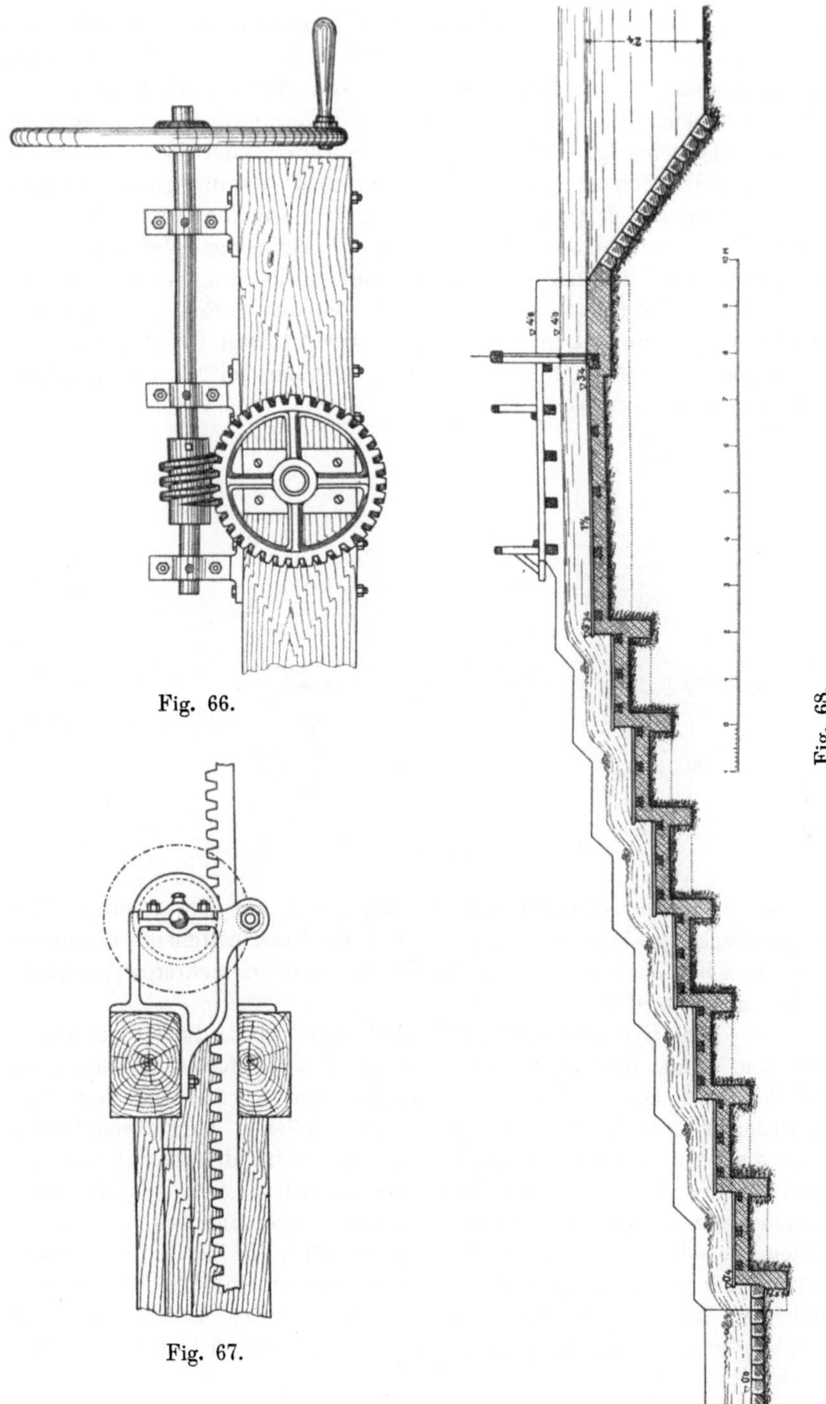

Fig. 66.

Fig. 67.

Fig. 68.

zylindrische Öffnung des Holmes. Auf letzterem befindet sich eine Eisenplatte und auf dieser die drehbare Schraubenmutter. Sind mehrere Schraubenspindeln vorhanden, so werden die Muttern mit Zähnen versehen, in welche die auf der gemeinschaftlichen, wagerecht gelagerten Kurbelwelle befestigten Zahnräder, Kegelräder oder Schneckenräder eingreifen. Die Schraubenspindeln müssen sehr rein und gut geschmiert gehalten werden. Entspricht man diesen an manchen Orten schwer zu erfüllenden Bedingungen nicht, so sind die Reibungswiderstände sehr groß; man gibt deshalb nicht selten den Zahnstangen den Vorzug, obwohl bei größerem Materialaufwand derselben die Schrauben größere Festigkeit besitzen. Die Zahnstangen, welche man bei größeren Abmessungen aus Schmiedeeisen herstellt, werden mittels Zahngetriebe und Vorgelege bewegt.

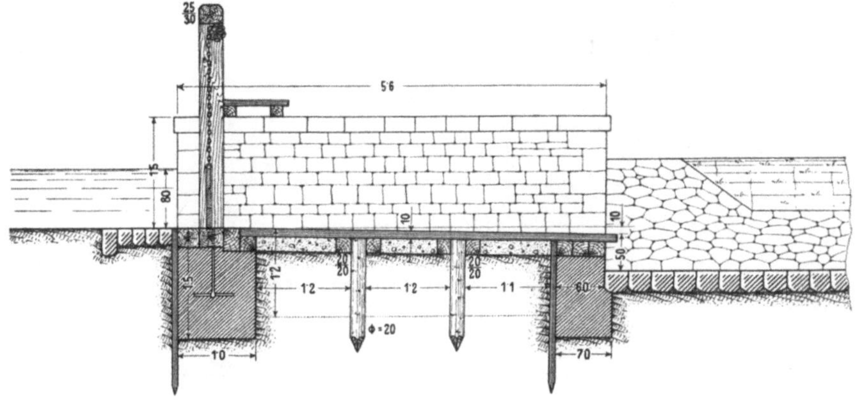

Fig. 69.

Bei größeren Schützen ordnet man auch zur Verringerung des Wasserdruckes und der Reibung mehrere übereinanderstehende Schützen an. Dieselben stehen dann in der Ebene oder in mehreren Vertikalebenen übereinander.

An jeden Hochwasserüberfall wird ein **Abflußgerinne** angeschlossen. Das Abflußgerinne soll möglichst in festes, gewachsenes Erdreich oder besser Felsen, bei möglichster Vermeidung von Anschüttungen, gelegt und so weit als zulässig vom Teichdamm geführt werden. Durch die letztere Maßregel wird die allenfälligen Gefährdung des Teichdammes durch das zerstörte Abflußgerinne vermieden werden. Bei manchen Teichanlagen müssen ziemlich bedeutende Höhenunterschiede überwunden werden, weshalb das Gefälle der Abflußgerinne kein großes sein darf, ansonst die Geschwindigkeit des durchfließenden Wassers das Bauwerk gefährden würde. Zur Vermeidung einer zu großen Wassergeschwindigkeit wird der Höhenunterschied durch Stufen ausgeglichen. Die Stufen müssen deshalb breit angelegt werden, damit das über sie herabstürzende Wasser noch eine Strecke mit geringerem Gefälle fließen kann, bevor es wieder über die nächste

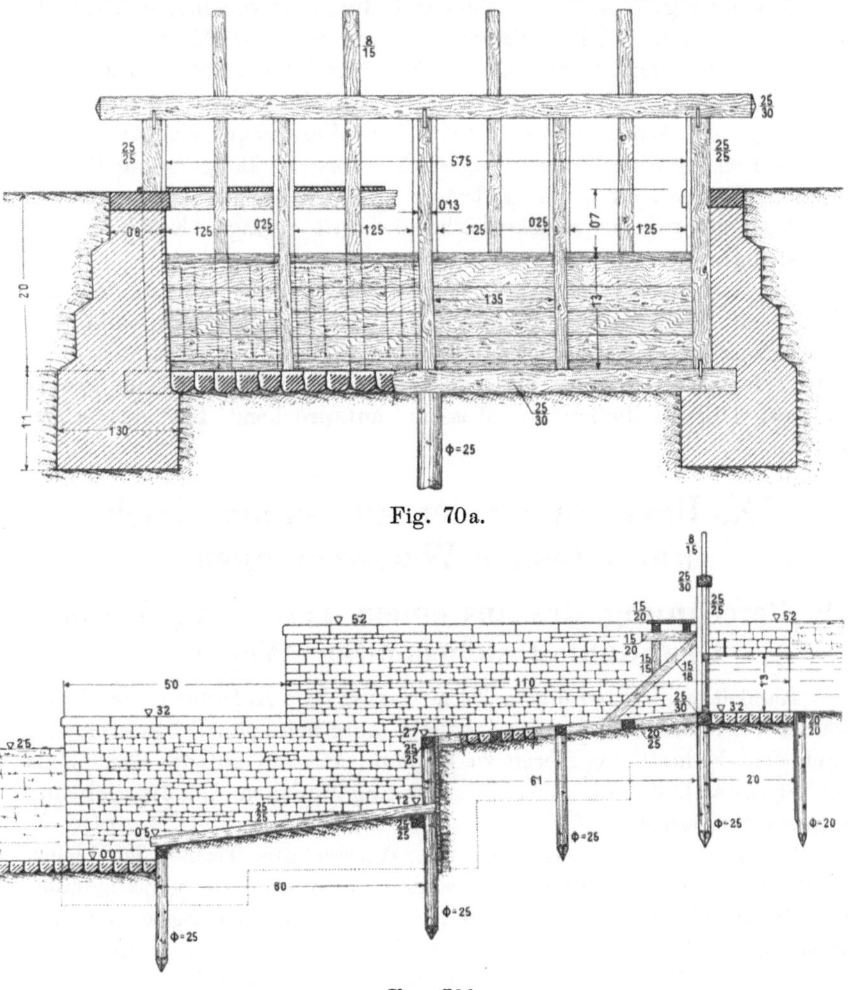

Fig. 70a.

Fig. 70b.

Stufe abstürzt. Sind die Stufen niedrig und kurz, so fließt das Hochwasser ohne Rücksicht auf die kleinen Absätze wie über eine schiefe Ebene mit einer unverminderten Geschwindigkeit, was bloß auf Kosten des Bestandes des Abflußgerinnes erfolgt. Gewöhnlich wird bei den Stufen ein kleines Gegengefälle angewendet.

In der Fig. 68 ist das beim Przibramer Werksteiche im Jahre 1897 hergestellte Überfallgerinne dargestellt.

Handelt es sich um die Überwindung eines ganz kleinen Gefälles, dann kann die in der Fig. 69 veranschaulichte Bauart zur Verwendung gelangen.

Aus der Fig. 70 a, 70 b ist die Herstellungsart von älteren Schützenschleusen mit einem Überfallgerinne zu ersehen. Der Höhenunterschied von 3,2 m ist durch drei Stufen von 0,5, 2,2 und 0,5 m Höhe überwunden. Die Sohle des Überfalles ist mit starken Bohlen oder Balken in der Richtung des Stromstriches belegt. Die Wandungen sind aus einem dauerhaften Steinmauerwerk hergestellt. Das zur Belegung des Bodens benützte Holz ist sehr widerstandsfähig, andererseits ist die Auswechslung schadhaft gewordener Stücke leicht und mit geringen Kosten zu bewerkstelligen.

Gegenwärtig werden keine neuen Teiche mit mehr als 3,0 m Wassertiefe mehr hergestellt, weshalb die Überfallgerinne eine einfachere Ausführung erhalten. Die Bauart eines jeden Überfallgerinnes muß jedoch dem Wasserdruck und der zerstörenden Kraft des mit großer Geschwindigkeit fließenden Wassers entsprechend fest ausgeführt werden.

IX. Berechnung der aus einem Teich abfließenden Wassermengen.

48. Berechnung des aus einem Teiche durch einen Grundablaß abfließenden Wassers.

Handelt es sich bei einem Teiche darum, die Aufstauung des Oberwassers bei verschiedenen Wasserständen oder beim gänzlichen Ablassen, nach dem Bedarfe regulieren zu können, so muß auf der Teichsohle ein Grundablaß mit einer jederzeit zugänglichen Ablaßvorrichtung angebracht werden.

Die Theorie des Ausflusses von Wasser aus Teichen ist bisher nicht in der Weise untersucht worden, daß dies zu befriedigenden Resultaten geführt hätte. Boussinesq hat in einer Reihe von Abhandlungen (Compte rendu 1887 u. ff.) sehr geistreiche Annahmen und mathematische Entwicklungen aufgestellt, ohne jedoch ein abschließendes Ergebnis zustande zu bringen.

Die bisher in Verwendung gebrachten Gleichungen sind für solche Ablaßvorrichtungen angewendet worden, bei welchen die Stromfäden zueinander parallel verlaufend angenommen werden können, womit der Ausfluß aus dem Teiche durch eine Röhre frei in die Luft erfolgt (Fig. 71).

Wenn aber die Frage von dem Gesichtspunkte aufgefaßt wird, daß bei einem Teichabfluß der Unterwasserspiegel höher liegt als die

Ausflußöffnung, mithin auch höher als die obere Kante der auf der Teichseite befindlichen Einflußöffnung, so treten für den Abfluß andere Momente ein, welche untersucht werden sollen.

Unterhalb eines jeden Teiches befindet sich die sog. Schlägelgrube, welcher einesteils die Aufgabe zufällt, die aus dem Teiche entwichenen Fische aufzufangen, anderenteils die Teichröhre stets unter Wasser zu halten, damit sie nicht mit der Luft in Berührung kommt und dadurch gegen Fäulnis geschützt werde (Fig. 72).

Derartige Anordnungen bewähren sich in solcher Weise, daß es auf der Domäne Wittingau in Böhmen, des Fürsten Schwarzenberg, Teichröhren gibt, welche vor 300 Jahren eingelegt wurden und bis heute ganz unversehrt sind. Selbst das Moos, welches als Füllmaterial zwischen die Röhrenbestandteile eingelegt wird, behält die grüne Farbe, insolange es nicht mit der Luft in Berührung kommt.

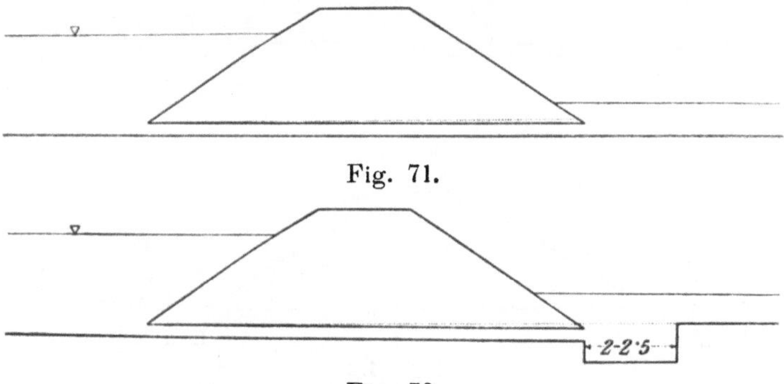

Fig. 71.

Fig. 72.

In jenem Falle, wo vor der Mündung der Teichröhre in einem Gerinne durch einen Einbau ein künstliches Hindernis angebracht ist, und demzufolge ein Anschwellen des ausfließenden Wassers hervorgerufen wurde, unter der Annahme, daß der Wasserstrahl in einem Querschnitte des Gerinnes den Beharrungszustand erreicht hatte, und die Stromfäden wieder parallel verlaufen, so ist in die von Weißbach aufgestellte Formel nicht die ganze Höhe des Wasserstandes im Teiche selbst einzusetzen, sondern stets die Differenz zwischen diesem und jenem beim Abflusse in die Rechnung zu stellen.

Der Zufluß des Teichwassers gegen die Ausflußöffnung erfolgt in der Weise, daß von dem Stoße oder hydraulischen Drucke des zufließenden Oberwassers gegen die festen Flächen des Teichdammes nur ein Teil gegen die Ausflußöffnung geführt wird, wogegen der übrige, oft noch bedeutende Teil dieser Stoßkraft von der Widerstandsfähigkeit des Abflußgerinnes (Teichröhre) aufgenommen werden muß.

Beim Durchfluß des Wassers aus dem Teiche durch eine Röhre von verhältnismäßig kleinem Querschnitte und geringer Länge, wie die Teichabflußvorrichtung in der Fig. 73 im Grundrisse dargestellt ist, muß die Geschwindigkeit des Wassers beim Eintritte aus dem Teiche in die enge Röhre plötzlich einen größeren Geschwindigkeitswert annehmen.

Beim Austritt aus der engen Teichröhre in die ziemlich breite Schlägelgrube übergeht die in der Röhre vorhandene größere Geschwindigkeit, entsprechend dem größeren Profile, in eine kleinere, wodurch offenbar ein Verlust an lebendiger Kraft des durch die Röhre strömenden Wassers, in einen Behälter mit stillstehendem Wasser (Schlägelgrube), eintritt. Dieser Verlust erfolgt aber nicht in der Ausflußöffnung selbst, sondern erst in der Schlägelgrube, in welcher sich die Geschwindigkeit sodann vermindert.

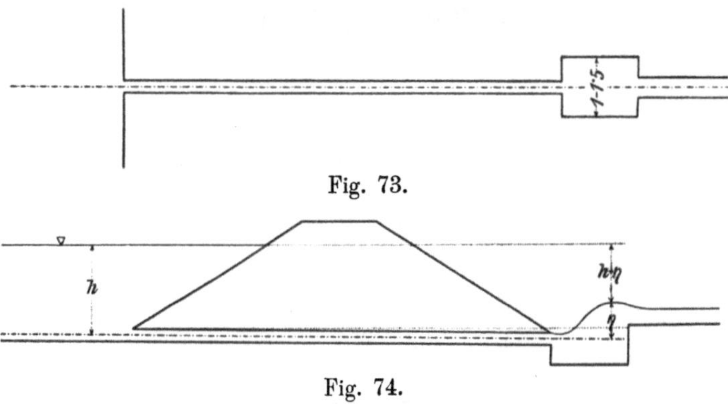

Fig. 73.

Fig. 74.

Das in der Schlägelgrube befindliche Wasser wird durch das mit einer größeren Geschwindigkeit zuströmende Wasser gehoben, es bilden sich „Wellenberge“ (Fig. 74), welche auf die abfließende Wassermenge einwirken. Der Wellenberg wird am höchsten sein, wenn der Teich bei voller Spannung abgelassen wird; dessen Höhe vermindert sich immer mehr und mehr mit dem sinkenden Wasserspiegel, bis endlich beim Eintritt des Beharrungszustandes ein Ausgleich zwischen dem Oberwasser- und Unterwasserspiegel entsteht, nämlich zu der Zeit, als der Teich vollständig entleert ist.

Die Schlägelgruben sind kurze, 2,0—2,5 m lange und 1,0—1,5 m breite Gerinne. Es kann daher darin die Ausbildung des Beharrungszustandes nicht erfolgen, und die Höhe des Wellenberges muß mithin in die Rechnung eingestellt werden. In diesem Falle wird die Wassertiefe im Teiche, die Höhe des Wellenberges, die auf die Ausflußgeschwindigkeit rückwirkende Tiefe des Unterwassers, dann die dieser Tiefe entsprechende mittlere Geschwindigkeit in die aufzustellende Berechnungen aufzunehmen sein.

Die aus einer Röhre in die Schlägelgrube ausströmende Wassermenge wird daher durch das abfließende Unterwasser nur insofern beeinflußt, als letzteres teilweise einen hydrostatischen Gegendruck auf die Ausflußöffnung ausübt.

Aus der Schlägelgrube gelangt nun das Wasser vermittels eines kleineren, durch einen Fischrechen verengten, Profils in den Abzuggraben, wo seine Geschwindigkeit sich infolgedessen abermals vergrößert. Auf die Dimensionen und das Gefälle des Abzugsgrabens hat nicht etwa die Wasserspiegeldifferenz zwischen dem Ober- und Unterwasser einen Einfluß, sondern ausschließlich das in die Teichröhre einfließende Wasser. Ist daher die Menge des aus einem Teiche in der Sekunde abfließenden Wassers bekannt, so kann danach, unter Benutzung der bekannten Formeln, das Profil des Abzuggrabens hinsichtlich seiner Abmessungen mit Leichtigkeit berechnet werden.

Entsprechend dem Vorangeführten wollen wir die Untersuchungen über die aus einem Teiche ausfließenden Wassermenge teilen:

a) Berechnung der frei in die Luft abfließenden Wassermenge. Zur Berechnung des aus einem Teiche abfließenden Wassers bedient man sich der von Weißbach aufgestellten Formel:

$$Q = \mu \cdot F \cdot \sqrt{2 g \cdot h},$$

hierin bedeutet μ einen Koeffizienten, welcher die Einschnürung beim Eintritt in den engen Kanal sowie die Verzögerung der theoretischen Geschwindigkeit berücksichtigt, F den Querschnitt des Grundablasses, $2 g = 9{,}81$ die doppelte Beschleunigung der Schwere, h den Abstand des Schwerpunktes der Mündung von der Oberfläche (die Höhe des gestauten Wasserspiegels).

Hierbei wird angenommen, daß der Querschnitt der Ausflußöffnung (F) im Vergleiche zu der Höhe des gestauten Wasserspiegels sehr klein ist, und daß die Länge der Teichabflußröhre derart kurz ist, daß der Reibungskoeffizient des Wassers in der Röhre auf die Wassergeschwindigkeit und mithin auf den Abfluß ganz ohne Einfluß verbleibt.

Für längere Röhren von der Länge l, der Lichtweite der Teichröhre d und der Widerstandszahl c ist sodann:

$$Q_1 = \sqrt{\frac{h \cdot d^5}{c \cdot l}}; \quad h = \frac{c \cdot l \cdot Q_1^2}{d_5}$$

c = für Metermaß

$$c = 0{,}001 + \frac{0{,}001}{\sqrt{d}}.$$

Wenn l nicht besonders lang ist, so ist allgemein

$$h = \frac{v^2}{2 g}\left(1 + \xi_0 + \xi_1 \frac{l}{d}\right),$$

also

$$v = \sqrt{\frac{2g \cdot h}{1 + \xi_0 + \xi_1 \frac{l}{d}}},$$

$$Q = F \cdot v,$$

wobei

$$\xi_0 = 0{,}5\,, \quad \xi_1 = 0{,}01 + \frac{0{,}01}{\sqrt{d}}.$$

Nach **Frank** ist

$$c = v\left[0{,}008 + \frac{0{,}001}{\sqrt{d}}\right]$$

und für alte Teichröhren $v = 2{,}5$ bis 3 m.

Bei dieser Berechnungsart wurde die Höhe des Oberwasserspiegels im **Momente der Teichablassung** in Rechnung gezogen, ohne jede Rücksichtsnahme, daß bei fortschreitender Entleerung des Teiches die Wasserhöhe sich, nach Maßgabe der abgeflossenen Wassermenge,

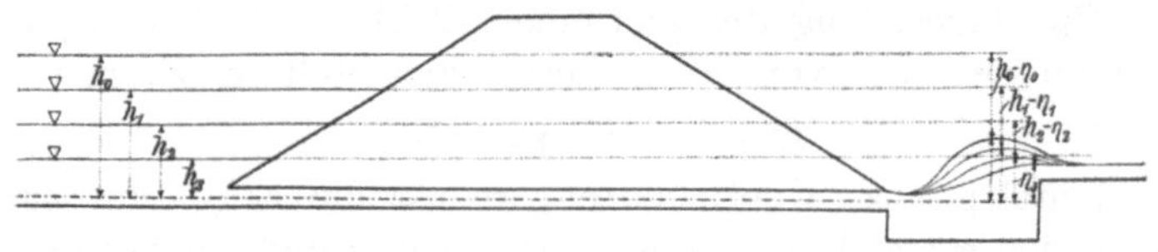

Fig. 75.

immer mehr und mehr senken wird. Dies tritt in jenem Falle ein, wenn zum Zwecke der Teichabfischung jeder Zufluß in den Teich abgesperrt und die Teichröhre geöffnet wird, bis das im Teiche eingeschlossene Wasser vollständig abgelaufen ist. Nur nebenbei sei bemerkt, daß lediglich zu Fischereizwecken, entsprechend der Anzahl der im Teiche gezüchteten Fische, eine kleinere Wassermenge zurückgehalten wird, welche erst nach beendeter vollständiger Herausnahme der Fische ganz abgelassen wird.

b) **Berechnung der Wassermenge, wenn das Ausflußrohr unter Wasser liegt.** In der Fig. 75 ist der Querschnitt eines Teiches, unterhalb dessen eine sog. Schlägelgrube mit einem höher als die Teichröhre gelegenen Abflußgerinne versehen sich befindet, dargestellt.

Wie bereits eingangs erwähnt worden ist, entsteht in der Schlägelgrube ein Anschwellen des zuströmenden Wassers, welches gegen die untere Kante des Ausflußrohres die Höhe η erreicht. Die Höhe des Wellenberges ist veränderlich. Wenn sie in dem Augenblicke, wo der Teich abgelassen worden ist, die Größe η_0 besitzt, so vermindert sich mit dem Drucke des Teichwassers auch die Höhe des Wellenberges, bis schließlich ein Ausgleich des Oberwasser- und Unterwasserspiegels stattgefunden hat und der Beharrungszustand des Wassers eingetreten ist.

In dem vorliegenden Falle setzte man bei Berechnung des aus einem Teiche ausfließenden Wassers in die Formel von Weißbach an Stelle der Wasserhöhe stets die Differenz der beiden Wasserspiegel $h-\eta$ ein.

Hierauf erhält man für die Höhe h_0 bei Beginn der Teichentleerung:

$$Q_0 = \mu \cdot F \cdot \sqrt{2\,g\,(h_0 - \eta_0)}\,,$$

für die Höhe h_1

$$Q_1 = \mu \cdot F \cdot \sqrt{2\,g\,(h_1 - \eta_1)}\,,$$

. . . .

für die Höhe h_n

$$Q_n = \mu \,.\, F \cdot \sqrt{2\,g\,(h_n - \eta_n)}\,.$$

49. Berechnung der Abflußzeit.

Bei Veranschlagung der Dimensionen für den Teichgrundablaß ist die Zeit, in welcher der Teich vollständig entleert werden soll, maßgebend und von großer Wichtigkeit. Ein allzurasches Entleeren des Teiches empfiehlt sich gerade so wenig, als wenn ein übermäßig langer Zeitraum hierzu notwendig ist.

Wird das Wasser zu schnell abgelassen, so kann der Fall eintreten, daß Fische, welche dem raschen Sinken des Teichwassers ungern folgen, außerhalb der Fischstätte oder der Entwässerungsgräben und Vertiefungen zurückbleiben, entweder im Schlamme ersticken oder den schädlichen Vögeln sowie dem Diebstahle preisgegeben sind.

Bei allzu langsamem Abziehen des Wassers wird das in der Fischstätte befindliche Wasser verunreinigt, die Fische ermatten leicht infolge Einschließens in der engen Fischstätte. Es ist große Gefahr des Umstehens naheliegend, besonders dann, wenn wärmere Witterung eingetreten ist.

Die Zeit, in welcher ein Teich abgelassen werden kann, spielt in der Bewirtschaftung der Teiche eine große Rolle. Auf die Dauer des Abflusses wird der Abfischungsplan sowohl im Frühjahr als auch im Herbst aufgebaut. Jeder Teichwirt muß daher genau die Zeit kennen, in welcher ein jeder Teich entleert werden kann, um mit dem Abfischen, das gewöhnlich in den Morgenstunden vorgenommen wird, plangemäß beginnen zu können.

Die richtige Lösung dieser Aufgabe setzt die Kenntnis des Fassungsraumes eines jeden Teiches voraus. Zu diesem Behufe werden über die ganze Teichfläche, parallel zum Teichdamm, in kleineren oder größeren Entfernungen, je nach Maßgabe des Geländes, Querprofile aufgenommen und auf einen einzigen Horizont bezogen. Aus den Querprofilen, in welche überdies die zulässige Spannung des Teiches eingetragen ist, kann der Flächeninhalt eines jeden Profiles berechnet werden. Wird nun zwischen dem Flächeninhalte je zweier anstoßenden Profile das arithmetische Mittel genommen und mit deren Entfernung multipliziert, so erhält man den Kubikinhalt des zwischen den Profilen gelegenen Raumes; und wenn in der Weise die Berechnung über den ganzen Teich ausgedehnt wird, den Fassungsraum des ganzen Teiches.

Bei einigen Teichwirtschaften ist der Fassungsraum eines jeden Teiches bei jeder Tiefe ermittelt.

Die Entleerungszeit und sinngemäß die Abflußmenge eines mit Wasser gefüllten Gefäßes, wenn der Ausfluß frei in die Luft erfolgt, wird, wie folgt, berechnet;

Bei einem beliebigen Wasserstande x ist der sekundliche Ausfluß

$$Q = \mu \cdot a \cdot \sqrt{2\,g \cdot x},$$

worin x die veränderliche Druckhöhe,

a den Querschnitt des Ausflusses,

μ einen Koeffizienten und

2 g die doppelte Beschleunigung der Schwere bezeichnet.

In einem Differential der Zeit dt wird der Wasserspiegel um — dx herabsinken. Dabei ist die abgesunkene Wassermenge, wenn A die Wasserspiegelfläche beim Wasserstande x vorstellt, gleich

$$A\,(-\,dx)\,.$$

Diese ist nun gleich der während der Zeit dt ausgeflossenen Wassermenge

$$\mu \cdot a \cdot \sqrt{2\,g \cdot x} \cdot dt;$$

also

$$A\,(-\,dx) = \mu \cdot a \cdot \sqrt{2\,g \cdot x} \cdot dt\,.$$

Hieraus

$$dt = \frac{-\,A \cdot dx}{\mu \cdot a \cdot \sqrt{2\,g \cdot x}},$$

und die ganze Entleerungszeit t, von dem höchsten Wasserstande x = h bis zur Entleerung x = 0 ist, wenn A konstant angenommen wird,

$$t = \frac{-\,A}{\mu \cdot a \cdot \sqrt{2\,g}} \int_h^0 x^{1/2} \cdot dx = \frac{-\,A}{\mu \cdot a \cdot \sqrt{2\,g}}\,(0 - 2\,h^{1/2})$$

$$= \frac{2\,A \cdot h}{\mu \cdot a \cdot \sqrt{2\,g \cdot h}}\,.$$

Bei einem unregelmäßig geformten Gefäße, z. B. bei einem Teiche und unter der Voraussetzung, daß kein Zufluß in den Teich stattfindet, berechnet man die Ausflußzeit:

$$t = \frac{1}{\mu \cdot a \cdot \sqrt{2g}} \int_{x_0}^{x_n} A\, x^{-1/2}\, dx .$$

Durch Integration der Formel erhält man nachfolgenden Wert:

$$t = \frac{h_0 - h_n}{3 \cdot n \cdot \mu \cdot a \cdot \sqrt{2g}} \cdot \left[\frac{A_0}{\sqrt{h_0}} + \frac{4 A_1}{\sqrt{h_1}} + \frac{2 A_2}{\sqrt{h_2}} + \frac{4 A_3}{\sqrt{h_3}} + \ldots + \frac{A_n}{\sqrt{h_n}} \right]$$

und die durchschnittliche sekundliche Ausflußmenge:

$$Q = \frac{h_0 - h_n}{3 \cdot n \cdot t} [A_0 + 4 A_1 + 2 A_2 + 4 A_3 + \ldots + A_n].$$

In dem Falle, als der Ausfluß aus dem Teiche durch die Schlägelgrube verzögert wird, wird die zur vollständigen Entleerung des Teiches erforderliche Zeit bei gleicher Voraussetzung, berechnet:

$$t = \frac{(h_0 - \eta_0) - (h_n - \eta_n)}{3 \cdot n \cdot \mu \cdot a \cdot \sqrt{2g}} \cdot \left[\frac{A_0}{\sqrt{h_0 - \eta_0}} + \frac{4 A_1}{\sqrt{h_1 - \eta_1}} + \frac{2 A_2}{\sqrt{h_2 - \eta_2}} + \ldots + \frac{A_n}{\sqrt{h_n - \eta_n}} \right],$$

und

$$Q = \frac{(h_0 - \eta_0) - (h_n - \eta_n)}{3 \cdot n \cdot t} \cdot [A_0 + 4 A_1 + 2 A_2 + \ldots + A_n].$$

Im § 8 seiner Hydrodynamik hat Rühlmann für jenen Fall, wo durch einen Einbau ein künstliches Hindernis (in unserem Falle die dem Ausfluße gegenüberliegende Schlägelgrubenwand), ein Anschwellen des Wassers erzeugt wird, die Gleichung

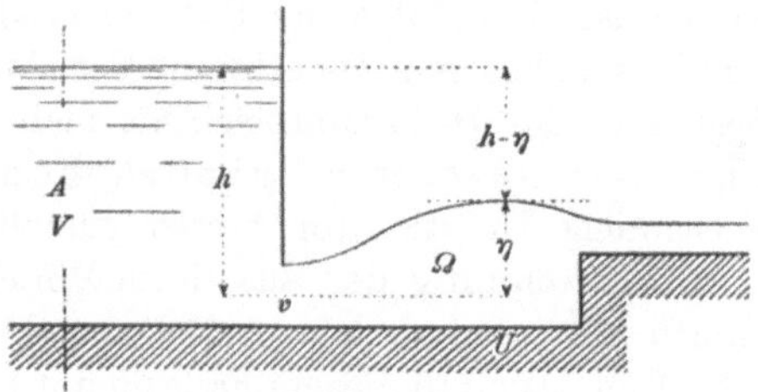

Fig. 76.

$$g \cdot M (h - \eta) = \frac{1}{2} M (U^2 - V^2) + \frac{1}{2} M (v - U)^2$$

aufgestellt.

Im folgenden bedeutet (Fig. 76):

A Querschnitt des Wasserbehälters,

w Querschnitt der Mündung,

Ω Querschnitt des Wasserstrahles im Gerinne, an einer Stelle, wo der Beharrungszustand ziemlich wieder eingetreten ist,

h die Druckhöhe im Behälter,

η Abstand des Wasserspiegels im Querschnitt (Schlägelgrube),
$h - \eta$ die Höhendifferenz des Wasserspiegels im Teiche und Schlägelgrube,
v, U Geschwindigkeit im Querschnitte V.

Aus dieser Gleichung, in welcher M die Wassermasse bezeichnet, wurde in dem Falle, wenn A gegen Ω sehr groß ist, für die in einer Sekunde ausfließende Wassermenge Q die nachstehende, zuerst von Poncelet entwickelte Formel aufgestellt:

$$Q = \Omega \cdot \sqrt{\frac{2\,g \cdot (h - \eta)}{1 + \left(\frac{\Omega}{\alpha \cdot w} - 1\right)^2}}.$$

α ist ein empirischer Koeffizient, dessen Wert im Mittel $= 0{,}65$ gesetzt werden kann.

Handelt es sich lediglich um weniger genaue Berechnungen, dann könnte auch füglich

$$Q = \Omega \cdot 0{,}62 \cdot \sqrt{2\,g\,(h - \eta)}$$

eingesetzt werden.

50. Berechnung des aus einem Mönche ausfließenden Wassers.

Die beim Ausfluß aus einem Behälter eintretende Bewegung des Wassers ist eine Folge der Schwerkraft, es lassen sich deshalb Gesetze des Falles zur Berechnung der Ausflußmenge anwenden. Man pflegt aber die Höhenunterschiede nicht Fallhöhen, sondern Druckhöhen oder Geschwindigkeitshöhen zu nennen. Für die letztere Bezeichnung ist die am besten zutreffende „Druckhöhe" kürzer.

Bei Berechnung der aus einem Mönche ausfließenden Wassermenge nehmen wir wieder den einfacheren Fall, nämlich: Ausfluß ohne Zufluß an. Auch in diesem Falle nimmt die Druckhöhe, also die Ausflußgeschwindigkeit und die Ausflußmenge, allmählich ab, je nachdem die Staubrettchen aus dem Mönche entfernt worden sind. Dies wiederholt sich so oft, als der Mönch Staubrettchen besitzt, denn bei jedem aus dem Mönche entfernten Staubrettchen entsteht in der ersten Zeit bei einer größeren Wassersäule und sohin größerem Drucke eine größere Ausflußgeschwindigkeit. Die hierdurch hervorgerufene größere Ausflußmenge vermindert sich mit der fallenden Wassersäule immer mehr und mehr, bis nach gänzlichem Abfluß des über dem obersten Brettchen stehenden Wassers der Ausfluß überhaupt aufhört.

Jeder Mönch stellt einen vollkommenen Überfall bis zu dem letzten über der Teichröhre befindlichen Staubrettchen dar, wo der Ausfluß als unvollkommener Überfall angesehen werden muß.

Bekanntlich ist nun bei einer Fallhöhe h die Endgeschwindigkeit $v = \sqrt{2g \cdot h}$, also

$$h = \frac{v^2}{2g}.$$

Hier bezeichnet 2 g die doppelte Beschleunigung der Schwere bei freiem Fall und wird in unseren Gegenden = 2 · 9,81 gesetzt.

Bei näherem Eingehen auf den Ausfluß des Wassers aus Behältern ist zunächst hervorzuheben, daß der theoretische und der wirkliche Ausfluß wesentlich von einander verschieden sind. Bei Ermittlung der theoretischen Ausflußmenge führt man die hydrostatischen Druckhöhen ein und nimmt ferner an, daß die Querschnitte der Ausflußöffnungen ungeschmälert zur Wirkung kommen. In Wirklichkeit ist das aber durchaus nicht der Fall, die wirkliche Ausflußmenge ist dennoch stets kleiner und oft viel kleiner als die theoretische.

Handelt es sich darum, die theoretische Ausflußmenge Q_0 für den Überfall zu berechnen, so ist erwiesen, daß die Druckhöhe veränderlich ist; x sei der Abstand eines Flächenelementes vom Wasserspiegel, dx die Höhe desselben, b die Breite. In dem Rechteck b · dx strömt das Wasser mit der Geschwindigkeit $\sqrt{2g \cdot x}$, also ist

$$Q_0 = \sqrt{2g} \cdot \int b \cdot x^{1/2} \cdot dx.$$

Durch Integration zwischen den Grenzen 0 und h erhält man

$$Q_0 = \tfrac{2}{3} \sqrt{2g \cdot h^{3/2}} \cdot b \text{ oder auch } = \tfrac{2}{3} b \cdot h \cdot \sqrt{2g \cdot h}.$$

Die wirkliche Ausflußmenge ist, wie bereits erwähnt, kleiner als die theoretisch berechnete. Man hat nun die erstere unter Anwendung verschieden gestalteter Öffnungen, bei verschiedenen Druckhöhen usw. unmittelbar gemessen und das Resultat mit der theoretischen Ausflußmenge verglichen. Auf diesem Wege sind Ausflußkoeffizienten (Durchflußkoeffizienten) gefunden worden, also Erfahrungswerte mit welchen man die theoretische Ausflußmenge zu multiplizieren, hat, um die wirkliche zum Ausfluß gekommene Wassermenge zu erhalten. Diese Koeffizienten werden mit μ bezeichnet.

Die Formel für Überfälle lautet sodann:

$$Q = \tfrac{2}{3} \mu \cdot b \cdot \sqrt{2g} \cdot h^{\frac{3}{2}}.$$

Für den Ausflußkoeffizienten $\tfrac{2}{3} \mu = m$ setzt Weißbach im Mittel m = 0,440 ein.

Bornemann für kleinere Geschwindigkeiten

$$m = 0{,}5763 - 0{,}1239 \sqrt{\frac{h}{T}},$$

hierin bedeutet T die Tiefe des Zuflußgerinnes.

Sobald $h > \frac{1}{3}T$, ist zu setzen:

$$m = 0{,}6402 - 0{,}2862\sqrt{\frac{h}{T}}.$$

Kinzer leitet aus selbständigen Versuchen die Formel ab:

$$m = 0{,}4342 + 0{,}009 \cdot \frac{b}{B} - 0{,}0777 \cdot \frac{h}{T},$$

wobei b die Breite des rechteckigen Überfalles, B die Breite des Zulaufgerinnes bedeutet.

Wex nimmt für die Wasserausströmung bei vollkommenen Überfällen, welche schmäler sind als die Zuflußkanäle, auf Grund zahlreicher Versuche für

$$\frac{2}{3}\mu = 0{,}3655 + 0{,}02357 \cdot \frac{b}{B} + \frac{0{,}002384}{h} + 0{,}00305\ C \text{ an.}$$

51. Berechnung der Entleerungszeit bei einem Mönche.

Bei Berechnung der Zeit, in welcher durch ein oder mehrere aus dem Mönche entfernten Staubrettchen ein Teich abgelassen werden kann, muß angenommen werden, daß die Geschwindigkeit des ausfließenden Wassers gleichmäßig abnimmt. Die Abnahme der Geschwindigkeit läßt sich durch die in Fig. 77 gezeichnete schräge Linie A C darstellen, wenn die Linie A B die Höhe des Staubrettchens bedeutet.

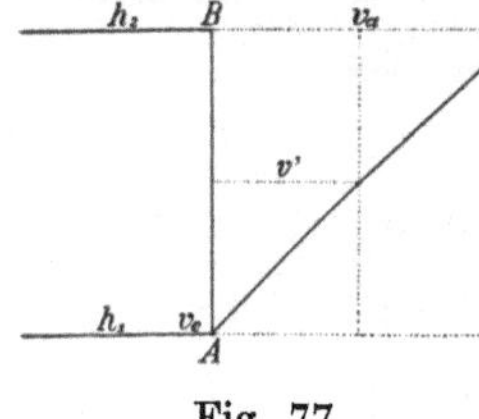

Fig. 77.

Nimmt man eine mittlere Geschwindigkeit

$$v' = \frac{v_a + v_e}{2}$$

an, so ist

$$v' = \frac{v_a}{2},$$

da v_e, die Geschwindigkeit am unteren Teile der Ausflußöffnung, gleich Null ist. Es ergibt sich dann folgendes:

Die Abflußmenge in t Sekunden muß gleich sein dem Inhalte der in gleicher Höhe mit Staubrettchen stehenden Wassersäule, also

$$f \cdot \frac{v_a}{2} \cdot t = F \cdot h,$$

wenn F die Wassermenge bei der Wasserhöhe h (gleich der Höhe des Staubrettchens), f den Querschnitt der Ausflußöffnung darstellt.

Hieraus folgt sodann:

$$t = 2 \cdot \frac{F \cdot h}{f \cdot v_a} = \frac{2 F \cdot h}{f \cdot \sqrt{2\ g \cdot h}},$$

da für die Anfangsgeschwindigkeit v_a die Druckhöhe h eingesetzt werden kann.

Diese Gleichung kann man auch aus den allgemeinen Gleichungen für die Fallzeit ableiten. Dieselben lauten:

$$t = \sqrt{\frac{2 \cdot h}{g}} \text{ oder } t^2 = \frac{2 \cdot h}{g}.$$

Diese Gleichung ergibt die Zeit für den Fall des Wassers um die Höhe h oder — wie oben nachgewiesen — um die Druckhöhe h bei völlig freiem Fall. Dies wäre der Fall, wenn die Ausflußöffnung f gleich dem Querschnitte F des Gefäßes wäre. Da jedoch f kleiner ist als F, so wird die Fallzeit im Verhältnisse der Querschnitte verzögert, so ist also:

$$t = \sqrt{\frac{2 \cdot h}{g}} \cdot \frac{F}{f}$$

Da $f \cdot \sqrt{2 g \cdot h}$ die Wassermenge ist, welche bei konstanter Druckhöhe h in der Sekunde durch den Querschnitt f abfließen würde und $F \cdot h$ gleich der Wassermenge ist, welche ausfließen soll, so ist bei unveränderter Druckhöhe h die Zeit zum Ausfließen einer Wassermenge $F \cdot h$

$$t = \frac{F \cdot h}{f \cdot \sqrt{2 g \cdot h}}.$$

Es ist nun

$$t = 2 \cdot \frac{F \cdot h}{f \cdot \sqrt{2 g \cdot h}} = 2 t,$$

d. h. die Zeit zum völligen Entleeren eines Gefäßes (Teiches) vom Inhalt $F \cdot h$ ist doppelt so groß als die Zeit, welche dieselbe Wassermenge bei unveränderter Druckhöhe zum Ausfluß durch die Öffnung f gebraucht.

Die obige Gleichung läßt sich einfacher in folgender Form schreiben:

$$t = 0{,}4515 \cdot \frac{F}{f} \cdot \sqrt{h}.$$

Soll der Teich nicht ganz entleert werden, sondern der Wasserspiegel bloß von der Höhe h_1 (dem oberen) auf die Höhe h_2 (dem unteren Stauspiegel) sinken, so ergibt sich unter Anwendung der aufgestellten Formel, folgendes:

Die Zeit zur Entleerung von der Druckhöhe h_1 aus ist:

$$t_1 = 0{,}4515 \cdot \frac{F_1}{f} \cdot \sqrt{h_1}$$

die Zeit zum Entleeren von der Druckhöhe h_2 aus ist:

$$t_2 = 0{,}4515 \cdot \frac{F_2}{f} \cdot \sqrt{h_2},$$

demnach die Zeit zum Abfließen von der Höhe h_1 bis auf die Höhe h_2 oder die Differenz beider Zeiten, also

$$t_0 = t_1 - t_2 - 0{,}4515 \cdot \frac{F_1}{f} \cdot \sqrt{h_1} - 0{,}4515 \cdot \frac{F_2}{f} \cdot \sqrt{h_2}$$

$$= 0{,}4515 \cdot \frac{F_1 - F_2}{f} \cdot \sqrt{h_1 - h_2}$$

ist proportional den Differenzen der Quadratwurzeln aus den entsprechenden Druckhöhen.

52. Berechnung der durch einen Hochwasserüberfall abfließenden Wassermenge.

Hierbei haben wir drei Fälle zu unterscheiden:

Das Wasser fließt:

a) über die geschlossenen Schützen,

b) durch die geöffneten Schützen und

c) durch das offene Hochwassergerinne und dementsprechend wollen wir für das abfließende Wasser die zugehörigen Berechnungsarten entwickeln.

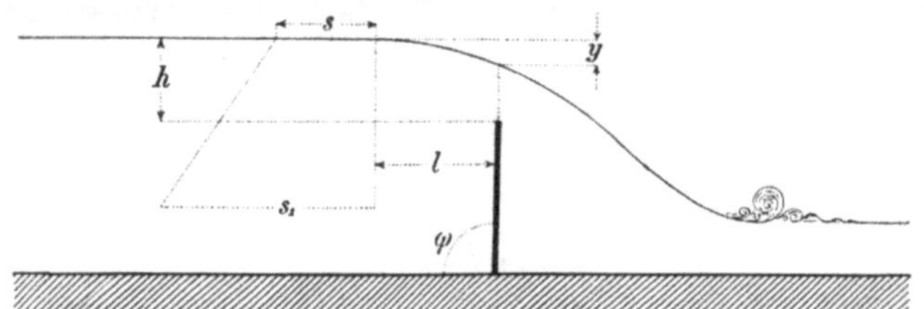

Fig. 78.

a) Berechnung der über die geschlossenen Schützen abfließenden Wassermenge. Gemäß der Verordnung der österr. Ministerien für Ackerbau, des Innern und des Handels vom 14. Februar 1894 (RGBl.45) § 58, welche auf Seite 237—244 wörtlich abgedruckt ist, soll jeder Teich nach Verhältnis seiner Lage, Größe und seines Wasserzuflusses mit Überfällen versehen sein, welche auch für außerordentliche Niederschläge ausreichen.

Wir wollen bei unseren Berechnungen jenen Fall ins Auge fassen, daß sämtliche Schützen geschlossen sind, da die Möglichkeit gegeben ist, daß das Ziehen der Schützen übersehen wird oder bei örtlich auftretenden Wolkenbrüchen nicht rasch genug erfolgen kann oder schließlich durch zufällig eingetretene Naturereignisse unmöglich wird.

Der Bau der Schleusen mit Schützen, auch „kalte Fluter" genannt, wurde bereits im 47. Abschnitt erörtert, es erübrigt daher lediglich die Berechnung der Breite eines Überfalles, welche der vorangeführten Ministerialverordnung entsprechen würde.

Bei geschlossenen Schützen ist der Oberwasserspiegel im Teiche höher gelegen als das Unterwasser, weshalb die Berechnung des abfließenden Wassers nach der Formel für einen vollkommenen Überfall zu erfolgen haben wird. (Fig. 78.)

Die über die Schützenoberkante abfließende Wassermenge ist

$$Q = F \cdot v,$$

wenn F den rechteckigen Querschnitt durch die Schützen und die Wandungen des Hochwasserüberfalles gebildet, v die Wassergeschwindigkeit, bedeutet.

Der theoretische Wert der Austrittsgeschwindigkeit ist nach der Formel von Torricelli gleich:

$$v = \sqrt{2 g \cdot h}$$

und die Wassermenge:

$$Q = F \cdot \sqrt{2 g \cdot h}.$$

Für größere rechteckige Öffnungen mit der Breite b und der Höhe h erhält man, wenn die Zuflußgeschwindigkeit vernachlässigt wird:

$$Q = \tfrac{2}{3} b \cdot \sqrt{2 g \cdot h^{3/2}}.$$

Die tatsächlich austretende Wassermenge ist stets kleiner, als die vorstehende Gleichung ergibt, weil die vorhandene Geschwindigkeit die theoretische nicht erreicht, und weil das Wasser nicht den ganzen Querschnitt des Überfalles ausfüllt. Diesem Umstande wird durch Einführung eines Ausflußkoeffizienten μ Rechnung getragen, so daß die Formel lauten wird:

$$Q = \tfrac{2}{3} \mu \cdot b \cdot \sqrt{2 g \cdot h}.$$

Hierbei wird vorausgesetzt, daß die Wassergeschwindigkeit, mit welcher das Wasser vor dem Überfalle ankommt, vernachlässigt werden kann.

Von großer Wichtigkeit ist die zuverlässige Bestimmung der Druckhöhe (h); soll die aus der Ablesung derselben sich ergebende Unsicherheit nicht mehr als ½ % der Wassermenge betragen, so muß die Ablesung bis auf ½, 1, höchstens 1½, 2 mm richtig sein.

Der Wert des Koeffizienten schwankt etwa zwischen 0,58—0,68, je nach den bei den einzelnen Messungen in Anwendung gebrachten Methoden. Auf Grund vieler Versuche verwendet man oft bloß einen Mittelwert für

$$\mu = 0{,}62.$$

Die Breite der Schützenöffnung ergibt sich aus der obigen Gleichung:

$$b = \frac{Q}{\tfrac{2}{3} \mu \cdot \sqrt{2 g \cdot h}}.$$

Ist die mittlere Zuflußgeschwindigkeit c in dem Durchflußprofile beträchtlich, so übergeht h in

$$h + a \cdot \frac{c^2}{2g};$$

damit übergeht die Gleichung in:

$$Q = {}^2/_3 \mu \cdot b \cdot \sqrt{2g} \cdot \left[\left(h_1 + a \cdot \frac{c^2}{2g}\right)^{3/2} - \left(a \cdot \frac{c^2}{2g}\right)^{3/2}\right].$$

Setzt man a = 1 und vernachlässigt das kleine Glied $\frac{c^2}{2g}$, so erhält man

$$Q = {}^2/_3 \mu \cdot b \cdot \sqrt{2g} \cdot \left[h + \frac{c^2}{2g}\right]^{3/2}.$$

Die Breite

$$b = \frac{Q}{{}^2/_3 \mu \cdot \sqrt{2g} \cdot \left(h + \frac{c^2}{2g}\right)^{3/2}}.$$

In der neueren von Wex aufgestellten Formel wird namentlich der Einfluß der Zuflußgeschwindigkeit des Oberwassers und die saugende Wirkung des Unterwassers beachtet. Wie weit man im einzelnen Falle bei Berücksichtigung aller besonderen Umstände die Formeln benutzen kann, muß der reiflichen Erwägung anheimgestellt werden.

In der obersten Wasserlamelle eines Überfalles herrsche eine Geschwindigkeit, der die Druckhöhe s entsprechen möge, in der untersten, die Schützenkrone berührenden Lamelle sei s_1 die der dortigen Geschwindigkeit entsprechende Druckhöhe.

Nimmt man an, daß sich die Geschwindigkeit vom Spiegel bis zur Wehrkrone gleichmäßig ändert, entsprechend der Druckhöhezunahme von s auf s_1, so wird in einer beliebigen Entfernung x unter dem horizontal gedachten Spiegel die Druckhöhe y sein:

$$y = s + \frac{s_1 - s}{H} \cdot x.$$

Setzt man nun einen rechteckigen Querschnitt von der Breite b voraus, so geht durch eine Lamelle $b \cdot dx$ eine Wassermenge dQ:

$$dQ = \mu \cdot b \cdot dx \sqrt{2g - y},$$

weil auch mit Rücksicht auf Kontraktion die Durchgangsgeschwindigkeit $v = \mu \cdot \sqrt{2g \cdot y}$ zu setzen ist.

Berücksichtigt man für y, dy,

$$dy = \frac{s_1 - s}{H} \cdot dx,$$

also

$$dx = \frac{H \cdot dy}{s_1 - s},$$

so folgt die allgemeine Gleichung für Überfallwehre

$$Q = \mu \cdot \sqrt{2 g} \cdot \frac{H}{s_1 - s} \cdot \int_s^{s_1} \sqrt{y} \cdot dy$$

$$= {}^2/_3 \cdot \mu \cdot b \cdot \sqrt{2 g} \cdot \frac{H}{s_1 - s} \cdot [s_1^{3/2} - s^{3/2}].$$

Sind also die Geschwindigkeitshöhen s_1 und s bekannt, so kann die Überfallhöhe H aus der vorigen Gleichung ermittelt werden.

Über der Schütze ist das Profil b · H in der Regel rechteckig.

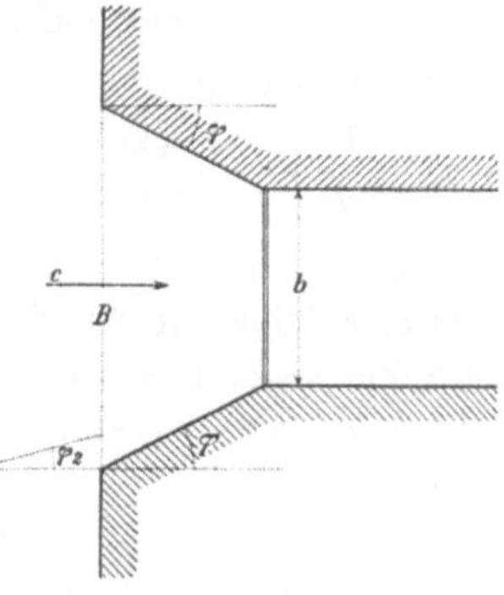

Fig. 79.

Bestimmung der Werte s und s_1.

1. Fall. Schiefe Wehrflügel, senkrechte Schützentafeln, Fig. 79, b < B.

Bestimmung von s. Es sollen bedeuten:

c die Wassergeschwindigkeit oberhalb des Wehres,

γ das Gewicht eines m³ Wassers,

H, B und b die früher angegebenen Größen.

Dann setzt sich s zusammen aus der im Wasser wirksamen Druckhöhe $\frac{c^2}{2 g}$ und der Druckhöhe, welche der Stoßkraft des Wassers gegen die Wehrflügel entspricht. Letztere ist nun zu bestimmen.

Werden rechteckige Druckprofile vorausgesetzt, und hat die Projektion eines Flügels gegen die Richtung der Stoßkraft die Größe

$$F = H \cdot \left(\frac{B - b}{2}\right),$$

so wird die Stoßkraft p gleich

$$p = \gamma \cdot F \cdot \frac{c^2}{g} = \gamma \cdot \frac{H \cdot (B - b) \cdot c^2}{2 g}.$$

Ist jedoch die Wandfläche gegen den Teich zu nicht geschlossen, nimmt Wex nur die Hälfte des Wertes, nämlich

$$p = \frac{H \cdot (B - b) \cdot c^2}{4 g}.$$

Ferner wird unterstellt, daß die Kraft p in der Hälfte des Winkels abgelenkt (Fig. 77), also die Komponente in Richtung der Strömung $= p \cdot \cos^2 \cdot \frac{\varphi}{2}$ wird. Die dazu senkrechte Komponente bewirkt nur

Kontraktion, erhöht aber die Wassergeschwindigkeit am Anfangsquerschnitt des Überfalles nicht.

Da die Komponente $p \cdot \cos^2 \cdot \frac{\varphi}{2}$ zweimal (am rechten und linken Ufer) vorhanden ist, verteilt sich die Kraft $2\,p \cdot \cos^2 \cdot \frac{\varphi}{2}$ auf die Fläche $b \cdot H$; mithin ist die entsprechende Druckhöhe im Querschnitt $b \cdot H$ im Mittel:

$$= \frac{2\,p}{\gamma \cdot b \cdot H} \cdot \cos^2 \cdot \frac{\varphi}{2} = \frac{c^2 \cdot (B - b)}{2\,b \cdot g} \cdot \cos^2 \cdot \frac{\varphi}{2}.$$

Es wird also

$$s = \frac{c^2}{2\,g} + \frac{c^2 \cdot (B - b)}{2\,b \cdot g} \cdot \cos^2 \cdot \frac{\varphi}{2} = \frac{c}{2\,g}\left[1 + \frac{B - b}{b} \cdot \cos^2 \cdot \frac{\varphi}{2}\right].$$

Bestimmung von s_1. An der Wehrkrone äußert sich die Stoßkraft p, welche auf der Stauwand entsteht, deren Krone a Meter über der Sohle liegt, beschleunigend auf den Überfallabfluß. Nehmen wir $\sphericalangle\, \Psi = 90^0$ an, so erhält man die Komponente des Wasserdruckes

$$p_1 = \frac{\gamma \cdot c^2 \cdot B \cdot a}{g}.$$

Die Wasserquerschnittsfläche ist wie vorhin $= b \cdot H$, also die additionelle Druckhöhe im Mittel:

$$\delta_1 = \frac{\gamma \cdot c^2 \cdot B \cdot a}{\gamma \cdot g \cdot b \cdot H} = \frac{c^2 \cdot B \cdot a}{g \cdot b \cdot H}.$$

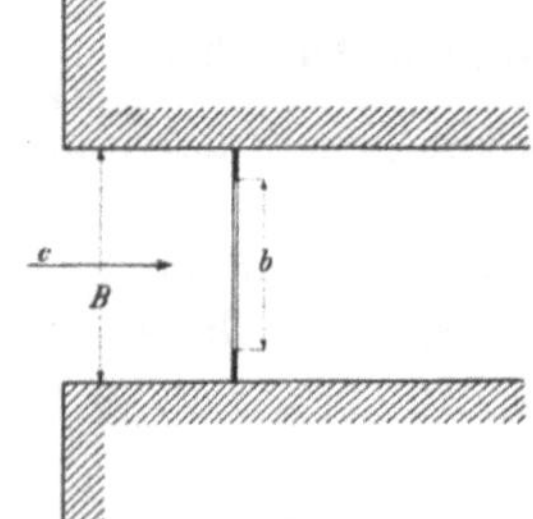

Fig. 80.

Da diese eine mittlere Druckfläche ist, wird angenommen, sie sei im Spiegel $= 0$ und unten $2 \cdot d$. Damit wird dann

$$s_1 = s + H + \frac{c^2 \cdot B \cdot a}{g \cdot b \cdot H}.$$

Es ist natürlich nicht genau zutreffend, daß bei Bestimmung von s und s_1, dieselbe mittlere Geschwindigkeit in den beiden Wasserkörpern über und unter der Schützenkrone angenommen wird.

2. Fall. Gerade Wehrflügel. $\varphi = 90^0$, $b < B$.

Man erhält (Fig. 80):

$$s = \frac{c^2}{2\,g}\left[1 + \frac{B - b}{2\,b}\right]$$

$$s_1 = s + H + \frac{c \cdot B \cdot a}{b \cdot g \cdot H}$$

$$c = \frac{Q}{B \cdot (a + H)}.$$

3. Fall. **Gerades Wehr ohne Flügel.** $\varphi = 90^0$, $b = B$.
Man erhält (Fig. 81) ebenso

$$s = \frac{c}{2g}$$

$$s_1 = s + H + \frac{c^2 \cdot a}{g \cdot H}$$

$$c = \frac{F}{B \cdot (a + H)}.$$

Bestimmung des Koeffizienten μ. Nach Wex für den 1. und 2. Fall:

$$^2/_3\,\mu = 0{,}3655 + 0{,}02357 \cdot \frac{b}{B} + \frac{0{,}002384}{h} + 0{,}00305\,b.$$

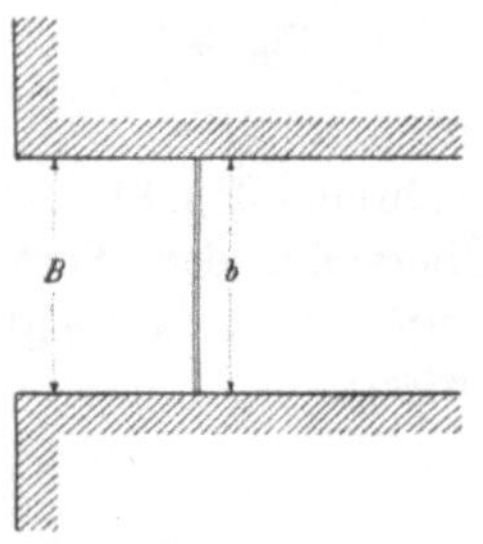

Fig. 81.

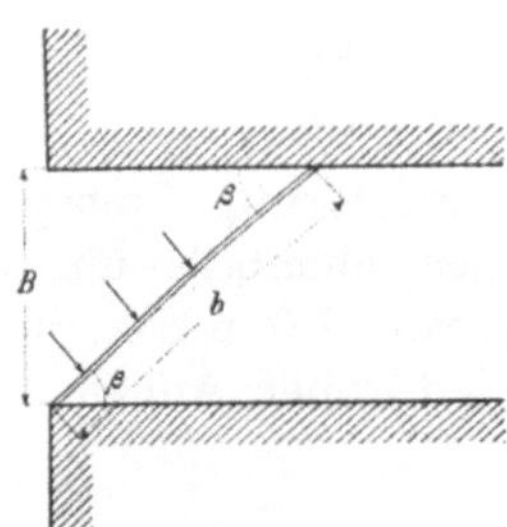

Fig. 82.

Dabei darf jedoch erfahrungsgemäß in die weitere Rechnung ein höherer Wert als $^2/_3\,\mu = 0{,}57$ nicht eingesetzt werden.

Im Falle 3 ist

$$^2/_3\,\mu = 0{,}4001 + \frac{0{,}0011}{h} + 0{,}00048\,b,$$

wobei wieder $^2/_3\,\mu \leqq 0{,}57$ bleiben muß.

Legt man, um eine größere Überfallsbreite zu erhalten, die vollkommenen Überfälle schräg zur Stromrichtung (Fig. 82), so wird man stets die ganze Strombreite B benutzen.

Bei den schiefen Überfällen ist der Wert

$$b = \frac{B}{\sin \cdot \beta};$$

und ferner

$$s = \frac{c^2 \cdot \sin^2 \cdot \beta}{2g}; \quad s_1 = s + h + \frac{2 \cdot a \cdot c^2 \cdot \sin^2 \cdot \beta}{g \cdot h};$$

$$^2/_3\,\mu = 0{,}41;$$

$$Q = \frac{1{,}82 \cdot b \cdot H}{(s_1 - s) \cdot \sin \cdot \beta} \cdot (s_1^{3/2} - s^{3/2}).$$

Bei Überfallwehren mit gebrochenen Kanten, Fig. 83, sind die Rechnungen ziemlich unzuverläßlich. Statt komplizierte Formeln zu verwenden, setzt man einfacher:

$$Q = [1{,}85 \cdot (b_1 + b_3) + 1{,}77\ b_2] \cdot \sqrt{h^3}.$$

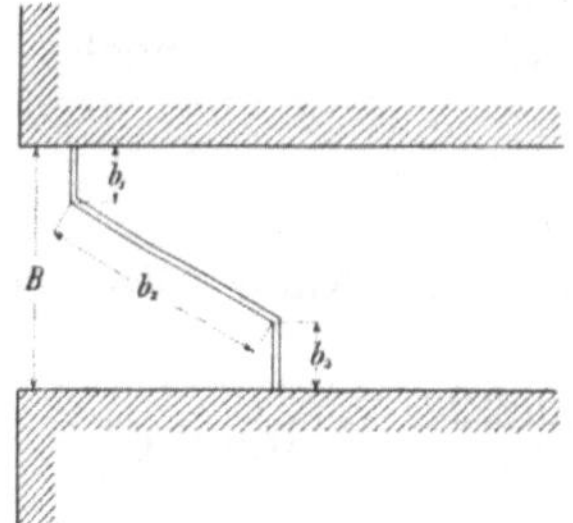

Fig. 83.

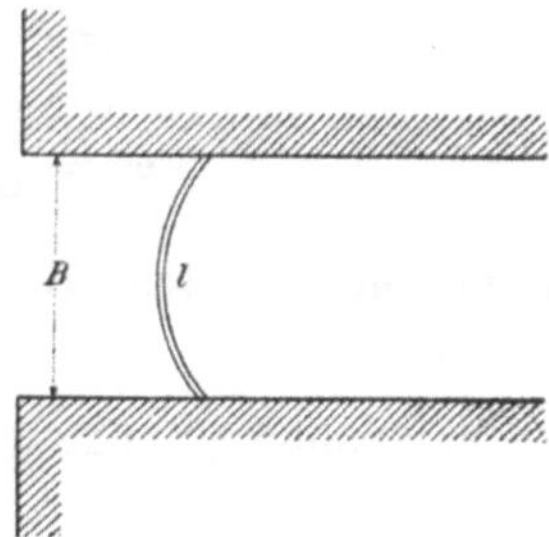

Fig. 84.

Bei kreisförmig gebogenen Überfallwehren, Fig. 84, sind die Rechnungen ebenfalls unzuverläßlich. Übersteigt der Wert von c das Maß von 1,0 m/Sek. nicht erheblich, und ist l die Bogenlänge, so kann mit roher Annäherung gesetzt werden:

$$Q = 1{,}77 \cdot l \cdot \sqrt{h^3}.$$

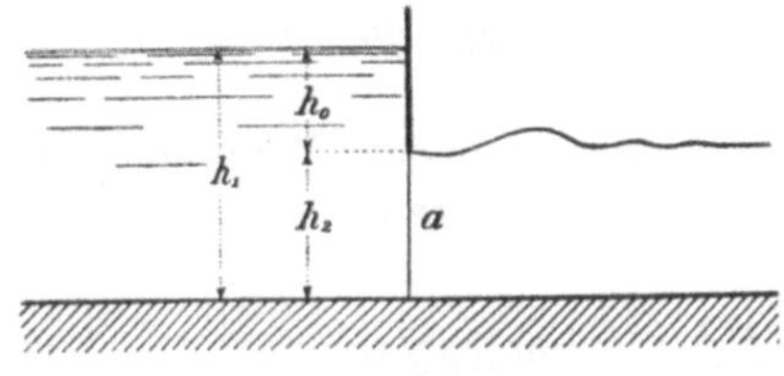

Fig. 85.

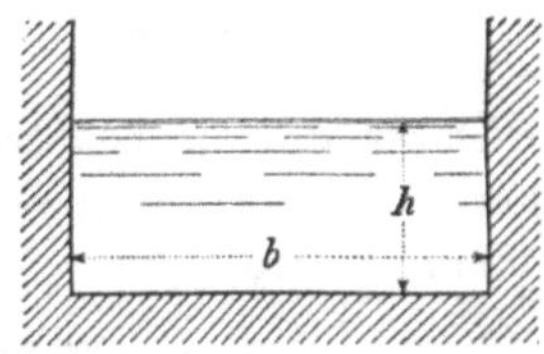

Fig. 86.

In allen diesen Fällen wird als selbstverständlich vorausgesetzt, daß der Unterwasserspiegel tiefer liegt als die Überfallkrone. Ist dies nicht der Fall, so wird durch die Verbreiterung der Wehrkrone nichts gewonnen.

b) Berechnung des durch die hochgezogenen Schützen ausfließenden Wassers. Werden die Schützen geöffnet, so findet der Ausfluß unterhalb des Oberwasserspiegels aus einer allseitig umschlossenen Öffnung statt, die Ausflußmenge ändert sich entsprechend der Höhenlage der Ausflußöffnung zum Unterwasser.

Die Unterkante der hochgezogenen Schütze liegt über dem Unterwasser, Fig. 85, so ist

$$Q = {}^2/_3\, \mu \cdot b \cdot \sqrt{2\, g}\, [(h_1 + k)^{3/2} - (h_0 - k)^{3/2}],$$

wenn man mit großer Zuflußgeschwindigkeit v rechnet, welche durch die Wassersäule von der Höhe

$$k = \frac{v^2}{2g}$$

hervorgebracht wird.

Bei Schützenöffnungen, deren Unterkante gleich hoch mit der Flußsohle liegt, ist

$$\mu = 0{,}65 \text{ bis } 0{,}70$$

zu setzen.

c) **Berechnung der durch den offenen Hochwasserüberfall abfließenden Wassermenge** (Fig. 86). Ist das Wasser so weit gesunken, daß ein Aufstauen vor der hochgezogenen Schütze nicht mehr stattfindet, so haben wir es mit dem Abfluß durch ein offenes Gerinne zu tun.

Für die gleichförmige Bewegung des Wassers gelten in diesem Falle die Formeln:

$$Q = F \cdot v,$$
$$v = R \cdot J.$$

Hierin bedeutet:

Q = die Wassermenge für die Sekunde und m^3.
F = das Wasserquerprofil in m^2.
v = die mittlere Geschwindigkeit.
J = das relative Gefälle.
$R = \frac{F}{P}$ den Profilradius oder die Geschwindigkeitstiefe.
J = das relative Gefälle.
v = die mittlere Geschwindigkeit.
k = einen Koeffizienten.

Für den Koeffizienten k sind wieder verschiedene Formeln aufgestellt worden; so ist nach Bazin (im Jahre 1897):

$$k = \frac{87}{1 + \frac{\alpha}{\sqrt{R}}},$$

nach Ganquillet und Kutter (im Jahre 1869):

$$k = \frac{23 + \frac{1}{n} + \frac{0{,}00155}{J}}{1 + \left(23 + \frac{0{,}00155}{J}\right)\frac{n}{\sqrt{R}}}.$$

Diese Formel hat keine allgemeine Gültigkeit, es darf ihr kein anderer Wert als Interpolationsformel beizulegen sein; deshalb empfiehlt sich, bei Berechnungen des Koeffizienten k mehrere Formeln anzuwenden und jedem besonderen Falle, entsprechend den einzelnen Größen, den gesuchten Wert anzupassen.

Ist das Gefälle $J \cdot \geqq = 0{,}0005$, so kann diese Formel ersetzt werden durch:

$$k = \frac{100\sqrt{R}}{m + \sqrt{R}}.$$

Werte des Koeffizienten n.

1. Kanäle von sorgfältig gehobeltem Holz oder glatter Zementverkleidung 0,010
2. Kanäle aus Brettern 0,012
3. Kanäle aus behauenen Quadern, gut gefügten Backsteinen. 0,013
4. Zementputz je nach Ausführung . . . . . . 0,013 — 0,017
5. Kanäle aus Bruchsteinmauerwerk in Fels, rauher Zementputz 0,017
6. Glatt gepflasterte Böschungen 0,022
7. Kanäle in Erde; Bäche 0,025

Auf Grund der großen Kutterschen Gleichung hat Knauf die Gleichung

$$v = \frac{a \cdot d}{b + \sqrt{d}} \sqrt{J}$$

entwickelt, in welcher, wenn $n = 0{,}0125$, $a = 51$ und $b = 0{,}600$.

Bazin setzt für

$$k = \frac{87}{1 + \frac{c}{\sqrt{R}}}.$$

Die Werte von c sind der folgenden Tabelle zu entnehmen:

I. Sehr ebene Wände: Zementplattstrich, gehobeltes Holz, sorgfältige Arbeit und Erhaltung 0,06

II. Ebene Wände: Bearbeitetes Mauerwerk, Bohlen, Quadern, gut gefugte Backsteine 0,16

III. Weniger ebene Wände: Gewöhnliches Bruchsteinmauerwerk, roher Beton 0,46

IV. Erdwände und Pflasterungen bei sehr regelmäßigen Querschnitten, Kanäle in Erde mit gepflasterten Böschungen oder sehr regelmäßiger Kies 0,85

Eine ältere noch immer benutzte Formel von Bazin lautet:

$$k = \frac{1}{\sqrt{a + \frac{b}{R}}},$$

wo für die Gruppe I bis VI der vorhergehenden Tabelle sich folgende Werte für a und b ergeben:

	a =	b =	b : a =
I	0,000 15	0,000 0045	0,03
II	0,000 19	0,000 0133	0,07
III	0,000 24	0,000 0600	0,25
IV	0,000 28	0,000 3500	1,25
V und VI	0,000 40	0,000 7000	1,75

Formel von Siedek.

In der Siedekschen empirischen Formel kommt der Profilradius nicht vor. Ein Rauhigkeitskoeffizient wird nur für die Berechnung künstlicher Gerinne eingeführt.

Wichtig für die Benützung der Siedekschen Formel ist die Bestimmung des Spiegelgefälles, und zwar im Stromstich oder auf beiden Flußseiten gemessen.

An Formeln kommen in Betracht:

$$v_1 = \frac{T \cdot \sqrt{J}}{\sqrt[w]{B} \cdot \sqrt{0{,}001}},$$

wobei T die mittlere Wassertiefe, B das Spiegelgefälle bedeutet.

Bei künstlichen Gerinnen kam Siedek nicht ohne die Einführung eines Widerstandskoeffizienten aus. Seine Werte finden sich in der nachfolgenden Tabelle.

Nr.	Art des benetzten Umfanges	w: bei rechteckigem Querschnitte unter 1,6 m Breite	w: in allen übrigen Fällen
1	Quadern, sehr glatt	2,05	2,25
2	Zement, sehr glatt	2,05	2,25
3	Backstein, Sohle Zement, glatt .	2,00	2,20
4	Zement, gewöhnlich verputzt . .	1,80	2,00
5	Backstein	1,45	1,65
6	Holz, glatt gehobelt	1,70	1,90
7	„ ungehobelt	1,40	1,60
8	Bruchstein, gut behauen	1,20	1,40
9	„ einfach	1,15	1,25
10	„ rauh.	1,00	1,10
11	„ Sohle mit Kies . . .	1,00	1,10

Die weiteren bekannten Formeln von Lindboe in der Zeitschrift für Gewässerkunde 1910 und jene von Matakiewicz daselbst veröffentlichten Formeln beziehen sich lediglich auf natürliche Wasserläufe.

X. Berechnung der Stauwerke und der Aufziehvorrichtungen.

A. Stauwerke.

Das Wasser übt auf die Stauwerke einen gewissen Druck aus; bei ruhendem Wasser ist es der hydrostatische, bei fließendem Wasser der hydraulische Druck, bei herabstürzendem Wasser der Stoß.

Auf die Staukörper selbst wirkt der hydrostatische Druck ein; soll jedoch auch die Bewegung des Wassers in Rechnung gezogen werden, so muß man den hydrostatischen Druck mit einem bestimmten Faktor multiplizieren.

Der horizontale Wasserdruck, welcher auf die Schütze ausgeübt wird, sucht die Schütze fortzuschieben oder um einen Punkt zu drehen. Diesem Angriff setzt das Gewicht der Schütze und die Stützen in Griesbäumen einen Widerstand entgegen. Soll die Stütze standhaft sein, so muß deren Gewicht und die Größe der Stütze in den Griesbäumen entweder größer oder zumindest gleich sein dem horizontalen Wasserdruck.

Im nachfolgenden werden einige, auf die wichtigsten Verschlußvorrichtungen sich beziehende Berechnungen angeführt.

53. Berechnung von kleinen Holzschützen.

Es soll gezeigt werden, wie bei verschiedenen Wasserhöhen und lichten Durchflußweiten die hölzernen Schützenkonstruktionen, vornehmlich die Brettstärken der Schützentafeln berechnet werden.

Es ist einleuchtend, daß das unterste Brett einer Schütze den größten Wasserdruck zu ertragen hat. Bezeichnet man die lichte Durchflußweite des Schützenrahmens mit B (Fig. 87), so kann die in die Berechnung einzuführende Brettbreite mit $B + 10\,\mathrm{cm} = b$ eingeführt werden. Ist h die Höhe des Brettes und H_1 der Abstand des höchsten zulässigen Wasserstandes von der Brettmitte (Fig. 88), so berechnet sich der Wasserdruck P zu

$$P = b\,\mathrm{cm} \cdot h\,\mathrm{cm} \cdot H_1\,\mathrm{cm} \cdot \gamma$$

in Grammen. γ ist das spezifische Gewicht des Wassers, das mit 1 in die Gleichung eingesetzt werden kann, somit

$$P = \frac{b \cdot h \cdot H_1}{1000}\,\mathrm{kg}.$$

Das Brett kann als Träger auf zwei Stützen frei aufliegend gedacht werden (Fig. 89).

Das **Maximalmoment** beträgt $M_{max} = {}^1/_8\ P \cdot b$ Kilogrammzentimeter; P in Kilogramm; b in Zentimeter.

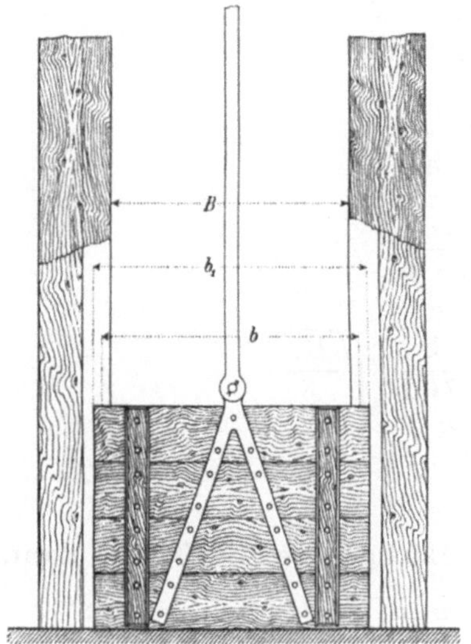

Fig. 87.

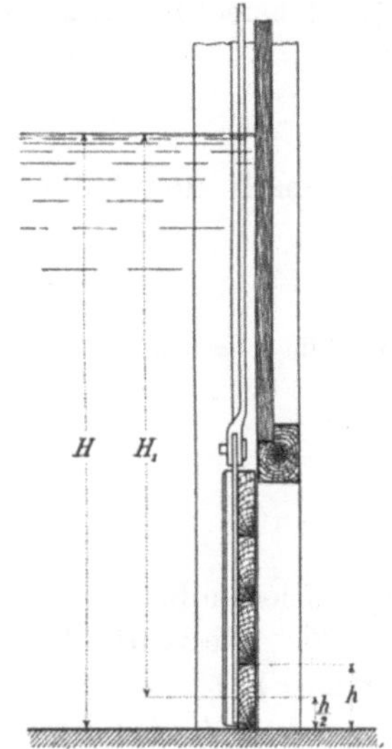

Fig. 88.

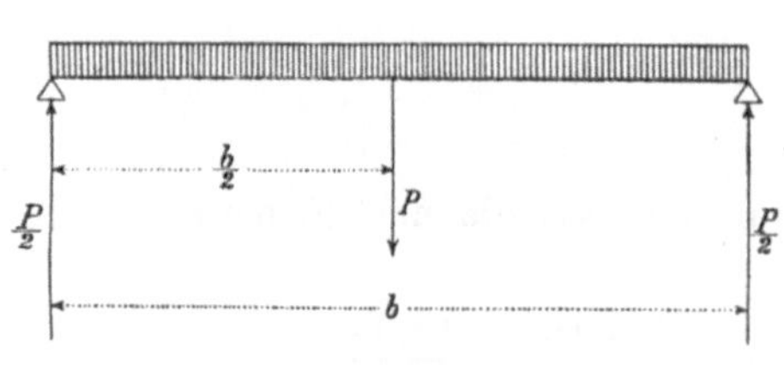

Fig. 89.

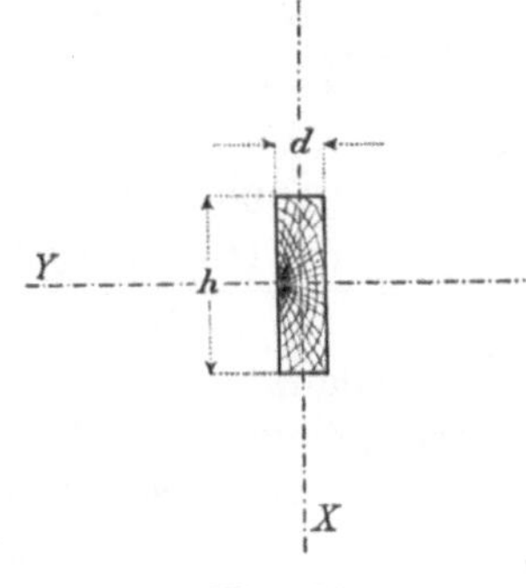

Fig. 90.

Das diesem Momente entsprechende **Widerstandsmoment** ist

$$W = \frac{M_{max}}{k} = \frac{{}^1/_8 \cdot P \cdot b}{k} = \frac{P \cdot b}{8\,k} \text{ in cm}^2,$$

k ist die in Kilogrammen ausgedrückte zulässige Inanspruchnahme des Holzes; sie kann bei Kiefernholz mit 60 kg für cm^2 angenommen werden.

Nach Fig. 90 ist das Widerstandsmoment des untersten Brettes von der Höhe h und der Dicke d (in Zentimeter) gleich

$$W_1 = {}^1/_6 \cdot h \cdot d^2.$$

Setzt man die gefundenen Widerstandsmomente einander gleich, so erhält man

$$\frac{P \cdot b}{8 \cdot k} = {}^1/_6 \cdot h \cdot d^2.$$

Das d berechnet aus der Gleichung zu

$$d = \sqrt{\frac{6 \cdot P \cdot b}{8 \cdot h \cdot k}}.$$

P ist nach den früheren $\frac{b \cdot h \cdot H_1}{1000}$, daher

$$d = \sqrt{\frac{6 \cdot b \cdot H_1 \cdot h \cdot b}{8 \cdot 1000 \cdot h \cdot k}}$$

und für k = 60

$$d = \sqrt{\frac{b^2 \cdot H_1}{80000}} = \frac{b}{100} \cdot \sqrt{\frac{H_1}{8}}$$

$$H_1 = \frac{d^2 \cdot 10000 \cdot 8}{b^2}$$

für Kiefernholz.

Für Eichenholz ist G = 100 bis 120 kg für cm². Es wird dann für k = 100

$$d = \sqrt{\frac{6 \cdot h \cdot H_1 \cdot h \cdot b}{8 \cdot 1000 \cdot h \cdot 100}} = \sqrt{\frac{6 \cdot b^2 \cdot H_1}{800 \cdot 1000}} = \frac{b}{100} \cdot \sqrt{\frac{6 \cdot H_1}{80}}$$

$$d = \frac{b}{100} \cdot \sqrt{\frac{H_1}{13{,}33}}$$

$$d^2 = \frac{b^2}{10000} \cdot \frac{H_1}{13{,}33}$$

$$H_1 = \frac{d^2 \cdot 10000 \cdot 13{,}33}{b^2}$$

für Eichenholz.

Die gefundenen Werte H_1 für Kiefernholz und Eichenholz verhalten sich (bei gleicher Dicke) zu einander wie

$$\frac{d^2 \cdot 10\,000 \cdot 8}{b^2} \text{ zu } \frac{d^2 \cdot 10\,000 \cdot 13{,}33}{b^2}$$

oder wie 8 zu 13,33 oder wie 1 zu 1,667.

Die Wasserhöhe dürfte bei Anwendung von Eichenholz um ⅔ größer genommen werden.

Vergleicht man die gefundenen Holzstärken d miteinander, so ergibt sich das Verhältnis für Kiefer (d_k) zu Eiche (d_e) bei gleicher Wasserhöhe

$$d_k : d_e = \sqrt{\frac{H_1}{8}} : \sqrt{\frac{H_1}{13{,}33}}$$

oder

$$d_e^2 = d_k^2 \cdot \frac{\frac{H_1}{13{,}33}}{\frac{H_1}{8}} = d_k^2 \cdot 0{,}60$$

$$d_e = d_k^2 \cdot \sqrt{0{,}60} = d_k \cdot 0{,}77\,.$$

Die Dicke d könnte daher für Eichenholz um rund 0,20 oder um $^1/_5$ schwächer genommen werden als für Kiefernholz.

Für $k = 120\ \mathrm{kg/cm^2}$ ist

$$d_e = \frac{b}{100} \cdot \sqrt{\frac{H_1}{16}} \text{ und } d_e = d_k \cdot 0{,}71\,.$$

Im Mittel ist d_e um $^1/_4$ schwächer zu nehmen als d_k.

Würde man die Berechnung für eine kleinere Bretthöhe als h vorgenommen haben, so würde das H_1 größer ausgefallen sein. Der Grenzfall liegt da, wo H_1 in H übergeht. Setzt man nun diesen Wert in die Gleichung für d ein, so erhält man schließlich für Kiefernholz

$$d = \frac{b}{100} \cdot \sqrt{\frac{H}{8}}$$

d berechnet sich in Zentimeter, b und H sind gleichfalls in Zentimeter einzusetzen.

54. Berechnung der Dicke einer eisernen Schütze mit Unterwasser.

Bezeichnet man den größten Höhenunterschied zwischen Ober- und Unterwasser oder bei trockener Sohle die in Metern gegebene Tiefe der Unterkante der Schütze unter dem Oberwasser mit z und die Stützweite der Schütze mit b, so wird, falls b in Zentimeter gegeben ist, die Dicke e berechnet wie folgt.

Der Wasserdruck p auf $1\ \mathrm{cm^2}$, in der Tiefe z, ist gleich $\frac{z}{10}$ kg. Wenn nun k die zulässige Beanspruchung eines Quadratzentimeters des Baustoffes bezeichnet, so hat man für einen Streifen von 1 cm Höhe

$$^1/_8 \cdot p\, b^2 = {^1/_6}\, k \cdot 1 \cdot e^2.$$

Setzt man hierin $\frac{z}{10}$ statt p, so erhält man

$$^1/_{80}\, z \cdot b^2 = {^1/_6}\, k \cdot e^2$$

und hieraus

$$e = b \cdot \sqrt{\frac{3}{40} \cdot \frac{z}{k}}$$

oder, wenn für Holz $k = 60$ angenommen wird,

$$e = \frac{b}{10} \cdot \sqrt{\frac{z}{8}}.$$

Beträgt z. B. die Stützweite einer eisernen Schütze 1,9 m und der Höhenunterschied zwischen Ober- und Unterwasser 1,6 m, so ist, wenn für Gußeisen $k = 250 \text{ kg/cm}^2$ angesetzt wird,

$$e = \frac{b}{10} \cdot \sqrt{0{,}03 \cdot z}.$$

Ist nun z. B. $b = 55$ cm, $z = 2{,}17$ m, so erhält man $e = 14{,}3$ mm oder abgerundet 15 mm.

Der auf die Schütze ausgeübte Wasserdruck läßt sich durch das Dreieck ausdrücken und ist für eine Breite 1 gleich

$$D = \tfrac{1}{2}\gamma \cdot l^2.$$

Für B als Stützpunkt erfolgt der Abstand des gefährlichen Querschnittes

$$x = \tfrac{1}{3}\, l \sqrt{3}.$$

Als größtes Biegungsmoment ergibt sich

$$M = \frac{2}{9 \cdot \sqrt{3}} \cdot D \cdot l = 0{,}128 \cdot D \cdot l.$$

Bei gleichmäßig verteilter Belastung wäre $M = 0{,}125 \cdot D \cdot l$, und es folgt, daß man für gewöhnliche Fälle die sog. Dreiecklasten als gleichmäßig verteilte Lasten behandeln darf. (Vgl. Taschenbuch der Hütte 17. Auflage I S. 365.)

Auch für den oberen Stützendruck erhält man im vorliegenden und in ähnlichen Fällen, bei Vernachlässigung des Drucks des Unterwassers, einen brauchbaren Näherungswert. Es ist

$$\tfrac{1}{3}\, l_1 \cdot D = Q \cdot l, \quad \text{somit} \quad Q = \tfrac{1}{3} D \cdot \frac{l_1}{l}$$

oder hier

$$D = \tfrac{1}{2} \cdot 2{,}7^{-2} \cdot 1000 \cdot 1{,}25 = 4555$$

oder abgerundet 4560 kg;

$$Q = \tfrac{1}{3} \cdot 4560 \cdot \frac{2{,}7}{3{,}1} = 1320 \text{ kg},$$

während die genaue Rechnung 1290 kg ergab.

55. Berechnung eines Griesständers.

Ein Griesständer ist gleich einem Balken, der an einem Ende eingeklemmt und bei dem der Wasserdruck P im Schwerpunkte der Druckfläche angreift. Eine genaue Berechnung der Stoßwirkung des

Wassers sowie der hierbei eintretenden Widerstände läßt sich nicht ausführen. Für die praktische Ausführung genügt es, wenn in den nachfolgenden Berechnungen das angreifende Moment mit 1,2 multipliziert wird.

Es muß daher, wenn

P den Seitendruck in kg,
l Länge des Griesständers,
W das Widerstandsmoment,
k einen Festigkeitskoeffizienten bezeichnet,

$$P \cdot l = W \cdot k$$

sein, oder mit Rücksicht auf die Stoßwirkung

$$1{,}2 \cdot P \cdot l = W \cdot k.$$

Nach den Regeln der Hydraulik ist der Seitendruck

$$P = 1000 \cdot \frac{h^2}{2},$$

wenn h die Wasserhöhe bedeutet.

Beispiel: Welche Stärke erhält der aus Eichenholz hergestellte Griesständer, wenn $h = 0{,}9$ m beträgt?

Es ist

$$1{,}2 \cdot P \cdot l = W \cdot k$$

$$P = 1000 \frac{h^2}{2} \cdot 2 = 810 \text{ kg};$$

ferner ist

$$l = \frac{h}{3} = 30 \text{ cm und}$$

$$k = 95 \text{ kg}.$$

Demnach

$$W = \frac{1{,}2 \cdot 810 \cdot 30}{95} = 306{,}3\,.$$

Das Widerstandsmoment W ist von dem Querschnitte abhängig. Wird bei den aus Holz herzustellenden Griesständern ein rechteckiger Querschnitt angenommen, so beträgt das Widerstandsmoment

$$W = \frac{b \cdot h_1^2}{6},$$

wenn b die Breite, h_1 die Höhe des Griesständers bezeichnet.

Nehmen wir die Breite des Griesständers b mit 10 cm an, so ergibt sich aus der letzteren Formel, wenn für W die Größe 306 eingesetzt wird,

$$h_1 = \sqrt{\frac{6 \cdot 306}{10}} = 13{,}6 \text{ cm}.$$

Behufs Erzielung einer größeren Sicherheit wurden die berechneten Maße für die Höhe des Griesständers bei der Ausführung größer, und zwar $^{10}/_{15}$ cm, angenommen.

Bei größeren Maßen der Schleuse ist es notwendig, zwecks leichterer Handhabung der Schützen eine Doppelschleuse mit zwei Öffnungen, welche durch einen **Mittelständer** getrennt sind, zu wählen.

Bei Berechnung der Stärke des Mittelständers nehmen wir zwei Öffnungen von je 1,0 m Lichtweite an. Der Ständer soll der größeren Sicherheit wegen als beiderseits frei aufliegender Balken von 1,0 m Stützweite betrachtet werden. Der Wasserdruck auf denselben beträgt bei 10 cm Überströmung der Schützentafeln und unter Berücksichtigung der Stoßwirkung des Wassers

$$P = \left[1{,}0 \cdot \left(\frac{0{,}10 + 0{,}50}{2}\right) 0{,}4 + 0{,}14 \frac{0{,}50^2}{2}\right] 1{,}2 \cdot 1000 = \text{rund } 168\,\text{kg}.$$

Dieser Druck greift im Schwerpunkt der Druckfläche, also in einer Entfernung von

$$\frac{h}{3} \cdot \frac{2\,a + b}{a + b} = \frac{0{,}40}{3} \cdot \frac{0{,}20 + 0{,}50}{0{,}10 + 0{,}50} = \text{rund } 0{,}16\,\text{m}$$

von der Schützenunterkante an. Es ergeben sich die Auflagedrucke

$$A = \frac{168 \cdot 16}{100} = \text{rund } 27\,\text{kg}$$

und

$$B = \frac{168 \cdot 84}{100} = 141\,\text{kg}$$

und das Biegungsmoment

$$M_{max} = \frac{P \cdot a \cdot b}{l} = \frac{168 \cdot 16 \cdot 84}{100} = \text{rund } 2258\,\text{kg/cm}^2\,.$$

Das erforderliche Widerstandsmoment ist demnach

$$W = \frac{2258}{80} = 28{,}2\,\text{cm}^2.$$

Der Querschnitt des gewählten Griesständers hat ein

$$W = \frac{14 \cdot 6^2 + 6 \cdot 4^2}{6} = \text{rund } 100\,\text{cm}^2.$$

56. Berechnung der Stärke eines Dammbalkenwehres.

Den größten Druck erhält der Dammbalken an seinem unteren Teile.

Nehmen wir die Druckhöhe = y an, so ergibt sich die Stärke des Dammbalkens nach der Formel

$$1{,}2 \frac{P \cdot l}{8} = k \cdot W\,.$$

Beispiel. Wenn die Breite des Wehres = 2,23 m, die Wassertiefe = 0,75 m, das Gewicht des Wassers = 1000 kg/cm, k = 80 kg angenommen wird, so ergibt sich die notwendige Balkenstärke aus der Formel

$$d = b\sqrt{\frac{3}{4}\cdot\frac{h\cdot 1000}{k}} = 2{,}23\sqrt{\frac{3}{4}\cdot\frac{0{,}75\cdot 1000}{80}} = \text{rund } 5{,}91\text{ cm.}$$

Bei der Herstellung wird der Sicherheit wegen eine Stärke von 8 cm gewählt werden.

Die obere Dammbalkenstärke berechnet sich bei einer Wassertiefe von 30 cm, zuzüglich von 20 cm als Überströmung = 0,50, zu

$$d_1 = 2{,}23\sqrt{\frac{3}{4}\cdot\frac{0{,}5\cdot 1000}{80}} = 4{,}83\text{ cm, rund } 5\text{ cm}.$$

Zu dieser Annahme führte die Möglichkeit, daß der Dammbalken nicht rechtzeitig entfernt werden kann und deshalb mit 20 cm überströmt wird.

B. Aufziehvorrichtungen.

Die Aufziehvorrichtungen müssen möglichst leicht beweglich und von einer derartigen Beschaffenheit sein, daß ein oder zwei Mann die Schütze bewegen können. Der zu überwindende Widerstand beim Heben einer Schütze setzt sich aus dem Eigengewichte der Schütze und der beim Heben entstandenen Reibung zusammen. Bei Berechnung der Aufziehvorrichtungen ist zu beachten, daß die sich abnutzenden gleitenden Flächen zumal unter Wasser rauh werden, und daß ferner durch Festklemmen oder Eisbildung besonders große Widerstände auftreten.

Der Bau einer jeden Schütze ist daher in ihren Stärken so zu bemessen, daß sie auch bei einem den gewöhnlichen Betrag um das Doppelte oder Dreifache übersteigenden Kraftaufwande, wenn statt eines Mannes mehrere Personen angreifen, nicht bricht.

57. Kraft zum Aufziehen der Schützen.

Infolge des Wasserdruckes wird die Schütztafel an ihre Führungsleisten angepreßt, wodurch während des Aufziehens und ganz besonders zu Beginn der Bewegung Reibung erzeugt wird. Die Größe des zu überwindenden Reibungswiderstandes ist in erster Reihe abhängig von dem normalen Drucke, von dem Stoffe der aufeinander reibenden Körper, von der Oberflächenbeschaffenheit der reibenden Flächen (glatt oder rauh), schließlich auch von der Geschwindigkeit, mit welcher der eine Körper über den anderen hinweggleitet, und dem Schmiermittel. Allgemein ist die Größe des Reibungswiderstandes

$$T = f\cdot P.$$

f ist die Reibungszahl der gleitenden Reibung, P ist der Normal-Wasserdruck auf die Schütztafel. f kann für Holzschützen auf Holzführung für den Anfang der Bewegung mit 0,65 und während der Bewegung mit etwa 0,25 angenommen werden.

Außer dem Reibungswiderstand ist noch das Gewicht der Schütztafel samt Beschlägen usw. zu überwinden. Der Gegendruck des Unterwassers kann vernachlässigt werden.

Die zum Heben einer Schütztafel erforderliche Kraft ist

$$K = G + f \cdot P.$$

Darin ist G das Gewicht der Schütztafel und P der dieselbe treffende Wasserdruck; f ist der Reibungsbeiwert.

Beispiel: Ein Schütz von 1,00 m Höhe und 2,00 m² Fläche wiegt einschließlich Beschläge 250 kg. Der Oberwasserstand liegt 3,00 m über der Schützenunterkante, der Unterwasserstand 1,50 m. Der Normalwasserdruck P ist dann

$$P = 2{,}00\,(3{,}00 - 0{,}5) \cdot 1000 = 5000\ \text{kg}.$$
$$T = f \cdot P = 0{,}65 \cdot 5000 = 3250\ \text{kg}.$$

Die Gesamtkraft zum Aufziehen der Tafel ist

$$K = f \cdot P + G = 3250 + 250 = 3500\ \text{kg}.$$

Zieht man den 1,50 m hohen Unterwasserstand in Rechnung, so ist

$$P_1 = 5000 - 2{,}00\,(1{,}50 - 0{,}50) \cdot 1000 = 3000\ \text{kg}$$
$$T_1 = 0{,}65 \cdot 3000 = 1950\ \text{kg}$$
$$K_1 = 1950 + 250 = 2200\ \text{kg}.$$

Nach Prof. Dr. Weisbach hat man mit folgenden Reibungskoeffizienten zu rechnen.

Namen der sich reibenden Körper		Reibungskoeffizient der Ruhe		Reibungskoeffizient der Bewegung		Anmerkung
		Trocken	Mit Wasser benetzt	Trocken	Wasser	
Holz auf Holz	kleinster Wert	0,30	0,65	0,20	—	Bei dem Übergange aus der Ruhe in den Zustand der Bewegung steigen diese Werte unter Umständen noch etwa auf den $1\frac{1}{2}$fachen Betrag
	mittlerer „	0,50	0,68	0,36	0,25	
	größter „	0,70	0,71	0,48	—	
Metall auf Metall	kleinster Wert	0,15	—	0,15	—	
	mittlerer „	0,18	—	0,18	0,31	
	größter „	0,24	—	0,24	—	
Holz auf Metall	kleinster Wert	—	—	0,20	—	
	mittlerer „	—	—	0,42	0,24	
	größter „	—	—	0,62	—	

Zur Verminderung der Reibung an den Gleitflächen kann man die Führungsnuten mit Metall belegen, wodurch sich der Reibungswiderstand, also die Reibungszahl, wesentlich vermindert. Am besten eignen sich Bronzeleisten, weil sie unter Wasser nicht rosten; indessen kann man auch verzinktes (etwa Z) Eisen wählen. Für eine sichere Verschraubung mit dem Rahmenholz muß gesorgt werden.

Bei Konstruktionsausbildung der Schützenteile sollte darauf Bedacht genommen werden, daß sie auch jederzeit, selbst unter Wasser, auswechselbar seien, um Betriebsstörungen von längerer Dauer zu vermeiden.

Die zum Heben eines Schützes erforderliche Kraft kann auch nach folgender Formel berechnet werden:

$$K = 0{,}5 \cdot b \cdot h\,(H - 0{,}5\,h)\,\gamma + G,$$

worin b die Breite, h die Höhe, G das Eigengewicht des Schützes, H die Tiefe der unteren Schützenkante unter Wasser bedeutet und $\gamma = 1000$ angenommen wird.

Wird jedoch die Schützenkante nicht überströmt, so ergibt sich aus obiger Formel

$$P = 0{,}5 \cdot b\,\frac{h^2}{2}\,\gamma + G,$$

wobei der Reibungskoeffizient $= 0{,}5$ angenommen ist.

58. Mechanische Aufziehvorrichtungen.

Sind die Schützen breiter als 1,0 m, so wendet man mechanische Hebevorrichtungen, bestehend aus Zahnstangen oder Schraubenspindeln mit Antrieb, an. Die auf dem Holm der Schleusen anzubringenden Antriebsvorrichtungen (Zahn- oder Wurmräder mit Lagerung) müssen durch eine Blech- oder Gußeisenkappe behufs Schutzes vor dem Einfluß des Regens oder Schnees geschützt werden.

Für die Schraube ohne Ende besteht die Gleichung

$$A = \frac{1}{n} \cdot B + f \cdot B\,.$$

Hierin ist 1 : n das Steigungsverhältnis der Gänge (etwa 1 : 10), A der Druck am Kreisumfang des Querschnittes der Schraube und B der Zahndruck, senkrecht zu A am Umfange des Schraubenzahnrades wirkend. Der Reibungskoeffizient f beträgt bei mittelguter Schmierung

$$f = 1 : 10.$$

1. Beispiel: Setzen wir für

$$B = 120\ \text{kg},\ \frac{1}{n} = \frac{1}{10},\ f = \frac{1}{10},$$

so erhalten wir

$$A = \left(\frac{1}{10} + \frac{1}{10}\right) \cdot 120 = 24\ \text{kg}.$$

Die Leistung eines Mannes an der Kurbel beträgt ungefähr 15 bis 20 kg; zur Hebung einer Schütze unter den gegebenen Verhältnissen sind daher 2 Männer erforderlich. Und dies aus dem Grunde, da in den Lagern von Schrauben und Schraubenzahnrad noch weitere Verluste eintreten.

2. Beispiel: Der Berechnung sei die Aufziehvorrichtung Fig. 65 zugrunde gelegt.

Der Kurbelarm R hat 400 mm Länge. (Die Kurbel fehlt in der Darstellung; sie ist abgenommen.) Der Teilkreis der Schraube ohne Ende hat einen Halbmesser $r = 50$ mm, jener des Schneckenrades $R' = 360$ mm und derjenige des Triebes, welcher mit der Zahnstange in Eingriff ist, $r' = 40$ mm. Ein Arbeiter greife an der Kurbel mit der Kraft 16 kg an.

Gesucht wird die erreichte Zugkraft in den zwei gekuppelten Zahnstangen zusammengenommen.

Der Zahndruck der Schraube, im Umfange des Teilkreises derselben gemessen, beträgt:

$$Z = 16\,\text{kg} \cdot \frac{R}{r} = 16 \cdot \frac{400}{50} = 128\,\text{kg}.$$

Die Schraube wirkt nun nach dem Gesetze der schiefen Ebene oder des Keiles dahin, am großen Schraubenrad, in dessen Teilkreis gemessen, einen vierfach größeren Zahndruck Z' zu erzeugen:

$$Z' = 4 \cdot z = 4 \cdot 128 = 512\,\text{kg}.$$

Dabei ist vorausgesetzt, daß die Schraube eine Gangneigung 1 : 10 besitzt und daß mittelgute Schmierung vorliegt.

Der Zahndruck des kleinen Triebes an den Zahnstangen ist nun:

$$Z'' = \frac{3}{4} \cdot \frac{R'}{r'} \cdot Z' = \frac{3}{4} \cdot \frac{36}{4} = 512$$

$Z'' = 3456$ kg (Zug, zusammen in den zwei Zahnstangen).

Die zu hebende Schütze habe ein Gewicht $G = 60$ kg und erleide einen Wasserdruck $W = 570$ kg. Es bedarf mithin zur Überwindung der gleitenden Reibung für den Übergang aus der Ruhe bei Holz auf Eisen einer Kraft:

$$K = G + f \cdot W$$
$$K = 60 + 0{,}35 \cdot 1{,}5 \cdot 570$$
$$K = 60 + 209 = 269\,\text{kg}.$$

Es ist zu fordern $Z'' \geqq K$.

Es hat sich Z'' größer als K ergeben, es wird daher nicht eine Kraft von 16 kg im ersten Augenblick an der Kurbel notwendig sein. Hernach sinkt der Widerstand auf denjenigen der Bewegung, d. h. auf $\frac{2}{3}$ des Anfangswertes herab, so daß in der Folge ungefähr 8 kg Kraftanstrengung an der Kurbel genügen.

XI. Fischrechen.

59. Beschreibung der Fischrechen.

Um das Entweichen der Fische zu verhüten, werden vor jedem Teichabfluß R e c h e n angeordnet, deren Öffnungen (Zwischenräume) der Größe der zurückzuhaltenden Fische entsprechen müssen.

Früher waren die Rechen ausschließlich aus Holz, gegenwärtig werden die Rechenstangen auch aus Rund- oder Flacheisen hergestellt. Bei hölzernen Rechen sind die Rechenstangen aus Schnittmaterial (Latten von $^5/_5$ bis $^8/_8$ cm Querschnittsfläche) angefertigt und mit einer Kante gegen die Strömung gestellt. Je nach der Größe der im Teiche befindlichen Fische beträgt die Entfernung der einzelnen Rechen 1—2—2,5 cm (Fig. 91). Einer der größten bekannten hölzernen Rechen ist jener am Rosenberger Teich (Domäne Wittingau, Böhmen), derselbe hat 24 Stützböcke aus Eichenholz und eine Gesamtlänge von 234,3 m, bei 2,6 m Höhe.

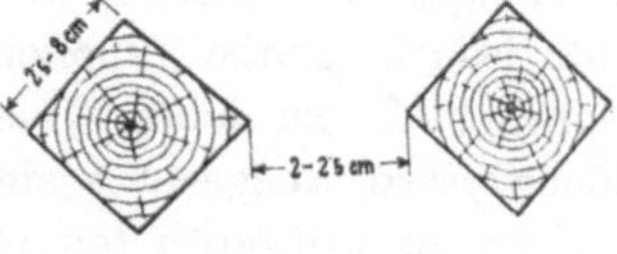

Fig. 91.

Rechen mit kleinen Zwischenräumen dürfen bloß an jenen Teichen angebracht werden, wo keine plötzlich eintretende Hochwassergefahr zu befürchten ist, wenn die ganze Anlage selbst nicht gefährdet werden sollte.

D i e S u m m e d e r e i n z e l n e n l i c h t e n D u r c h f l u ß ö f f n u n g e n m u ß d e r G r ö ß e d e s W a s s e r z u f l u s s e s e n t s p r e c h e n, w o b e i n o c h R ü c k s i c h t a u f d i e K o n t r a k t i o n d e s d u r c h f l i e ß e n d e n W a s s e r s, b e i s o v i e l e n e n g e n Ö f f n u n g e n e i n e n t s p r e c h e n d e r Z u s c h l a g g e n o m m e n w e r d e n m u ß. Aus der Summe der einzelnen lichten Öffnungen, zuzüglich der Stärke der Rechenstangen, ergibt sich dann die erforderliche Gesamtlänge des Rechens.

In großen Teichen müssen die Rechen besonders fest gebaut werden, um dem bedeutenden Anprall der Wellen und der Eisblöcke standzuhalten. Jeder Rechen ist oben beim Holm mit einem Gehsteg versehen, von welchem aus der Rechen gereinigt und die gebrochenen Rechenstangen durch neue ersetzt werden können.

In neuester Zeit verwendet man statt Holzstangen schmiedeeiserne runde oder flache Rechenstangen, welche in den Rechenschweller und den Rechenholm eingelassen werden. Der runde Querschnitt dieser Stangen hat vor dem viereckigen den Vorteil, daß sich das Gras usw. beim Wasserdurchfluß nicht so leicht an den Rechen anlegt wie an der scharfen vorderen Kante des hölzernen Rechenstabes, und daß außerdem noch, wo wenig Raum vorhanden ist, nachdem die eisernen Rechenstangen kleineres Querprofil erhalten können, die Rechenanlage kürzer sein kann als bei einem ausschließlich hölzernen Rechen.

Sind die eisernen Rechenstangen dem Eisanpralle ausgesetzt, so werden sie in stärkeren Profilen gewählt und überdies mit einem horizontal angebrachten Querholze oder eisernem Flacheisen vor dem Durchbiegen geschützt.

Der Haltbarkeit wegen sind die eisernen Rechenstangen von Zeit zu Zeit mit einem Ölfarbenanstrich zu versehen.

Besteht der Fischbesatz in einem Teiche aus vorwiegend kleinen Fischen, so wird man, entsprechend der Größe der Fische, auch bei der Wahl der Zwischenräume der einzelnen Rechenstangen bis auf 1 — ½ cm heruntergehen müssen. Bei Anlage derart engmaschiger Fischrechen muß jedoch große Vorsicht walten, denn derartige enge Rechen können bloß bei jenen Teichen angeordnet werden, welche nicht den Hochwässern ausgesetzt sind, zumal derartige Rechen mit den vom Hochwasser mitgeführten Gegenständen als Heu, Schilf, Blätter usw. sehr leicht vertragen werden.

Bei Teichen mit engmaschigen Fischrechen muß gleichzeitig für eine verläßliche Vorkehrung behufs leicht vorzunehmender Reinigung des Rechens, während des Wasserdurchflusses vorgesorgt, werden.

Eiserne Fischrechen werden am vorteilhaftesten in der Weise hergestellt, daß die einzelnen eisernen Tafeln von einer bestimmten Breite, z. B. 1,0 m, vorher zusammengestellt und je nach Bedarf eine, zwei, drei usw. nebeneinander in den hölzernen Rechenrahmen eingefügt werden. Sehr oft kommt es darauf an, das Entweichen von Fischen bestimmter Größe zu verhindern, während größere oder kleinere Fische ungehindert in das Unterwasser gelangen sollen. Dies geschieht am besten durch Anbringung von gelochten Zinkblechen einer bestimmten Maschengröße. Die Anwendung derartiger Blechtafeln an Stelle der Rechen ist insbesondere vorteilhaft bei Brutteichen. Lochbleche sind mit Öffnungen von 2—15 mm in Tafeln von 2 m Länge und 1 m Breite erhältlich.

Die Anordnung der Rechen vor dem Fluter richtet sich nach der Größe der dynamischen Wirkung des Hochwassers und nach dem zu bestehenden Eisanpralle. Zur Sicherung der Rechenstützböcke können im Bedarfsfalle besondere Eisböcke aufgestellt werden, oder es kann die ganze Rechenanlage mit einer dem Wasserstande folgenden Schutzwand versehen werden.

Der Fischrechen besteht aus dem Schweller A und dem Rechenholm B (Fig. 92), zwischen welchen die Rechentafeln C eingelassen sind; die letzteren sind durch Griesständer D in kleinere oder größere Tafeln eingeteilt. Tafeln von größeren Dimensionen erhalten durch

Stützböcke E größere Standfestigkeit und durch ein oder mehrere eingezogene Querhölzer eine entsprechende Stütze gegen die Durchbiegung. Bei hölzernen Rechenstangen ist auf die Möglichkeit einer Volumsveränderung bzw. Volumsvergrößerung durch Wasseraufnahme stets Rücksicht zu nehmen. Einer Verengung des Durchflußprofiles wird in der Weise am einfachsten vorgebeugt, wenn die Rechenstangen im nassen Zustand in den Rechen eingelassen werden.

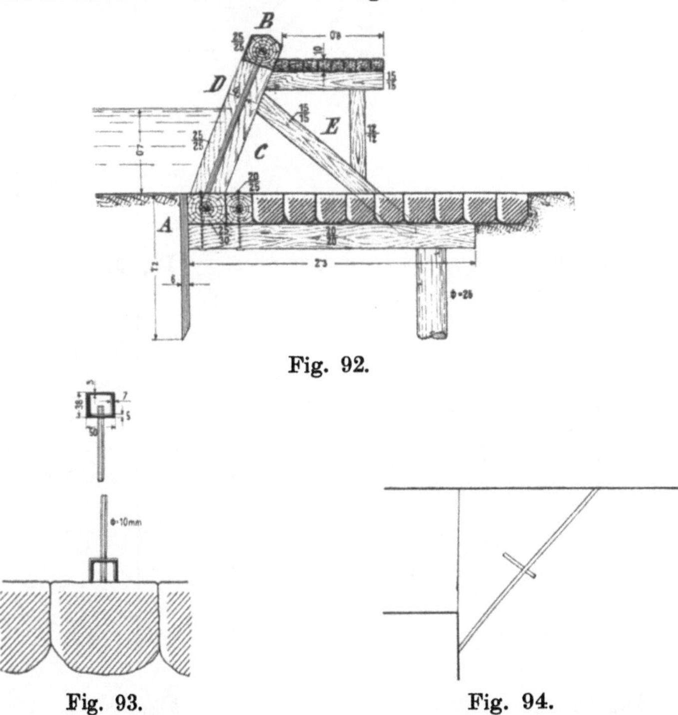

Fig. 92.

Fig. 93.

Fig. 94.

Bei eisernen Fischrechen von kleinen Dimensionen kann sowohl der Schweller als auch der Holm aus Eisen gewählt werden. Für die runden Rechenstangen werden sowohl im Schweller als auch im Holm (aus U-Eisen) entsprechende Öffnungen vorgebohrt. Dem mutwilligen Entfernen der Rechenstangen kann durch Anbringung einer an das U-Eisen angeschraubten Platte vorgebeugt werden (Fig. 93).

Was nun die Anlage des Fischrechens und Verteilung der Rechentafeln vor dem Hochwasserüberfall selbst anbelangt, so ist hierfür die abzuleitende Wassermenge, die Lage des Teiches und des Überfalles maßgebend.

In Teichen mit einem kleinen Wasserzufluß werden die Fischrechen in der einfachsten Weise schief vor dem Hochwasserüberfall aufgestellt, Fig. 94. Gelangen jedoch größere Wassermengen zum Abflusse, und ist zeitweilig eine Anschwellung des Teichwassers, ob nun durch Gewitterregen oder Schneewasser, zu befürchten, so müssen dementsprechend die Fischrechen eine größere Ausdehnung erhalten, damit der plötzlich eingetretene Wasserstandswechsel, ohne eine Stauung hervorzurufen, in den im Rechen ausgesparten Zwischenräumen genügendes Durchflußprofil vorfindet.

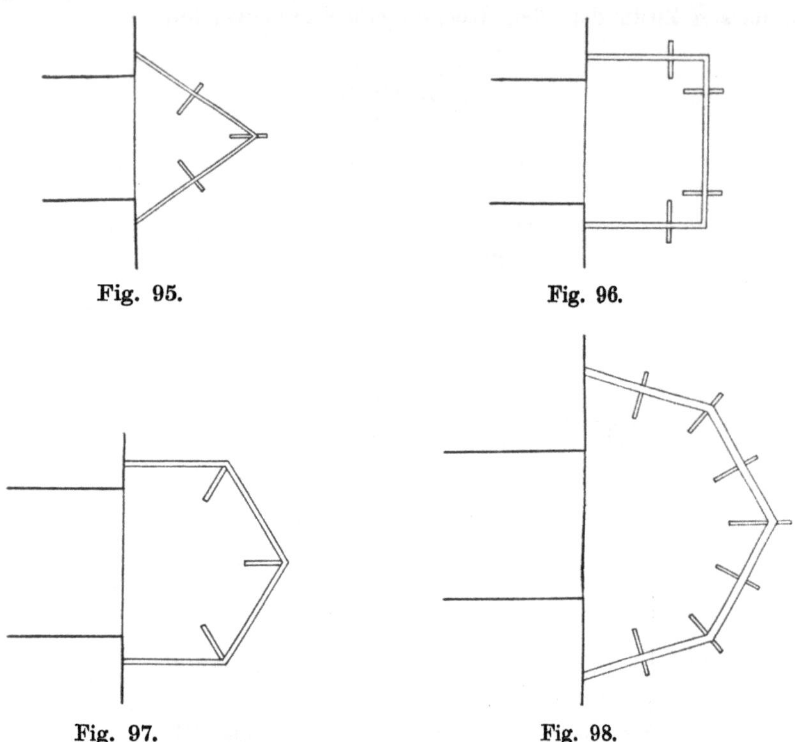

Fig. 95. Fig. 96. Fig. 97. Fig. 98.

So erhalten die Rechen je nach Größe des durchzuleitenden Wassers, die Grundrißform eines Dreieckes (Fig. 95), eines Viereckes (Fig. 96), eines Fünfeckes (Fig. 97) oder, wenn es sich um besonders groß angelegte Teiche handelt, die Form eines Zehneckes (Fig. 98).

Um die Verbindung des Rechens mit dem Hochwasserüberfall und der Schleuse zu erklären, dient der in der Fig. 99 zur Darstellung gebrachte Grundriß. Der Fischrechen ist vierteilig mit 6,0 m langen Tafeln, der Hochwasserüberfall besteht aus drei Schützen zu 2,0 m l. W., die Schleuse ist 6,5 m breit und 10,7 m lang. Über der Schleuse besteht ein 5,0 m breiter Fahrweg.

Es ist wohl zu beachten, daß die Rechenanlage, je größer sie ist, um so mehr den Einwirkungen des Wellenschlages und der Eisblöcke

ausgesetzt sein wird, weshalb in einem solchen Falle der Rechen in derartigen, dem Anpralle Widerstand leistenden Dimensionen hergestellt werden muß.

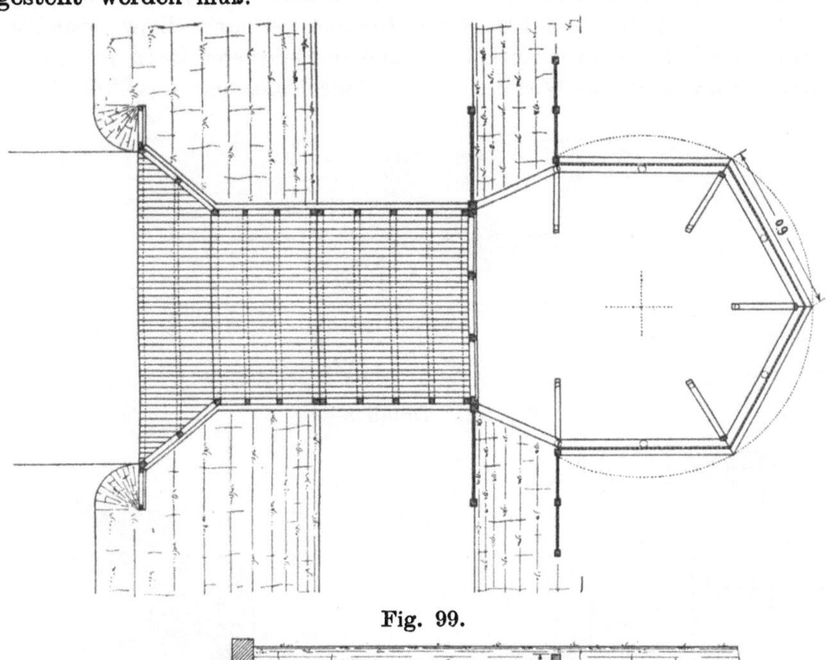

Fig. 99.

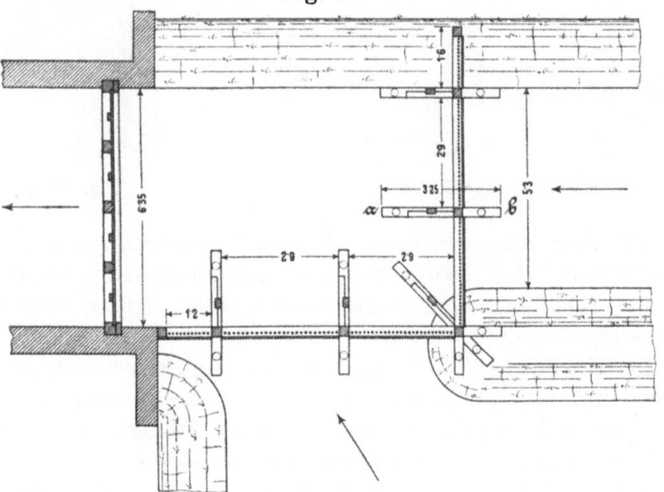

Fig. 100.

In den Fig. 99, 100, 101 ist eine Rechenanlage, welche mit einem Teile im Abweisgerinne, mit dem anderen Teil im Teich aufgestellt ist, abgebildet. Während des Abfischens wird der im Teiche stehende Teil durch Rasenstücke oder in sonst einer Art verdämmt. Auf diese Weise kann das sonst in den Teich fließende Wasser bei offenem Hochwasserüberfall nach Belieben von dem Teiche ferngehalten werden.

In den Fig. 102 und 103 ist ein Rechen veranschaulicht, welcher entsprechend der größeren Stauhöhe und der stärkeren Beanspruchung durch die dynamische Wirkung des Wellenschlages und des Treibeises,

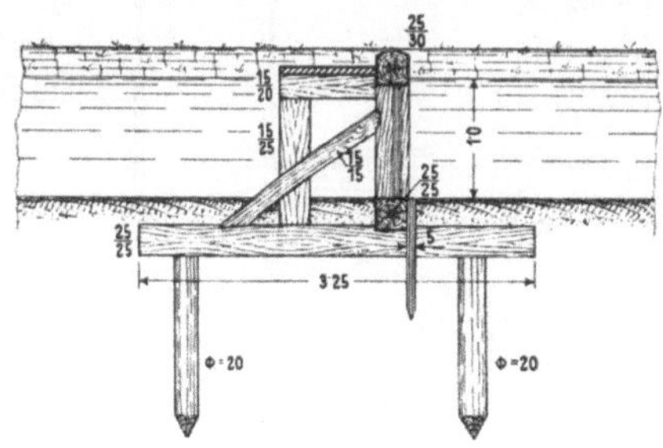

Fig. 101. Detail a—b.

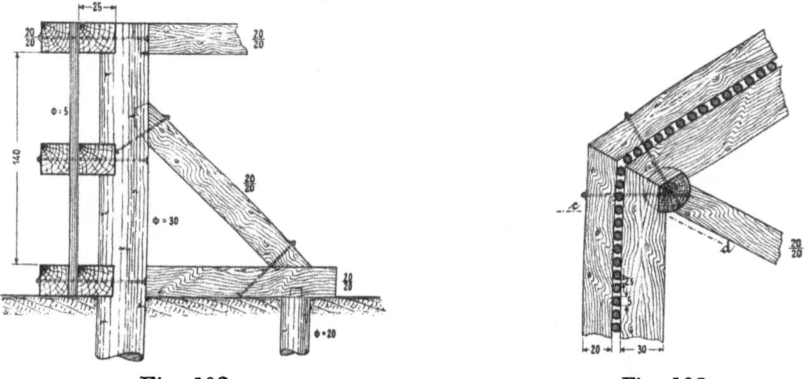

Fig. 102. Fig. 103.

besonders kräftig veranschlagt ist. Der Holm, welcher aus zwei 20 und 25 cm rechteckig behauenen Holzstücken zusammengestellt ist, zwischen welchen die Rechenstangen festgehalten werden, kann gleichzeitig als Begehungssteg benutzt werden.

Stoßen die einzelnen Teile des Rechens unter einem spitzen Winkel zusammen und handelt es sich darum, die Rechenanlage gegen die Einwirkungen von Wasser und Eis widerstandsfähiger zu machen, so wird der Zusammenstoß durch einen aus viereckig behauenen Trämen hergestellten dreieckigen Kasten, welcher gegen Auftrieb mit Steinen ausgefüllt ist, vermittelt. Eine derartige Anlage, Fig. 104 und 105, befindet sich in Netolitz in Böhmen.

Zur Sicherung des Wasserabflusses einesteils, anderenteils des Bestandes der ganzen Anlage empfiehlt es sich, nicht allein die Rechenstangen von den anhaftenden Blättern, Schilf usw. zu reinigen, sondern auch von dem an die Rechenanlage angefrorenen Eise frei zu halten. Tritt strenger Frost ein, so friert das Wasser innerhalb des Rechens ein, so daß die Rechenstangen und auch die Stützböcke mit dem Eise einen

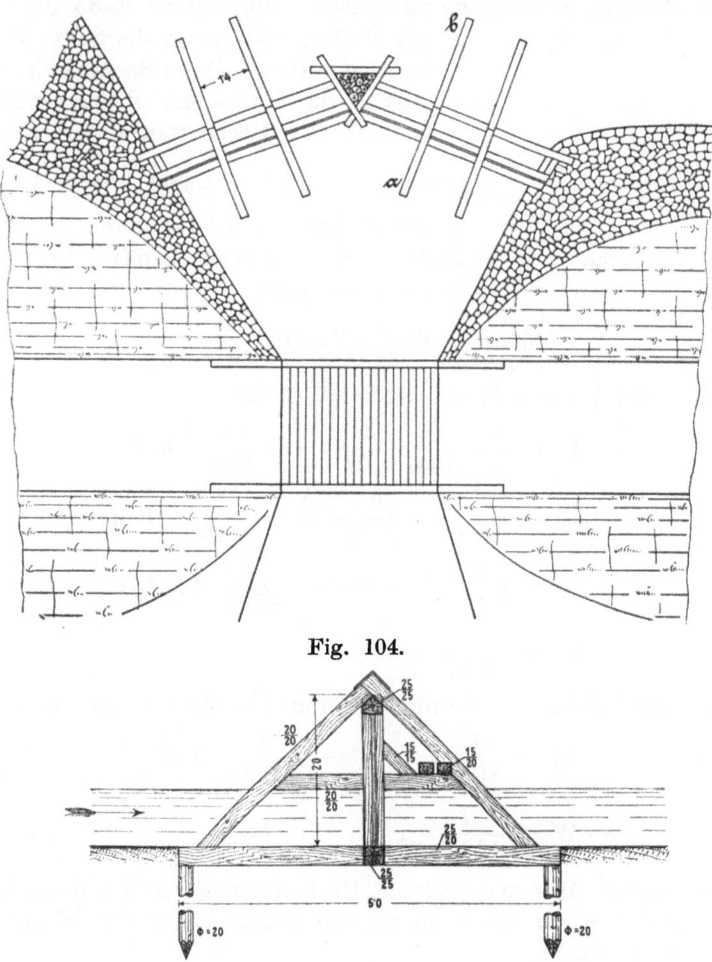

Fig. 104.

Fig. 105. Detail a—b.

einzigen festen Körper bilden. Sinkt oder steigt der Teichwasserspiegel, so wird die Bewegung der Eisdecke auf die Rechenanlage übertragen, wobei deren Zusammenhang gelockert wird und die schwächeren Bestandteile selbst gebrochen werden können. Bei Eintritt von Hochwasser oder Schneeschmelze bildet ein zugefrorener Rechen eine große Gefahr für den Bestand der ganzen Teichanlage.

60. Berechnung der Rechenstäbe.

Die Rechenstäbe werden durch Wasserdruck beansprucht und haben demselben, wie ein frei aufliegender und ungleichmäßig belasteter Balken, Widerstand zu leisten. Ihr unteres Ende übt einen Druck P (Fig. 106) gegen die Schwelle aus, während ein Druck Q den Rechenholm trifft.

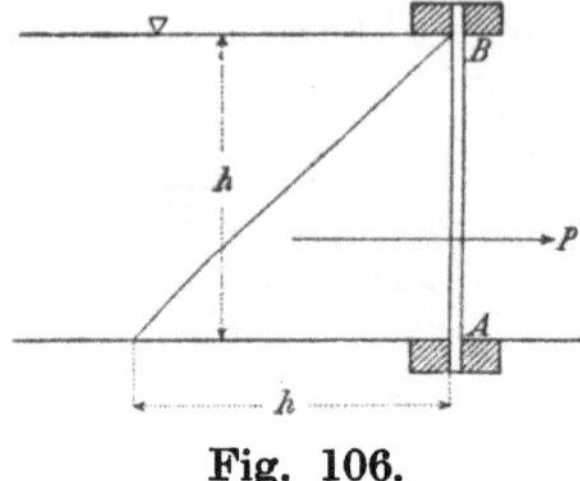

Fig. 106.

Ist A der Fachbaum, B der Griesholm und ABC die Rechenstange, so erhält P einen Druck $\frac{P}{3}$. Denkt man sich die Rechenstange bei B festgehalten, so ist das Moment der äußeren Kräfte für 1 cm Fischrechenlänge:

$$M = \frac{1}{3} \cdot P \cdot \frac{2}{3} \cdot l - P_1 \cdot \frac{2}{9} \cdot l.$$

Wird P in kg, l und h in cm eingesetzt, so ist:

$$\frac{1}{3} \cdot P = \frac{1}{3} \cdot \frac{1}{1000} \cdot \frac{h \cdot l}{2} = \frac{1}{6000} \cdot h \cdot l$$

$$P_1 = \frac{1}{1000} \cdot \frac{{}^2/_3 h \cdot {}^2/_3 l}{2} = \frac{1}{4500} \cdot h \cdot l$$

$$M = \frac{1}{6000} \cdot h \cdot l \cdot {}^2/_3 l - \frac{1}{4500} \cdot h \cdot l \cdot {}^2/_9 l$$

$$M = \frac{1}{16200} \cdot h \cdot l^2.$$

Mit Rücksicht auf die Stoßwirkung des Wassers ist zu setzen:

$$M = \frac{1,2}{16200} \cdot h \cdot l^2 = \frac{1}{13500} \cdot h \cdot l^2$$

$$k \cdot W = \frac{1}{13500} \cdot h \cdot l^2.$$

Beispiel: Hat eine kieferne Rechenstange von 5 × 5 cm Querschnitt und 1,80 m Länge genügende Stärke, wenn die Wassertiefe h = 1,6 m beträgt?

Für 1 cm Rechenlänge, wenn k = 90 gesetzt wird, erhalten wir:

$$W = \frac{1}{13500 \cdot 90} \cdot 160 \cdot 180^2 = 4,27.$$

Nach der oben entwickelten Formel ist für 1 cm Rechenlänge erforderlich:

$$W = \frac{5^2}{6} = 4,16 \text{ cm}.$$

Unter den im Beispiele gegebenen Voraussetzungen genügt die Stärke des Rechenstabes vollständig.

Die Fischrechen mit eisernen Rechenstangen werden in bezug auf deren Standfestigkeit und Druchbiegungsmoment in gleicher Weise wie das vorangeführte Beispiel für hölzerne Anlagen berechnet.

61. Berechnung der Rechenböcke.

Die Art der Beanspruchung der Hauptteile des Wehrbockes ist dieselbe wie bei einer aus einem horizontalen, einem vertikalen und einem schrägen Stabe gebildeten Konsole, deren Spitze belastet ist.

Wird der Druck, welcher durch den Rechenholm auf jeden Rechenbock übertragen wird, gleich Q gesetzt (Fig. 107), so ist dieser Druck die einzige angreifende Kraft, der jener zu widerstehen hat. Der Vorderständer A B wird auf Zug, die Strebe B E auf Druck beansprucht und die daselbst wirkenden Kräfte:

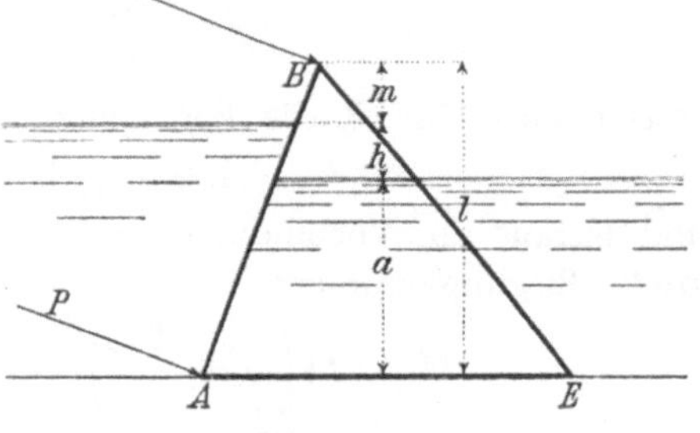

Fig. 107.

$$Z = \frac{Q \cdot c}{e} \text{ und } Y = \frac{Q \cdot f}{g}$$

ergeben sich unmittelbar aus der Momentgleichung für E bzw. A als Drehpunkt.

Bezeichnen wir mit b den Abstand von Mitte zu Mitte zweier Rechenböcke, mit m den Abstand des oberen Stauspiegels, mit h die Höhe des Wasserstandes, während l die Höhe des Rechenbockes ist. Werden alle Abmessungen in Metern ausgedrückt, und bezeichnet γ das Gewicht 1 m³ Wasser, so ist der Wasserdruck:

$$D = \gamma \cdot b \cdot h \cdot a + \gamma \cdot b \cdot \frac{h \cdot h}{2}$$

oder

$$= \gamma \cdot \frac{b \cdot h}{2} (2\,a + h)\,,$$

und sein Moment für A als Drehpunkt ergibt sich:

$$\mathfrak{M} = \gamma \cdot b \cdot h \cdot a \cdot \frac{a}{2} + \frac{\gamma \cdot b \cdot h \cdot h}{2} \cdot \left(a + \frac{h}{3}\right)$$

$$= \frac{\gamma \cdot b \cdot h}{6} [3\,a \cdot (a + h) + h^2]\,.$$

Der obere Stützpunkt berechnet sich

$$Q = \frac{\mathfrak{M}}{l} = \frac{\gamma \cdot b \cdot h}{6\,l}\,[3a\,(a + h) + h^2]$$

und der untere $P = D - Q.$

In der Tiefe x unter dem Oberwasserspiegel ist das Biegungsmoment, wenn $x < h$ ist,

$$M \cdot x = Q \cdot (m + x) - \gamma \cdot b \cdot \frac{x^2}{2} \cdot \frac{x}{3}.$$

Sei nun ξ derjenige Wert von x, für den das Biegungsmoment am größten wird, so ergibt sich, indem

$$\frac{dM}{dx} = 0$$

gesetzt wird, für ξ die Bedingungsgleichung

$$2\,Q - \gamma \cdot b \cdot \xi^2 = 0$$

und hieraus in Verbindung mit der vorhergehenden Gleichung das größte Biegungsmoment

$$M = Q\left(m + \frac{2}{3}\xi\right), \text{ wo } \xi = \sqrt{\frac{2\,Q}{\gamma \cdot b}} \text{ ist.}$$

Wird dagegen $\xi > h$, so ist statt dieser Formel die folgende:

$$M = \frac{P^2}{2\,\gamma \cdot b \cdot h} = \frac{(D - Q)^2}{2\,\gamma \cdot b \cdot h}$$

anzuwenden, welche aus der Momentgleichung für den unteren Teil des zu untersuchenden Feldes in gleicher Weise wie die vorige aus derjenigen des oberen Teiles erhalten wird.

Bei den Rechenböcken ist zu berücksichtigen, daß die Streben erheblich größere Abmessungen erhalten müssen, als die Formel für sie ergibt, wenn sie gegen Zerdrücken geschützt werden sollen.

Beispiel: Es wäre gegeben:

der Abstand zweier Rechenböcke . . . . . . $b = 2{,}50$
die Stauhöhe . . . . $h = 1{,}00$
Unterwasser . . . . $a = 0{,}80$
$\gamma = 1000$

so ist der Wasserdruck

$$D = \frac{\gamma \cdot b \cdot h}{2}\,(2\,a + h) = \frac{1000 \cdot 2{,}5 \cdot 1}{2}\,(2 \cdot 0{,}6 + 1{,}0) = 2750 \text{ kg.}$$

Das Moment für den unteren Drehpunkt ergibt sich demnach:

$$\mathfrak{M} = \frac{\gamma \cdot b \cdot h}{6}\,[3\,a\,(a + h) + h^2]$$

$$= \frac{1000 \cdot 2{,}5 \cdot 1{,}0}{6}\,[1{,}8\,(0{,}6 + 1{,}0) + 1] = 1614 \text{ kg.}$$

Der auf den Rechenbock übertragene Druck berechnet sich nun, da die Länge $l = 2,4$ zwischen den beiden Unterstützungspunkten beträgt:

$$Q = \frac{\mathfrak{M}}{l} = \frac{1614}{2,4} = 672,5 \text{ kg}.$$

$$\xi = \sqrt{\frac{2\,Q}{b}} = \sqrt{\frac{672,5}{1000 \cdot 2,5}} = 0,51 \text{ m}.$$

Da $\xi < h$ ist, berechnet sich das größte Biegungsmoment:

$$M = Q\,(m + {}^2/_3\,\xi) \text{ oder wenn } m = 0,2 \text{ m} = 228,6 \text{ kg}.$$

Die Rechenstangen haben einen Querschnitt von 5 cm Breite und 5 cm Höhe mit einem Widerstandsmoment

$$W = \frac{b \cdot h^2}{6} = \frac{5 \cdot 5^2}{6} = 20,8$$

bezogen auf cm.

Die größte Beanspruchung der Rechenstangen, von denen jede von dem ganzen Biegungsmoment nur einen Teil gleich $\frac{5}{125}$ aufzunehmen hat, ist deshalb

$$k = \frac{M \cdot 1000}{20,8} \cdot \frac{5}{125} = 85 \text{kg/cm}^2.$$

Wenn wir die Neigung der Rechenstäbe vernachlässigen, so kann man $k = 90 \text{ kg/cm}^2$ setzen.

Der angeführte Vorderständer A B, welcher einen Querschnitt von 25/25 cm besitzt, wird durch eine Kraft Z auf Zug in Anspruch genommen, die sich nach der Formel berechnet:

$$Z = \frac{Q \cdot c}{e},$$

oder, da für den in Rede stehenden Wehrbock $c = 2,9$ m und $e = 1,9$ m ist:

$$Z = \frac{672,5 \cdot 2,9}{1,9} = 1026 \text{ kg},$$

oder mit etwa 5% Zuschlag rund 1040 kg.

Die Strebe, deren Querschnitt 25/25 cm ist, wird durch eine Kraft Y auf Druck beansprucht, die sich aus der Gleichung ergibt:

$$Y = \frac{Q \cdot f}{g},$$

oder, da hier $f = 3,3$ m und $g = 1,7$ m ist:

$$Y = \frac{672,5 \cdot 3,3}{1,7} = 1305 \text{ kg},$$

oder mit Zuschlag 1310 kg.

Die Inanspruchnahme für 1 cm^2 berechnet sich hiernach bei dem Vorderständer zu etwa 2,4 kg, bei der Strebe zu etwa 1,8 kg, also geringer als üblich.

XII. Wasserbeschaffung für Teiche.

Bei einer jeden Teichanlage muß auf die ungestörte Beschaffung des für die Fischzucht erforderlichen Wassers Bedacht genommen werden. Es soll insbesondere eine ausreichende Menge Wasser zum Bespannen des Teiches sowohl nach erfolgter Abfischung als auch zur Ergänzung des durch Verdunstung, Versickerung oder durch Undichtheit der Dämme entstandenen Verlustes zur Verfügung stehen. Während des Teichabfischens ist ein entsprechend reicher Zufluß an frischem Wasser zur Speisung der in der Fischgrube zusammengedrängten Fische, wenn der Teichbesitzer nicht empfindliche Verluste erleiden soll, unbedingt notwendig.

Das zum Speisen der Teiche zu verwendende Wasser soll nach Tunlichkeit rein sein, insbesondere darf das Speisewasser keine chemischen, der Fischzucht schädlichen Verunreinigungen enthalten; es empfiehlt sich daher das Wasser, nach seiner Verwendbarkeit zum vorbedachten Zwecke einer chemischen Untersuchung unterziehen zu lassen. Dies trifft insbesondere in jenem Falle ein, wenn oberhalb der Entnahmestelle Unternehmungen sich befinden, welche sich zur Verarbeitung der Rohprodukte chemischer Verbindungen bedienen.

Wie bereits erwähnt worden ist, sind jene Wässer, welche zeitweilig Abschlämmlinge von Feldern mitführen, der Fischzucht sehr zuträglich. Das vom Wasser mitgeführte Gerölle muß jedoch vom Teiche ferngehalten werden, nachdem der Teichboden sonst mit der Zeit, zum Nachteile der im Teiche gezüchteten Fische, mit Steinen bedeckt werden möchte.

In jenem Falle, wo in dem Speisewasser der Fischzucht schädliche Lebewesen vorkommen, entsteht für den Teichbesitzer die wichtige Aufgabe, derartige Vorkehrungen zu treffen, daß die Fischfeinde jeder Art vom Teiche ferngehalten werden.

Im ersteren Falle kann das Wasser unmittelbar der Zuleitung zugeführt werden, in den anderen Fällen sind jedoch derartige Anordnungen zu treffen, welche die schädlichen Beimengungen vor Einfluß des Wassers in den Teich beseitigen.

Bei der Wasserentnahme aus Flüssen und Teichen ist das Hauptaugenmerk auf die günstige Lage der Entnahmestelle zu richten. Letztere soll nicht zu weit von der Teichanlage, aber immerhin höher als der Teich selbst gelegen sein, um dem Zuleitungsgraben ein ausreichendes Gefälle und der zu schaffenden Teichanlage, neben der

Möglichkeit einer leichten und vollständigen Entwässerung, auch die zu Fischzuchtzwecken geeignete Tiefe geben zu können.

Es soll daher die Möglichkeit geboten werden, der Zuleitung

1. jederzeit, selbst beim niedrigsten Wasserstande, Speisewasser entnehmen zu können, deshalb muß

2. der Ausfluß stets unter dem niedrigsten Wasserstande des Wasserlaufes angelegt werden;

3. der Querschnitt und das Gefälle des Speisewasserzuleiters müssen stets entsprechend dem Wasserbedarfe der mit Wasser zu versorgenden Teichanlage gewählt werden;

4. es ist überdies erwünscht, die Entnahmevorrichtungen in der Weise herzustellen, damit sich das Wasser, sofern es sich um Beschaffung aus tiefen Flüssen handelt, beim Einströmen in die Zuleitungsrinne mit Sauerstoff bereichern kann und demgemäß den Fischzuchtzwecken zweckdienlicher gemacht wird.

Bei Anlage von neuen Teichen hat es der Projektant vollständig in der Hand, den aufgezählten Bedingungen nach jeder Richtung hin zu entsprechen. Schwieriger gestaltet sich eine Verbesserung der bestehenden unzureichenden Wasserbeschaffung bei einer seit Jahren bestehenden Teichanlage. In vielen Fällen ist ein Umbau im angeregten Sinne unmöglich.

Bereits bei den ältesten Teichanlagen ging man daran, der Wasserbeschaffung eine besondere Sorgfalt zuzuwenden. In dieser Hinsicht bietet die Teichwirtschaft auf der Domäne Wittingau (Böhmen), Eigentum des Fürsten Schwarzenberg, ein lehrreiches Beispiel.

Die erste Erwähnung über einen Graben, welcher zur Speisung von Teichen angelegt worden ist, erfolgte bereits im Jahre 1367 als eine Schöpfung des damaligen Besitzers der Domäne Wittingau, Herrn von Landstein.

In dem Jahre 1570 hat der damalige Burggraf und Regent des Hauses Rosenberg, Jakob Krcin von Jelcan, den Bau eines künstlichen Wasserlaufes, „Goldbach“ genannt, eingeleitet. Der Goldbach ist ein künstlich angelegter Kanal, der den Zweck hatte, aus dem Luschnitzflusse Wasser in das Wittingauer Teichgelände zuzuführen sowie gleichzeitig eine Verbindung zwischen den einzelnen damaliger Zeit bereits bestehend Teichen herzustellen.

Der Goldbach zweigt ungefähr 10 km südlich von Wittingau bei Pilarz von dem Flusse Luschnitz ab, durchzieht die Wittingauer Tiefebene in der Richtung von Süd nach Nord und mündet bei Wesseli wieder in die Luschnitz ein (Tafel III). In seinem Verlaufe ist der Goldbach, je nach der örtlichen Lage, entweder eingeschnitten oder zwischen Parallel-Dämmen aufgesattelt; er besitzt ungefähr ein durchschnittliches Gefälle von $J = 0{,}000\,75$; seine Gesamtlänge beträgt 45,2 km. Bei niedrigem Wasserstande führt der Goldbach 1,2 s/m³, bei vollem Profile 3,8 s/m³.

Der „Goldbach“ hat den Zweck, die Teiche mit Wasser zu versorgen, Jahrhunderte erfüllt und wird noch heutigentags, wenngleich nicht im einstigen Ausmaße, zu demselben Zwecke verwendet.

Auch der Besitzer der Domäne Podiebrad in Böhmen, Ignaz von Minsterberg, hat im Jahre 1445 einen eigenen 14 km langen Graben, welcher bei Boder von dem Flusse Cidlina abzweigte und ungefähr 1000 ha Teiche speiste, angelegt.

In den Jahren 1491—1521 wurde vom Besitzer der Domäne Pardubitz der sog. „Opatowitzer Graben“ mit 35 km Länge zu Wasserversorgungszwecken der daselbst befindlichen Teiche hergestellt.

A. Zuleitung des Wassers ohne Stau.

Besitzt der zum Speisen eines oder mehrerer Teiche zu verwendende Wasserlauf ein genügend großes Gefälle, und liegt die Sohle dieses Wasserlaufes entsprechend höher als die Wasserspiegelfläche des neu anzulegenden Teiches, so genügt es, wenn in dem dem Teiche zugewendeten Ufer eine Abflußöffnung hergerichtet wird.

Durch den Einbau einer Schleuse mit einer beweglichen Schütze kann der Wasserzufluß in den Teich nach Belieben geregelt werden. Gegen frevelhaften Gebrauch kann die Schütze mit einer Vorrichtung zum Absperren gesichert werden.

62. Die Zuleitung des Wassers durch offene Gräben.

Bei den offenen Wasserleitungen ist die Mannigfaltigkeit der verwendeten Baustoffe und die hiermit in Verbindung stehende Mannigfaltigkeit der Querschnittsformen bemerkenswert; als Baustoffe kommen Mauerwerk, Beton, Holz und Erde zur Anwendung. Die mittels des Erdbaues hergestellten Leitungen, die Gräben, sind die gebräuchlichsten. Ihr Querschnitt gestaltet sich aus naheliegenden Gründen in der Regel im wesentlichen trapezförmig (Fig. 108), der Durchflußquerschnitt ist unten von der Sohle, an den Seiten der Böschungen eben vom Wasserspiegel begrenzt (benetzter Umfang).

Wie bei den bedeckten Leitungen beruht ebenfalls die Ermittelung des Flächeninhaltes des Durchflußquerschnittes in der Regel auf der von den Gräben abzuführenden Wassermenge; es soll hier hauptsächlich der Fall ins Auge gefaßt werden, wo ein anzulegender Zuleitungsgraben in den Teich eine bestimmte Wassermenge abzuleiten hat und das Gefälle ermittelt werden muß.

Bei einem Graben verlangt man, daß keine Ausnagungen der Sohle und der Böschungen stattfinden, es wird dementsprechend angenommen, daß bei den gewöhnlich vorkommenden Bodenarten eine mittlere Geschwindigkeit von 0,8 s/m dieser Anforderung entspricht. Auf Grund einer angenommenen Geschwindigkeit (v) und der geforderten Ergiebigkeit (Q) erfolgt die Bestimmung des Wasserquerschnittes.

$$Q = F \cdot v; \; F = \frac{Q}{v}.$$

Den Böschungswinkel ϑ pflegt man anzunehmen bei lockerer Erde, Sand:

$$\cot g \vartheta = 2{,}0,$$

bei fester Erde ohne Verkleidung der Böschungen

$$\cot g \vartheta = 1{,}5,$$

bei fester Erde mit einer solchen Bekleidung

$$\cot g \vartheta = 1{,}0.$$

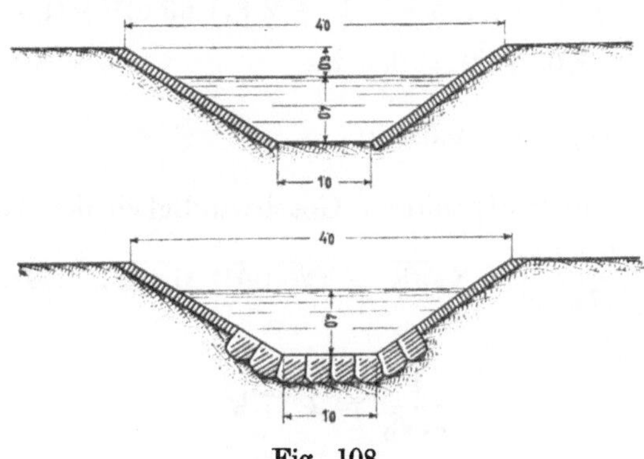

Fig. 108.

Wenn F und ϑ ermittelt sind, gestaltet sich die Berechnung zweckmäßiger Querschnitte, wie wir an einem praktischen Beispiele anführen werden, durch Einsetzen verschiedener Werte.

Bei Ermittelung der Geschwindigkeits-Koeffizienten ist zu berücksichtigen, daß die Oberflächen-Beschaffenheit der Sohle und der Böschungen je nach der Art des Bodens, in welchem der Graben hergestellt wird, sehr verschieden ist und daß schon eine geringe Bildung von Pflanzen imstande ist, den Geschwindigkeits-Koeffizienten merklich zu verringern.

Anwendung. Bei einem Graben sei die verlangte Ergiebigkeit 0,25 m^3/s und die Geschwindigkeit 0,8 m, als Querschnittsfläche F erhält man $\frac{0{,}25}{0{,}8} = 0{,}31 \; m^2$. Das Erdreich gestatte $1\frac{1}{2}$ malige Böschung, also $\cot g \vartheta = 1{,}5$. Wenn man dann einen trapezförmigen Querschnitt annimmt, erhält man eine Sohlenbreite von (rund) 0,2 m, das würde aber die Unterhaltung erschweren. Man wählt dementsprechend die Sohle 0,35 m breit und nachdem $F = 0{,}31\ m^2$ beträgt, so ist

$$r = 0{,}35 \cdot \sqrt{0{,}31} = 0{,}193,$$

ferner die Wassertiefe $a = 2\,r = 0{,}386$ m und die obere Breite

$$B = 2{,}50 \cdot \sqrt{0{,}31} = 1{,}40 \text{ m}.$$

Beispiel: Es ist ein offener Kanal in Erde mit $1\frac{1}{2}$ facher Böschung anzulegen, der bei einem Gefälle von 0,001 eine Wassermenge von 120 l in der Sekunde befördert. Die Sohlenbreite b und die Wassertiefe a sollen bestimmt werden. Da die Aufgabe verschiedene Lösungen zuläßt, wollen wir diejenige suchen, bei welcher das Querprofil F die vorteilhafteste Gestalt hat oder $a = 1{,}65\,b$, dann ist

$$F = a\,(b + 1{,}5\,a) = 1{,}65\,b\,(b + 1{,}5 \cdot 1{,}65\,b) = 5{,}47\,b^2\,,$$

$$U = b + 2\sqrt{a^2 + (1{,}5\,a)^2} = b + 2\sqrt{(1{,}65\,b)^2 + (1{,}5 \cdot 1{,}65\,b)^2}$$

$$= b\,(1 + 1{,}65\sqrt{13}) = 6{,}96\,b\,,$$

$$R = \frac{F}{u} = \frac{5{,}74}{6{,}96}\,b = 0{,}825\,b.$$

Bezeichnet nun v die mittlere Geschwindigkeit des Wassers, so ist

$$v = \frac{Q}{F} = \frac{0{,}120}{5{,}74\ b^2} = K\sqrt{JR} = k\sqrt{0{,}001 \cdot 0{,}825\,b} = 0{,}0287\,k\sqrt{b}$$

oder

$$\frac{1}{b^2\sqrt{b}} = 1{,}37\,k.$$

Diese Gleichung ist durch Probieren zu lösen. Setzt man versuchsweise $b = 0{,}25$, so folgt $R = 0{,}825 \times 0{,}25 = 0{,}206$, $k = 22{,}5$,

$$\frac{1}{b^2\sqrt{b}} = 32 = 1{,}37 \cdot 22{,}5 = 30{,}8\,.$$

Demnach müßte b noch etwas größer genommen werden. Der nächste praktisch in Betracht kommende Wert ist 0,26. Dafür wird $R = 0{,}825 \times 0{,}26 - 0{,}215$, mit hin $k = 22{,}9$, also

$$v = 22{,}9\sqrt{0{,}001 \cdot 0{,}215} = 0{,}0229\sqrt{215} = 0{,}336 \text{ m}\,.$$

Ferner ist $F = 5{,}74\ (0{,}26)^2 = 5{,}74 \cdot 0{,}0676 = 0{,}388$, demnach die geführte Wassermenge

$$Q = F \cdot v = 0{,}388 \cdot 0{,}336 = 0{,}130\,.$$

Berechnet man für $b = 0{,}25$ die Wassermenge, so erhält man $Q = 0{,}110$. Eine praktisch kaum mit Sicherheit innezuhaltende Größe von 1 cm in der Sohlenbreite beeinflußt also die geführte Wassermenge um 20 l in der Sekunde.

Aus

$$c = \frac{100\sqrt{0,193}}{1,22 + \sqrt{0,193}}$$

erhält man c = 26, dann ergibt sich aus $J = \frac{v^2}{c^2 r}$ das Gefälle J = 0, = 0,00498 oder (rund) 5 ‰.

Offene Gräben erhalten am besten die Form eines Trapezes, die Wandungen werden mit Rasen belegt, sofern die Wassergeschwindigkeit so groß wäre, daß deren Bestand infolge allzu lockeren Erdreiches, in welchem sie hergestellt worden sind, gefährdet wäre.

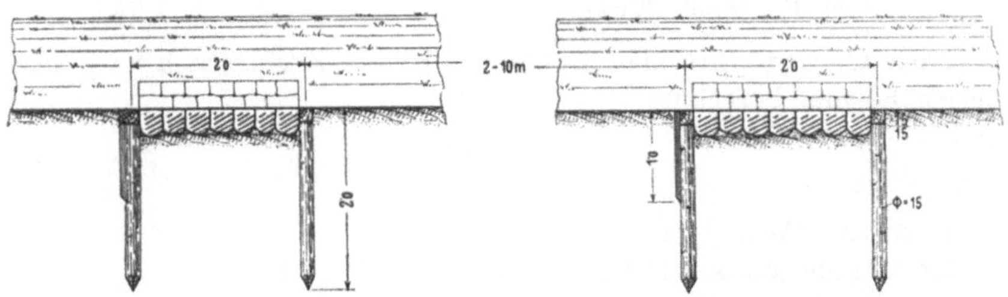

Fig. 109.

Steht zu befürchten, daß aus gleichem Anlasse die Sohle den Angriffen des Wassers ausgesetzt wäre, so empfiehlt sich die Pflasterung der Sohle, und zwar in ihrer ganzen Länge oder bloß in kürzeren oder längeren Abständen (Fig. 109) auszuführen.

Zur Speisung der Teiche wird es sich vornehmlich um geringere Wassermengen handeln, welche lediglich zu bestimmten Zeiten durch die offene Leitung durchgeführt werden. Ungeachtet dessen, muß der Ausführung der Zuleitungsgräben dennoch die größte Sorgfalt zugewendet werden, wenn die Fischzucht und Teichwirtschaft nicht darunter leiden sollte.

63. Berechnung des durch offene Gräben fließenden Wassers.

Bezeichnet

Q die Wassermenge in s/m^3,

F den Wasserquerschnitt in m^2,

P den benetzten Umfang in m,

R = F : P den Profilradius oder die Geschwindigkeitstiefe,

J das relative Gefälle,

v die mittlere Geschwindigkeit,

so ist

$$Q = F \cdot v\,; \qquad v = k\sqrt{R\,J}\,.$$

Den Koeffizienten k findet man nach Bazin, neuere Formel (1897)

$$k = \frac{87}{1 + \frac{c}{\sqrt{R}}} = \frac{87}{1 + c\sqrt{P:F}}.$$

In dieser Formel bedeutet c

für gehobeltes Holz oder Zement 0,06
„ Quader und nicht gehobeltes Holz 0,16
„ Mauerwerk aus Bruchsteinen 0,47
„ Erde, Querschnitt regelmäßig und rein 1,30
„ Gerölle (nach Kutter) 1,75

Nach Ganquillet und Kutter wird der Koeffizient k nach der neueren Formel berechnet:

$$k = \frac{100 \cdot \sqrt{R}}{m \cdot \sqrt{R}}.$$

In dieser Formel bedeutet m

für Kanäle aus sorgfältig gehobeltem Holz oder mit glatter Zementverkleidung . . . . . 0,12—0,15 m
„ Kanäle aus Brettern . . . . 0,20—0,25 „
„ Kanäle aus behauenen Quadersteinen oder aus gut ausgefugten Ziegelsteinen . . . . . . 0,25 „
„ Kanäle aus Bruchsteinen . . . . 0,35 „
„ Kanäle in Erde, ferner für Bäche u. Flüsse 0,55—0,75 „
„ Gewässer mit gröberen Geschieben und mit Wasserpflanzen . . . . 1,00—1,25 „

Zur Berechnung des durch offene Gräben durchfließenden Wassers können folgende Tabellenwerke benutzt werden:

Kutter, Bewegung des Wassers. Berlin, Parey.

Patt, Tabellen zur Ermittelung der Wassergeschwindigkeiten und der Wassermengen. Selbstverlag.

Linke, Anleitung zum Bau und zur Bewirtschaftung von Teichanlagen. Neudamm, Neumann. Seite 55 Hilfstafel für die Querschnittbemessung offener Gräben.

u. a. m.

64. Berechnung der durch Röhren abfließenden Wassermengen.

Die Maße des in die Zuflußvorrichtung einzulegenden Rohres (Zement, Eisen, Steinzeug u. a. m.) richten sich nach der Wassermenge, welche zum Speisen eines Teiches oder einer ganzen Anlage erforderlich ist, wobei das Gefälle der Röhren stets in Rechnung gezogen werden muß.

Bei gleicher Durchflußmenge können bei größerem Gefälle des Zuleiters Röhren mit kleinerem Durchmesser gewählt werden, und umgekehrt erhalten die Röhren entsprechend größere lichte Weite, wenn das Gefälle ein kleines ist.

Da das Wasser als entschieden unelastisch, also nicht zusammendrängbar angenommen ist, besteht der wichtige Grundsatz, daß durch den Anfangs- und Endquerschnitt in der Zeiteinheit genau die gleiche Wassermenge durchfließt, sofern die Gefällsverhältnisse die gleichen sind.

Bezeichnet F den Querschnitt in m^2, v die Wassergeschwindigkeit innerhalb der Rohrleitung in m/s, so ist die in einer Sekunde durch den Querschnitt F am Anfang, am Ende oder an irgendeiner beliebigen Stelle der Rohrleitung fließende Wassermenge Q

$$Q = F \cdot v \text{ in } m^3/s,$$

und das entsprechende Wassergewicht

$$G = Q \cdot \gamma = F \cdot v \cdot \gamma,$$

wenn für Waser $\gamma = 1000$ kg gesetzt wird.

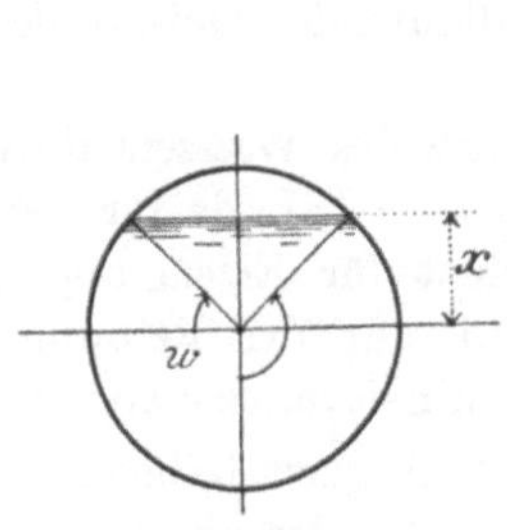

Fig. 110.

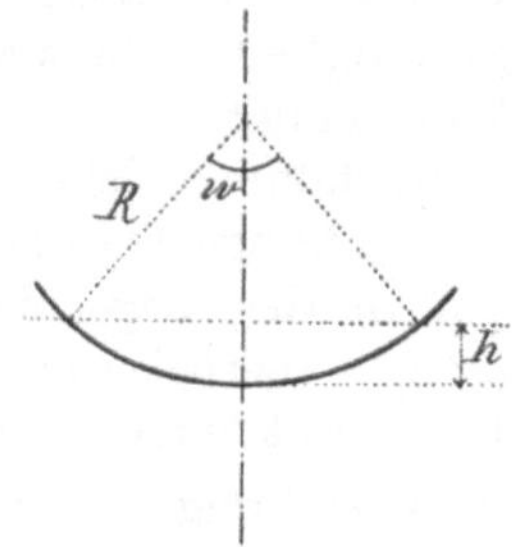

Fig. 111.

Beispiel. Wie groß ist die Wassermenge, welche durch ein Rohr von 0,3 m Durchmesser bei einer Geschwindigkeit 1 m/s fließt?

$$Q = F \cdot v = \frac{0{,}3^2 \cdot \pi}{4} \cdot 1 = 0{,}0707 \, m^3 = 70{,}7 \, l.$$

Bezeichnet man beim Kreisprofil mit ω den Zentrierwinkel, welcher der Füllungssehne entspricht, mit R den Halbmesser, so ist:

$$x = R \cdot \sin\left(\frac{\omega - 180}{2}\right) = - R \cdot \sin\left(90^0 - \frac{\omega}{2}\right) = - R \cdot \cos\frac{\omega}{2}.$$

(Fig. 110.)

$$F = \frac{R^2}{2}(\omega - \sin\omega); \; U = R \cdot \omega$$

$$P = R \, \frac{\omega - \sin\omega}{2\,\omega}.$$

Für die Füllhöhe h hat man allgemein (Fig. 111)

$$h = R\left(1 - \cos\frac{\omega}{2}\right).$$

Das Maximum der Wassergeschwindigkeit tritt ein für $\omega = 275\frac{1}{2}^0$. Das Maximum der Wassermenge läuft durch das Profil, wenn $\omega\,(3 \cdot \cos\omega - 2) = \sin\omega$, d. h. wenn $\omega = 308^0$.

Die folgende Tabelle gibt eine Zusammenstellung der wichtigsten Daten für Kreisprofil:

$\omega =$	Wasser-querschnitt $F =$	Benetzter Umfang $U =$	Profilradius $P = \frac{F}{U}$	Geschwindigkeit $v =$	Wassermenge	
180^0	$1{,}571 \cdot R^2$	$3{,}142 \cdot R$	$0{,}500 \cdot R$	$0\,707 \cdot k\sqrt{R \cdot J}$	$1{,}111 \cdot k\sqrt{R^5 \cdot J}$	Halbkreisprofil
$275\frac{1}{2}^0$	$2{,}735 \cdot R^2$	$4{,}493 \cdot R$	$0{,}609 \cdot R$	$0{,}780 \cdot k\sqrt{R \cdot J}$	$2{,}133 \cdot k\sqrt{R^5 \cdot J}$	Profil größt. Geschwindigkeit
308^0	$3{,}082 \cdot R^2$	$5{,}370 \cdot R$	$0{,}573 \cdot R$	$0{,}757 \cdot k\sqrt{R \cdot J}$	$2{,}333 \cdot k\sqrt{R^5 \cdot J}$	Profil größter Wassermenge
360^0	$3{,}142 \cdot R^2$	$6{,}283 \cdot R$	$0{,}500 \cdot R$	$0{,}707 \cdot k\sqrt{R \cdot J}$	$2{,}221 \cdot k\sqrt{R^5 \cdot J}$	Gefülltes Kreisprofil

In der folgenden Tabelle sind die Werte Q in Sekundenlitern und die Geschwindigkeit v in Metern für vollaufende Kreisprofile, wenn $m = 0{,}25$ berechnet.

Die Druckhöhe, welche beim Durchfluß des Wasssers durch eine Röhre von der Länge L verloren geht, ist $h = J \cdot L$, da für technische Rechnungen in der Regel der Druckverlust für Erzeugung der Geschwindigkeit unberücksichtigt bleibt und nur der Reibungsverlust in Betracht kommt, dieser aber für Längeneinheit durch J angegeben ist.

Da die Gleichung $v = k\sqrt{P \cdot J}$ ihre Gültigkeit beibehält, ob das Wasser in einer Leitung unter Druck steht, oder ob es mit freiem Spiegel fließt, so kann man auch die folgende Tabelle unter beliebigen Druckverhältnissen verwenden.

Leistungsfähigkeit kreisförmiger Rohre ohne Druck, wobei $m = 0{,}25$ angenommen wird.

Gefälle der Rohrleitung	D = 90		25		30		35		40		45		50	
	v	Q	v	Q	v	Q	v	Q	v	Q	v	Q	v	Q
0,10	3,33	105	3,95	194	4,52	320	—	—	—	—	—	—	—	—
0,06	2,71	85	3,23	158	3,47	286	—	—	—	—	—	—	—	—
0,05	2,36	74	2,80	137	3,20	226	3,58	345	3,95	497	—	—	—	—
0,04	2,11	66	2,50	123	2,86	202	3,21	308	3,54	444	3,84	611	—	—
0,03	1,92	60	2,28	112	2,62	185	2,93	282	3,23	406	3,51	558	3,78	743
0,02	1,49	47	1,77	87	2,03	143	2,27	218	2,50	314	2,72	432	2,93	575
0,01	1,05	33	1,25	61	1,43	101	1,60	154	1,77	222	1,92	306	2,07	407
0,008	0,94	30	1,12	55	1,28	91	1,51	167	1,58	199	1,72	273	1,85	364
0,006	0,80	25	0,95	46	1,08	77	1,21	117	1,34	168	1,45	231	1,57	307
0,004	0,67	21	0,79	39	0,91	64	1,01	98	1,12	141	1,22	193	1,31	257
0,002	0,47	15	0,56	27	0,68	56	0,72	69	0,79	99	0,86	137	0,93	182
0,001	0,33	10,4	0,40	19,4	0,45	32	0,51	49	0,56	70	0,61	97	0,66	129

In den Fig. 112, 113 (Aufriß und Draufsicht) ist ein mit Röhren versehener Zuleiter, welcher gleichzeitig als Fußsteig dient, dargestellt.

Ungefähr 50 cm unter dem Wasserspiegel ist die Sohle des Wasserzuleiters hergestellt. Behufs Schaffung eines Überganges sind auf die mit Betonmauerwerk versehene Untermauerung 2 Stück Zementröhren von 30 cm l. W. aufgelegt und zwischen den beim Ein- und Ausfluß hergestellten Aufmauerungen mit Erde überdeckt, so daß ein 1,50 m

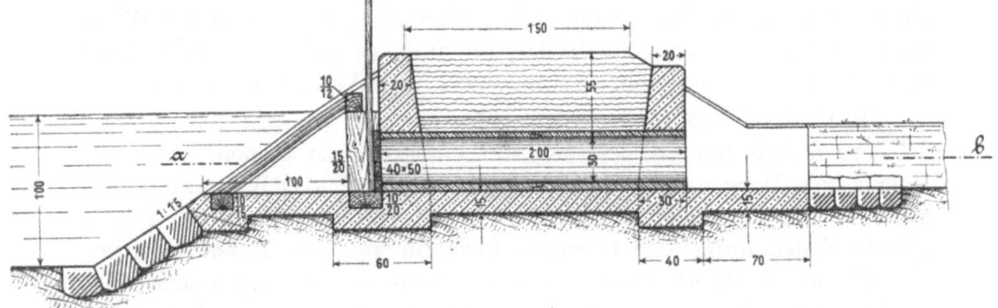

Fig. 112. Längenschnitt.

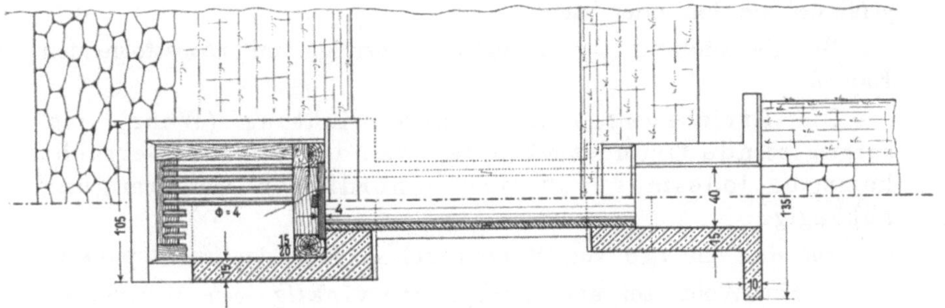

Fig. 113. Draufsicht. Schnitt a—b.

breiter Fußsteig entsteht. Im Bedarfsfalle kann auch ein beliebig breiter Weg, durch Einlage einer größeren Anzahl von Röhren, hergestellt werden.

Vor dem Einlauf ist eine einfache hölzerne Schütze errichtet welche zum Absperren oder beliebigem Einlasse des Wassers dient. Das Eindringen der Fische aus dem Wasserlaufe in den Teich oder Entweichen derselben aus dem Teiche in den Wasserlauf verhindert der vor der Mündung aufgestellte Fischrechen.

Eine Vorkehrung gegen die Versandung oder Vermurung des aus dem Wasserlauf zu speisenden Teiches entfällt, nachdem die Sohle des Zuleiters ungefähr 0,50 m höher liegt als die Bachsohle. Durch eine derartige Vorrichtung gelangen wohl die schweren Sinkstoffe (Steine u. a. m.) nicht in den Teich, während die auf der Oberfläche schwimmenden Nährstoffe dem Teiche zugeführt werden.

B. Zuleitung des Wassers durch Wasseraufstau.

Besitzt der Wasserlauf, aus welchem der Teich gespeist werden soll, ein geringes Gefälle, ist der Höhenunterschied der Wasserspiegelflächen im Teiche und im Bache verhältnismäßig klein und sind die Ufer des Wasserlaufes entsprechend hoch, so kann das Wasser durch die Anlage eines Wehres so weit gehoben werden, daß für den Zuleiter ein hinreichend großes Gefälle erzielt werden kann. Auf diese Weise wird der Wasserspiegel im Bache zu einer wesentlich höheren Lage gebracht werden und ein Wasservorrat zur Verfügung stehen.

Die Aufstellung eines Wehrs erfordert ein genaues Nivellement des ganzen zuliegenden Geländes, um beurteilen zu können, ob durch Hebung des Wasserspiegels nicht etwa der durch das Wehr künstlich gehobene Wasserstand die umliegenden Grundstücke überflutet. Durch genaue Feststellung der Oberflächenerhebungen mit Höhenschichten von 0,25 m Abstand kann die Staugrenze in den Lageplänen eingezeichnet werden, woraus dann zu ersehen ist, ob und inwieweit die in Betracht kommenden Grundstücke durch das angestaute Wasser gefährdet werden oder nicht.

Die Berechnung der Staugrenze erfolgt im nächstfolgenden Kapitel.

Die Errichtung einer Stauvorrichtung (Wehr) ist, sofern fremde Grundstücke oder fremde Rechte in Betracht kommen, jedesmal von der behördlichen Genehmigung abhängig.

Für die Anlage von Wehren gelten folgende Gesichtspunkte:

1. Ein Wehr sei am besten rechtwinklig zum Wasserlaufe angelegt; es erhält auf die Weise die kürzeste Länge und erfordert daher den geringsten Bauaufwand.

2. Gegen Unterwaschungen ist das Wehr durch genügend tiefe Gründung, bzw. Einbindung in die Sohle, womöglich unter Anwendung von Spundwänden zu sichern. Hinterwaschungen werden vermieden, wenn der Wehrkörper genügend weit in das gewachsene Uferland eingebunden wird.

3. Zur Abschwächung des Wassersturzes und der Kolkwirkung des Überfallwassers ist der Absturzboden, besonders bei schnellfließenden Gewässern, in zweckmäßiger Weise und auf genügende Länge zu befestigen. Wird der Absturzboden mit geringer dem Wasserlaufe entgegengesetzter Ansteigung hergestellt, so bewirkt das in dieser Vertiefung befindliche Wasserpolster ein Totfallen der Kraft des überfließenden Wassers.

Felsige Ufer und Sohle begünstigen die Anlage steinerner Wehre. Derartige Anlagen setzen die völlige Beseitigung des faulen und verwitterten Gesteines voraus.

Wir unterscheiden bewegliche und feste Wehre.

65. Bewegliche Wehre.

Bewegliche Wehre werden dort angelegt, wo lediglich eine zeitweilige Senkung des angestauten Wasserspiegels erforderlich ist.

1. Staubrett. Zur Ableitung des Wassers aus kleinen Wasserläufen genügt in vielen Fällen ein ganz einfaches Staubrett. Wie aus der Fig. 114 zu ersehen ist, ist in der Sohle eine Schwelle eingelegt, welche auf Piloten aufgezogen und stromaufwärts durch eine Spundwand gegen Unterwaschung gesichert erscheint. Das zum Wasseraufstau zu verwendende Stichbrett ist aus einem 4 cm starken Brette hergestellt und mit einem Griff versehen, wird durch zwei auf den beiden Ufern eingerammte Piloten, welche die Aufgabe der Griesständer haben, und die Schwelle gestützt. Im Bedarfsfalle ist das Bachprofil durch eine aus 4-cm-Pfosten hergestellte Verplankung gegen Hinterwaschungen zu sichern.

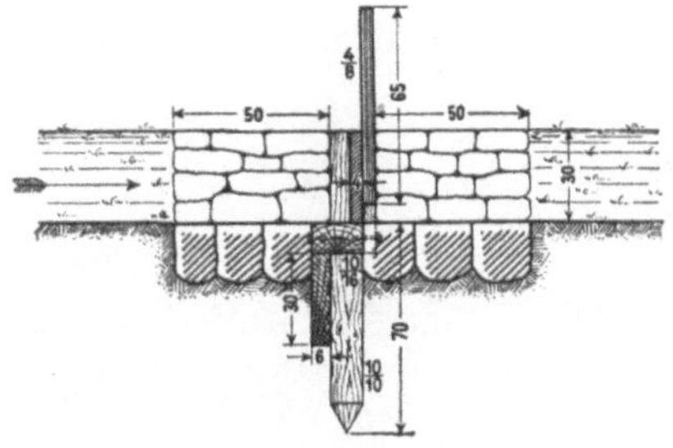

Fig. 114.

Sowohl stromaufwärts als auch abwärts ist das Bachufer und die Sohle durch Pflasterung zu sichern, stromabwärts sei das Pflaster mindestens 2—3 m länger als die Höhe des Stichbrettes.

2. Stau mit Versatzbohlen. Handelt es sich um den Aufstau eines größeren Wasserlaufs, dann erscheint eine sorgfältige und standfeste Herstellungsart deshalb gerechtfertigt, weil das Bauwerk der dynamischen Kraft des Wassers im höheren Maße ausgesetzt ist und dem Angriff einer größeren Stoßkraft ausgesetzt erscheint.

Je nach der Größe der zum Aufstau zu bringenden Wassermenge und den Abmessungen des Wasserlaufes selbst sind eine oder zwei Schwellen (Fig. 115), auf Piloten aufgezogen, in die Sohle einzulegen und durch Spundwände gegen Unterwaschungen zu sichern. Stromaufwärts ist die Verplankung mit 4-cm-Brettern 1,20 m lang und bis Uferhöhe ausgeführt; stromabwärts ist die Verplankung zumindest doppelt so lang (2,40 m). Die Verplankungen sind auf Piloten aufgenagelt.

Die Sohle wird in der ganzen Länge, soweit die Verplankungen reichen, 20 cm hoch gepflastert.

Der Aufstau wird, je nach der Breite des Stauwerkes, durch 8—12 cm starke, 20—25 cm hohe Bohlen, welche vor die Piloten und zwischen die Schwellen eingelegt werden, bewerkstelligt und nach Entfernung derselben wieder beseitigt. Die Bohlen müssen gleichhoch sein und mit sorgfältigst angearbeiteten Anstoßkanten hergestellt sein.

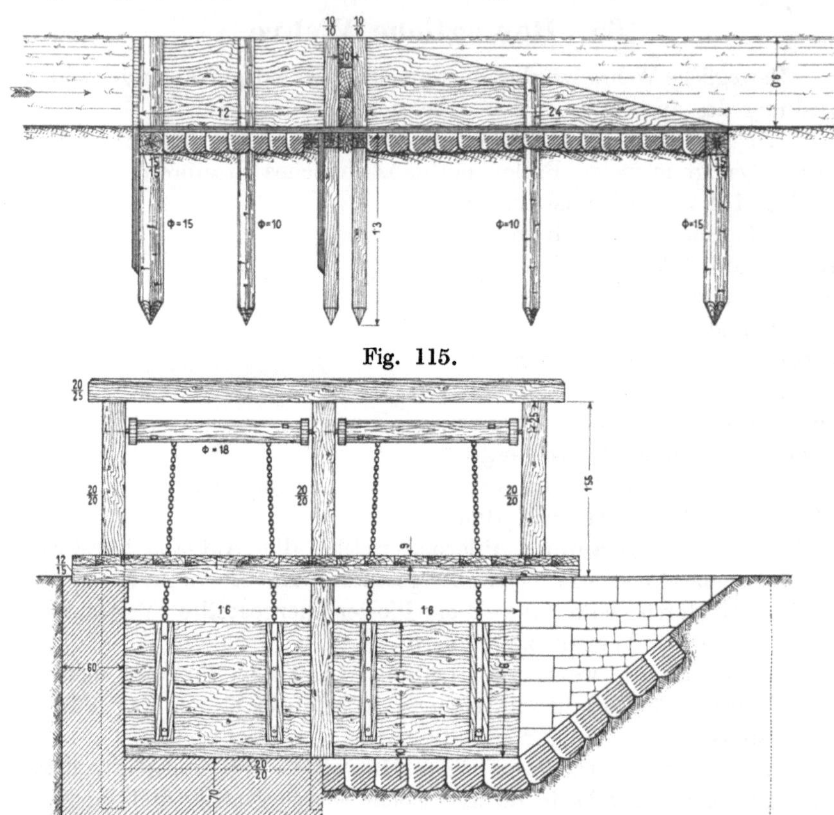

Fig. 115.

Fig. 116.

3. **Schützenwehre.** Bei dieser Art von Wehren erfolgt der Verschluß der Wehröffnungen durch lotrecht stehende hölzerne oder eiserne Tafeln, welche man S c h ü t z e n oder auch Fallen nennt.

Jedes Schützenwehr (Fig. 116) besteht aus der S c h ü t z e n t a f e l, der A u f z u g v o r r i c h t u n g und dem S c h ü t z e n r a h m e n.

Die Schützentafeln bestehen zumeist aus 3—8 cm starken Pfosten aus Eichen- oder Lärchenholz, welche mit Feder oder Nut gedichtet und durch Flacheisen verbunden sind. Der Schützenrahmen kann entweder gemauert oder aus Holz angefertigt sein, in welchem Falle man die Sohlschwelle den Schützenpolster, die beiden Vertikalständer die Griessäulen und den oberen, wagerechten Balken den Holm nennt.

In Polstern und Griessäulen sind Nuten ausgestemmt, in welchen die Schützentafel geführt wird und, durch den Wasserdruck angepreßt, auch dichtet.

Wie bei den Schützenschleusen oder Hochwasserüberfällen, so wird auch bei den Schützenwehren die Breite der Schützenöffnungen bei kleinen Gräben 1,0 m, bei größeren bis 1,50 m gemacht und dementsprechend bei größeren Durchflußbreiten mehrere Schutzöffnungen angeordnet. Bei niederen Schützentafeln wird bei einfacher Aufzugsvorrichtung bis zu 4,00 m Lichtweite gegangen. Die Bauart einer Einlaßschleuse von 3,20 m l. W. mit Kettenaufzug ist aus der Fig. 116 zu ersehen. Der Bachlauf, in welchem das Schützenwehr aufgestellt werden sollte, hat ein mittleres Profil von 1,0 m Sohlenbreite, 1,5 m Tiefe und 4,9 m Kronenbreite. Das Winterhochwasser erreicht eine Höhe von 1,20 m, so daß die mittlere Breite des Hochwasserprofils 2,56 m beträgt. Die einzubauende Schleuse soll das Bachwasser bei gewöhnlichem Wasserstande auf eine Höhe von 1,10 m anstauen. Die Grundmauern und Flügel sind aus Bruchsteinen zwischen Spundwänden, die Schleuse mit 2 Schützenöffnungen von je 1,60 m Lichtweite selbst aus Eichenholz hergestellt. Die Schützen sind 1,80 m breit und 1,10 m hoch und werden mittels einer Welle, an welcher sie mit Ketten aufgehängt sind, gezogen.

a) **Berechnung der mittleren Griessäule.** Der Mittelständer ist ein viereckiger Eichenbalken, der an seinem unteren Ende eingeklemmt ist. Die Stoßwirkung des Wassers ist

$$1{,}2\,P \cdot l = k\,W,$$

$$P = 1{,}7 \cdot \frac{1{,}1^2}{2} \cdot 1000 = \text{rund } 1029$$

$$l \text{ (Schwerpunktshöhe über Unterkante)} = \frac{h}{3} = \frac{1{,}10}{3} = \text{rund } 0{,}37\ \text{m}\,.$$

Wird k (für Eichenholz auf Druck beansprucht) = 80 angenommen, so ist

$$W = \frac{1{,}2 \cdot 1029 \cdot 37}{80}.$$

Da das erforderliche Widerstandsmoment des Balkens bei quadratischem Querschnitt von der Seitenlänge $b = \frac{b^3}{6}$ ist, so ergibt sich durch Gegenüberstellung beider Werte:

$$b = \sqrt[3]{\frac{1{,}2 \cdot 1029 \cdot 37 \cdot 6}{80}} = \sqrt[3]{3426{,}57} = \text{rund } 16\ \text{cm}\,.$$

Sicherheitshalber wird eine Stärke von 20/20 cm verwendet.

b) **Berechnung der Schützentafelstärke.** Die Stärke der zu den Schützentafeln zu verwendenden Eichenbohlen berechnet sich nach der Formel

$$1{,}2 \,.\, \frac{P \cdot l}{8} = k \cdot W\,.$$

P (Wasserdruck in kg auf 1 cm breiten untersten Bohlenstreifen) $= 0{,}01 \cdot 1{,}70 \cdot 1{,}10 \cdot 1000 = 18{,}7$ kg; l (die Breite der Schützen zwischen Mitte Auflager) $= 170$ cm; $k = 80$.

$$W = \frac{1{,}2 \cdot 18{,}7 \cdot 170}{8 \cdot 80} = 5{,}96\,.$$

Das Widerstandsmoment des Bohlenquerschnittes bie $b = 1$ cm muß dem obigen Moment gleich sein. Es ergibt sich demnach

$$\frac{b \cdot h^2}{6} = 5{,}96;\; 1{,}0 \cdot h^2 = 5{,}96 \cdot 6$$

$$h = \sqrt{5{,}96 \cdot 6} = \text{rund } 6\,\text{cm}.$$

Angenommen werden 8 cm starke Bohlen.

c) **Berechnung der aufzuziehenden Last und Kettenstärke.** Die aufzuziehende Last besteht aus dem auf die Schützentafel wirkenden Wasserdrucke P und dem Eigengewicht derselben G.

$$P = 1{,}2 \cdot 1000 \cdot 1{,}80 \cdot \frac{1{,}1^2}{2} = \text{rund } 1307\,\text{kg}$$

$G = 1{,}80 \cdot 1{,}1 \cdot 0{,}08 \cdot 1000$ (spez. Gewicht des nassen Eichenholzes) = rund 158 kg.

Hierzu rund 10 kg für Ketten und Beschlag, ergibt ein Gesamtgewicht = 1475 kg.

Der Reibungskoeffizient von Eichenholz auf Eichenholz in feuchtem Zustand und bei gekreuzter Faser beträgt, nach den Versuchen von Morrin, für den Übergang aus der Ruhe in die Bewegung 0,71, im Zustande der Bewegung 0,25.

Es würden also im ersteren Falle $0{,}71 \cdot 1307 + 168 = 1096$ kg, im letzteren Falle $0{,}25 \cdot 1307 + 168 = 495$ kg durch den Aufzug zu bewegen sein. Es entfällt auf jede der beiden Ketten der Aufziehvorrichtung mithin ein Zug von $\frac{1096}{2} = 548$ kg (P). Die Gliederstärke der Ketten berechnet sich nach der Formel

$$d = 0{,}03 \sqrt{P_1} \text{ zu } 0{,}03 \sqrt{548} = \text{rund } 7\,\text{mm}.$$

d) Berechnung der Wellenstärke. Die Welle hat bei einer Länge von 169 cm die Last von 1096 kg zu heben, welche zur Hälfte an den beiden Ketten in einer Entfernung von rund 45 cm von der

Auflagermitte der Welle angreift. Es ergibt sich daher ein Biegungsmoment für die Welle von

$$M_{max} = 548 \cdot 45 = 24\,660 \text{ kg/cm} \quad \text{und ein}$$

$$W = \frac{24\,660}{80} = \text{rund } 309 \text{ cm}^3.$$

Da das Widerstandsmoment der Welle

$$W = \frac{\pi \cdot d^3}{32} = 30\,g$$

sein muß, ergibt sich die Stärke der Welle zu

$$\sqrt[3]{\frac{32 \cdot 309}{\pi}} = \text{rund } 16 \text{ cm}.$$

Wegen der starken Abnutzung werden 18 cm vorgesehen.

e) Berechnung der Zapfenstärke. Eigengewicht der Welle =

$\pi \cdot 0{,}99^2 \cdot 1{,}6 \cdot 900$ = rund	37 kg
Hierzu die aufzuziehende Last	1096 „
Zusammen	1133 kg

Es entfällt mithin auf jeden Zapfen eine Last von $\frac{1133}{2}$ = rund 567 kg (Q).

Die Zapfenstärke berechnet sich nach der Formel

$$Q = \frac{d^3 \cdot \pi \cdot k}{32\,l},$$

worin d die Zapfenstärke in cm, l die Länge derselben in cm (gewöhnlich $l = 1{,}2\,d$), k die zulässige Beanspruchung des Eisens gegen Abscherung (bei Gußeisen = 375, bei Schmiedeeisen 600) bedeutet. Es ist daher

$$d = \sqrt[3]{\frac{Q \cdot 32 \cdot l}{\pi \cdot k}} = \sqrt[3]{\frac{567 \cdot 32 \cdot 9}{3{,}14 \cdot 375}} = \text{rund } 6 \text{ cm}.$$

f) Berechnung der Kraft zur Hebung der Schütze. Mittels der Welle muß eine Last von 1096 kg angehoben werden und 495 kg in Bewegung erhalten bleiben. Die Kraft, welche hierzu notwendig ist, berechnet sich nach der Formel $K = P\frac{a}{r}$; worin P die aufzuziehende Last, r der Halbmesser der Welle und a die Länge des Hebels bezeichnet.

$$K = 1096 \cdot \frac{0{,}09}{1{,}50} = \text{rund } 66 \text{ kg beim Anfange des Aufzuges.}$$

$$K_1 = 495 \cdot \frac{0{,}09}{1{,}50} = \text{rund } 30 \text{ kg in der Bewegung.}$$

In den Fig. 117a und 117b ist eine einfache Stauschleuse gezeichnet, vermöge welcher der Wasserspiegel um 90 cm gehoben und das Wasser nach Belieben durch die an beiden Ufern angebauten

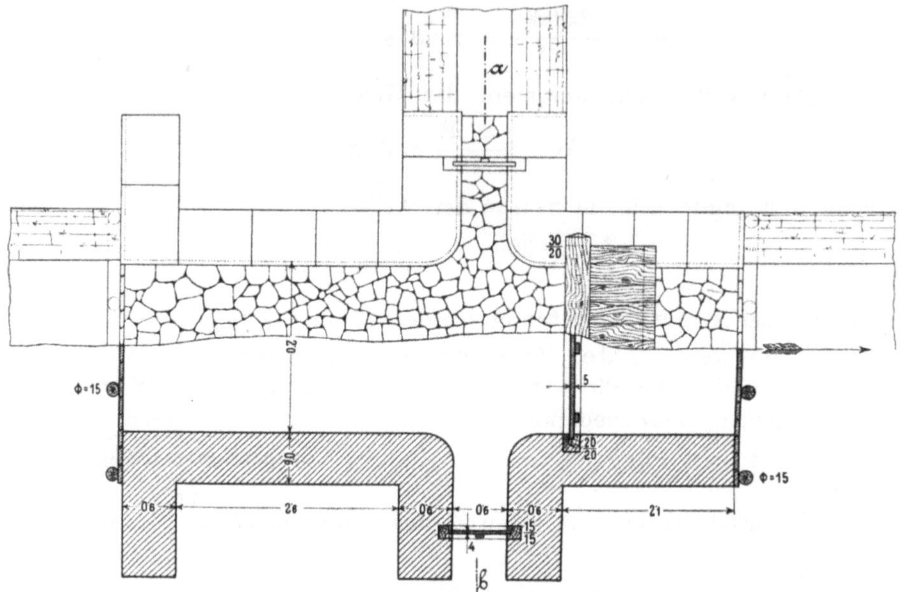

Fig. 117a. Grundriß.

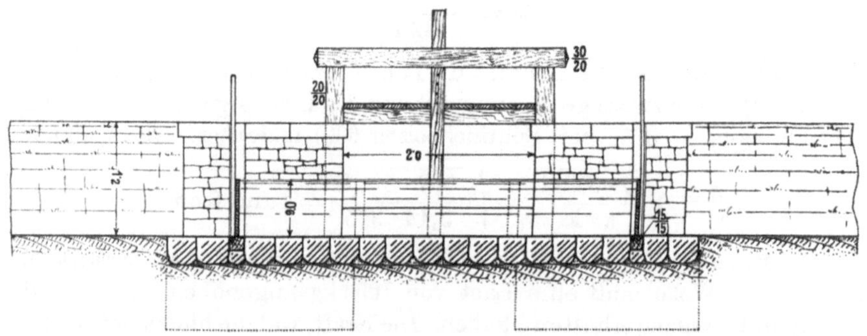

Fig. 117b. Stau-Schleuse. Schnitt a—b.

kleineren Schleusen oder durch jede einzeln in die tiefer liegenden Teiche abgeleitet werden kann. An Stelle des gezeichneten Handgriffes kann auch eine Schraubenspindel mit einem Rad angebracht werden. Die Bachsohle und die Böschungen sind zwischen Schwellen gepflastert. Für die Berechnungen der einzelnen Bestandteile der Schleuse gelten die oben entwickelten Gleichungen.

66. Feste Wehre.

Wehre sind Bauwerke, die auf der Sohle eines Wasserlaufes errichtet werden und einen Aufstau, d. h. eine Hebung des Wasserspiegels, an einer bestimmten Stelle bewirken, um die aufgestaute Wassermenge für verschiedene Zwecke, im vorliegenden Falle zur Speisung von Fischteichen, zu verwenden.

In der Bauart der festen Wehre findet sich eine große Mannigfaltigkeit sowohl hinsichtlich der Baustoffe als auch in bezug auf den Querschnitt. Nach der Art des Baustoffes werden die Wehre aus Holz, Bruchsteinmauerwerk oder Beton unterschieden, nach der Gestalt des Querschnittes Wehre mit senkrechtem, stufenartigem und geneigtem Abfall und Abschlußboden.

Die Stärke des Wehrkörpers, in der Stromrichtung gemessen, muß so groß sein, daß genügende Standfestigkeit gegen Druck, Umkippen und Verschieben vorhanden ist. Neben dem muß noch eine Vorkehrung gegen Unterwaschung und Umspülung geschaffen werden. Das feste Wehr soll mit den beiden Ufern durch Wangen oder Uferwände entsprechend verbunden werden. Die Flügel der Wangen müssen tief in die Ufer eingebunden werden, wenn dem seitlichen Hinterströmen vorgebeugt werden soll. Gewöhnlich werden die Wangen als Leitwände so angelegt, daß sie sich von dem Wehrrücken sowohl auf- als abwärts dem Ufer allmählich nähern, wodurch der Wasserabfluß begünstigt wird.

Wenn der Wehrkörper in der Stromrichtung einen ansteigenden Vorboden erhält, so wird es dem Zwecke der Beförderung des Wasserabflusses entsprechen. Erhält der Vorboden eine Abschrägung, so wird die Abführung des Eises leichter bewerkstelligt.

Die Krone des Wehres muß stets sehr fest und derart dauerhaft hergestellt werden, daß kein Erniedrigen durch Wasser oder Eis erfolgt. Es empfiehlt sich daher, die Wehrkrone gegen die Mitte ganz unbedeutend zu senken; bei hölzernen Wehren, bei welchen die Krone durch den Fachbaum gebildet wird, ist stets dessen wagerechte Lage Bedingung.

Die Bewegung des unterhalb des Wehres fließenden Wassers wird durch den Hinter- oder Abschußboden wesentlich beeinflußt. An steilen, lotrecht oder stufenförmig hergestellten Abschußböden zerstört sich wohl die lebendige Kraft des Wassers bereits beim Abstürzen. Die Angriffe des abstürzenden Wassers sind jedoch derart groß, daß die Sturzböden mit der größten Sorgfalt hergestellt werden müssen. Der Wassersturz veranlaßt bei steil abfallenden Abschußböden zwei deutlich erkennbare, einen Wirbel bildende Strömungen. Die eine vollzieht sich an der Oberfläche und greift die Ufer an, während die andere nach unten gekehrt ist und ihre Angriffe gegen die Sohle richtet. Ist der Abschußboden sanft geneigt, so verschwindet die untere Wirbelbewegung, die Gefahr der Auskolkung unterhalb des Wehres nimmt ab, aber das Wasser tritt infolge der unverminderten lebendigen Kraft mit großer Geschwindigkeit in das Bach- oder Flußbett und greift Sohle und Ufer auf eine lange Strecke unterhalb des Wehres an.

Zur Sicherung der Sohle gegen Auskolkungen dient das Sturzbett, in welchem das Wasserpolster die Angriffe des überstürzenden Wassers ermäßigt. Das Sturzbett besteht entweder aus einer Steinschüttung, Faschinen oder aus einer Abpflasterung. Soll das Sturzbett wirksam bleiben, dann ist es nötig, dasselbe tief unter dem Wasser zu legen und so weit zu verlängern, daß der Abflußstrahl in das Sturzbett fällt.

Das Unterwasserbett soll stets eine Erbreiterung erfahren, damit die unvermeidlichen Rückströmungen sich besser ausbilden können, wodurch die Angriffe des Wassers auf die Ufer und die Sohle herabgemindert werden.

Wirkung der festen Wehre. Bei niedrigen Wasserständen findet in der Nähe eines festen Wehres eine erhebliche Vergrößerung des Durchflußquerschnittes des Oberwassers statt; in größerer Entfernung vermindern sich die Tiefen und die Querschnitte erheblich. Im Unterwasser bleiben die Durchflußquerschnitte, nachdem das Fallwasser sich beruhigt hat, unverändert, das erstere hat deshalb im wesentlichen dieselbe Lage, welche vor Erbauung des Wehres bestand.

Bei Hochwasser hebt sich der Wasserstand des Unterwassers in demselben Grade, wie es vor Herstellung des Wehres der Fall war, auch das Oberwasser schwillt an, aber nicht so stark wie das Unterwasser. Die Folge ist, daß sich sodann das Unterfallwehr mitunter in ein Grundwehr verwandelt, und unter Umständen ist der Höhenunterschied zwischen Ober- und Unterwasser mit dem Auge kaum wahrnehmbar.

Feste Überfallwehre beeinflussen auch die Sinkstoffbewegung in hohem Grade und in nachteiliger Weise. In angemessener Entfernung vom Wehre und solange die Abnahme des Gefälles durch die Zunahme der Wassertiefe ausgeglichen wird, erleidet zwar die Schleppkraft des Wassers eine erhebliche Einbuße nicht. In der Nähe des Wehres bringt aber das daselbst vorhandene sehr geringe Gefälle eine so starke Verminderung der Schleppkraft mit sich, daß wohl die feineren Sinkstoffe, nicht aber die schweren, einen Weg über das Wehr finden. Feste Wehre haben deshalb im Oberwasser eine Erhöhung der Flußsohle stets zur Folge, und je mehr diese Erhöhung fortschreitet, desto mehr werden die Hochwasserstände der betreffenden Strecke gesteigert.

a) Hölzerne Wehre. Die hölzernen Wehre bestehen entweder aus einfachen, mehr oder weniger dichten Holzwänden oder aus kastenförmigen Körpern mit zwei oder mehreren Längswänden, welche mit Erd- oder Steinmaterial hinterfüllt sind. Die Wände werden entweder von eingerammten Pfählen getragen oder sind Teile von sog. Steinkisten, aus denen der Wehrkörper besteht. Wehre aus einfachen Holzwänden zusammengestellt, sind im allgemeinen nur anwendbar für kleinere (bis zu 0,8 m) Stauhöhen und in kleineren Gewässern, da sie nicht geeignet sind, dem Drucke und der Stoßkraft größerer Wassermassen zu widerstehen. Auch lassen sich hölzerne Wehre lediglich in holzreichen Gegenden mit Vorteil anwenden.

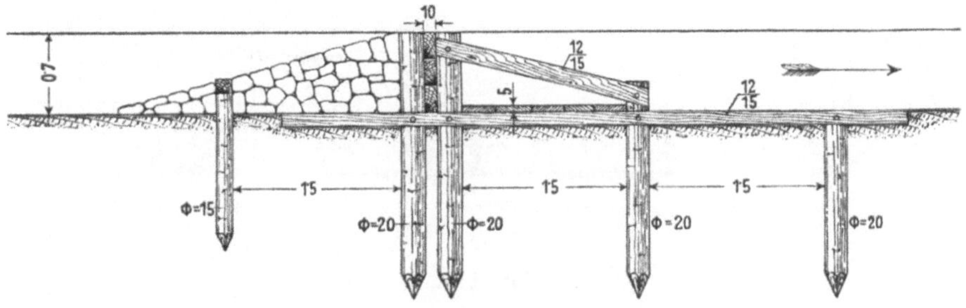

Fig. 118.

1. Einwandiges Überfallwehr mit hölzernem Sturzboden. Der Wehrkörper besteht entweder aus einer bis zum Fachbaum reichenden Spundwand, oder die letztere reicht (Fig. 118) bloß bis zur Bodenfläche, während der obere Teil eine Bohlwand mit wagerechten Bohlenlagen (allenfalls gespundet) bildet, wodurch der Vorteil entsteht, daß der obere, der Zerstörung durch Fäulnis u. a. ausgesetzte Teil, leicht erneuert werden kann. Der Sturzboden besteht zum Teil aus einem dichten Bohlenbelag, welcher von verholmten Pfählen getragen wird und durch eine weitere Spundwand abgeschlossen ist, an welche sich allenfalls noch eine Verlängerung des Sturzbettes aus Steinschüttung oder Pflasterung anschließt. Man kann als Vorboden eine sanft ansteigende Steinschüttung anbringen, welche gleichzeitig für die Wand einen Schutz gegen die Angriffe von Eis und anderen schwimmenden Gegenständen gewährt.

2. Einfaches Steinkistenwehr aus Rundholz mit senkrechtem Abfall. Der Wehrkörper besteht aus mehreren verholmten Pfahlreihen, welche auf den Holmen einen schiefen Vor- und Hinterboden tragen, und an welche sich vorne und hinten eine Bohlwand oder bei mehr durchlässigen Böden eine Spundwand anschließt, nebst dem zur Erreichung einer größeren Dichtigkeit unter dem Fachbaume eine solche Wand angeordnet ist. Die Zwischenräume unter dem Wehr-

boden werden durch Geschiebe, Steinmaterial und Letten verwendet. Da der Hinterboden einer stärkeren Abnutzung ausgesetzt ist, so erscheint es zweckmäßig, denselben aus doppeltem Bohlenbelag herzustellen, wovon der obere im Bedarfsfall erneuert werden kann. Der Hinterboden soll entsprechend lang und gegen Unterwaschung gesichert sein.

b) **Grundwehr in Beton.** Der Stau muß, um dem Teiche das nötige Betriebswasser zuzuführen, eine gewisse Höhe erhalten. Die Breite des Wehres ist so zu bestimmen, daß selbst das höchste Hochwasser des Wasserlaufes ohne Ausuferung über das Wehr abfließen kann. Wenn in der Nähe der Baustelle geeignetes Sandlager vorhanden ist,

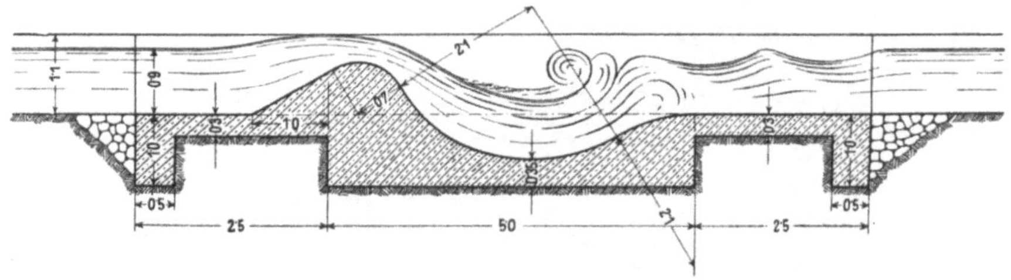

Fig. 119.

so kann das Wehr in Beton mit geneigtem Abfallboden und Reaktionsmulde ausgeführt werden, da bei dieser Bauart der Wehrkörper den geringsten Angriffen des überströmenden Wassers ausgesetzt ist. Zur Verminderung der Kontraktion über dem Wehrrücken soll der Vorboden des Wehres gegen den Rücken ansteigen. (Fig. 119.)

Beispiel: Stauhöhe 0,70 m; Hochwassermenge 4,30 m³/s; Bachtiefe 1,10 m, Hochwasserhöhe im Bache an der Baustelle 0,90 m.

Berechnung der Wehrrückenbreite. Da die Bachtiefe 1,10 m beträgt, so ist ein Aufstau von 1,10 — 0,90 = 0,20 m angängig, ohne daß eine Ausuferung des Wassers stattfindet. Die Wehrhöhe beträgt 0,70 m. Dieselbe bleibt demnach um 0,90 — 0,70 = 0,20 m unter der Höhe des abfließenden Hochwassers. Die Geschwindigkeit, mit der das Hochwasser vor dem Wehre ankommt, ist zu 1,50 m/s ermittelt, so daß die dadurch bedingte Geschwindigkeitshöhe

$$\frac{v^2}{2\,g} = k = 0{,}1147 \text{ ist; } \tfrac{2}{3}\,\mu_1 = 0{,}57, \quad \mu_2 = 0{,}62\,.$$

Die Wehrbreite berechnet sich demnach nach der Formel für unvollkommene Überfälle zu

$$b = \frac{Q}{\tfrac{2}{3}\,\mu_1\,\sqrt{2\,g}\,[(h+k)^{3/2} - k^{3/2}] + \mu_2 \cdot a\,\sqrt{2\,g}\cdot\sqrt{h+k}}$$

= rund 6,60 m mittlere Breite.

Es ergibt dies bei einer Böschungsbreite von je 0,50 m beiderseits des Wehrrückens und 0,40 m Wassertiefe über demselben eine Länge des Rückens von

$$6{,}60-2\cdot\frac{0{,}50}{0{,}40}\cdot 0{,}20 = 6{,}60-0{,}50 = 6{,}10 \text{ m}.$$

67. Überleitungsrinnen.

Überleitungsrinnen (Kandeln, Aquädukte) sind offene Gerinne, zumeist von rechteckigem Querschnitte, aus Holz, Eisenbeton oder

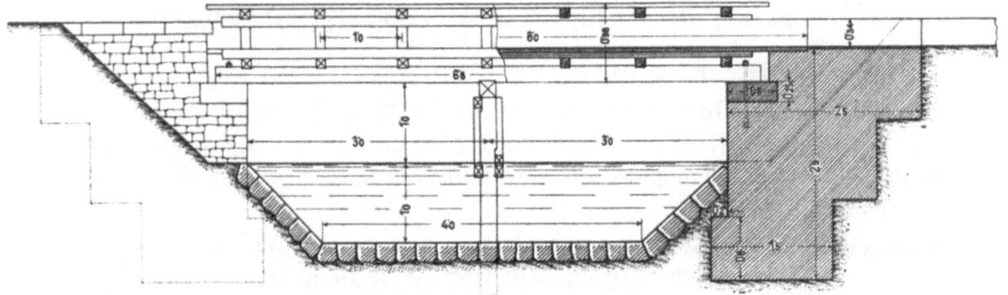

Fig. 120. Ansicht. Längenschnitt.

Eisen hergestellt, welche auf 2 Widerlagern (Landpfeilern), bei größerer Spannweite auf Mittelpfeilern (Joche), aufliegen, durch welche das Wasser über Bäche, Flüsse, Täler und sonstige Vertiefungen geleitet wird.

a) **Hölzerne Überleitungsrinne.** Mit der in den Fig. 120, 121 dargestellten Überleitungsrinne wird das Wasser über einen 6,0 m breiten Bach geführt. Die hölzerne Kandel ist aus 5 cm starken Kieferpfosten gezimmert und auf Entfernung von je 1,0 m durch $^{12}/_{12}$ cm starke verschraubte Zangen zusammengehalten. Die ganze Rinne ruht auf 2 Längsträgern, welche bis auf die Landpfeiler hinübergreifen. Das Eigengewicht des Bauwerks und des darin fließenden Wassers ist derart groß, das ein Durchbiegen der Rinne erfolgen würde; deshalb erscheint es notwendig, in die Mitte des Wasserlaufes ein Joch

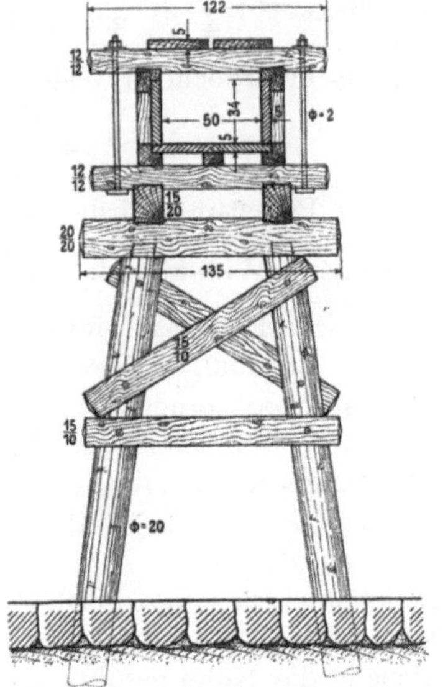

Fig. 121. Querschnitt.

(Fig. 121) aufzustellen und die Kandel zu stützen. Bei größeren Entfernungen sind im Bedarfsfalle mehrere Joche anzubringen.

Berechnung der Wasserführung. Ist F = Inhalt, v = mittleren Geschwindigkeit, Q = Wassermenge, U = benetzter Umfang, J = das Gefälle des Wasserspiegels, $R = \frac{F}{U}$ mittlerer Profilradius, k ein zu bestimmender Koeffizient, so ist die durchfließende Wassermenge

$$Q = F \cdot k \cdot \sqrt{R \cdot J}.$$

Ist nun

$$F = 0{,}17\ m^2; \quad U = 1{,}18; \quad R = \frac{F}{U} = 0{,}144; \quad \sqrt{R} = 0{,}38;$$

$$J = 0{,}001; \quad \sqrt{J} = 0{,}0316;$$

k für gehobeltes Holz und in R = 0,144 = 77,1, Q = 0,157 m^3/s.

Berechnung der Tragfähigkeit der 3 m langen Kandel, wenn neben dem Eigengewichte eine zufällige Belastung von Menschen angenommen wird.

Eigengewicht: 2 · 0,3 · 3,0 + 1,32 · 0,05 · 3 + 1,22 · 0,014 · 3
+ 0,60 · 0,05 · 3 = 2,136 m^3 Kiefernholz m^3
zu 760 kg . . . . 1623 kg
Gewicht des Wassers 0,170 · 3,0 · 1000 kg . . . . 510 kg
Eigengewicht 2133 kg.

Zufällige Belastung durch zwei Menschen mit P = 160 kg in der Mitte.

$$M_{max} = \left(\frac{P}{4} + \frac{G}{8}\right) l = \left(\frac{160}{4} + \frac{2133}{8}\right) 270 = 82\,620\ kg/cm.$$

Das erforderliche Widerstandsmoment ist bei k = 60

$$W = \frac{M}{k} = \frac{82\,620}{60} = 1377\ cm^3.$$

Die Belastung wird von den beiden Seitenbohlen getragen. Das vorhandene Widerstandsmoment dieser Bohlen beträgt $\frac{b \cdot h^2}{6} = 2{,}5$,

b) **Überführung eines Zuleitungsgrabens über einen Bach in eiserner Kandel.** Das Gerinne dient zur Überführung des Speisegrabens über einen Graben von 9,0 m Spannweite; die Trägerunterkante der Überleitung ist 0,25 m über den höchsten Hochwasserspiegel angeordnet, so daß der freie Wasserabfluß nicht beeinträchtigt wird.

Die Überleitung ist 12,50 m lang und ruht auf massiven Auflagern aus Stampfbeton. Zum Schutze gegen Umspülung des Bauwerkes greifen am Ein- und Auslauf des Gerinnes die Betonwände des Auflagers in die Dämme des Zuleitungsgrabens ein und sind seitlich an der Rinne in die Höhe geführt. Das Gerinne ist aus Eisenblech hergestellt, wobei die Eisenplatten des Bodens und der Seitenwände an und auf die

Längsträger und Querstützen festgenietet sind. Tragkonstruktionen des Gerinnes sind ⊏-Eisen, N. P. H. 30 verlegt; zur Verstärkung der Seitenwände dienen die in der Längsrichtung oben an der Innenseite angebrachten L-Eisen, die wieder durch die in Abständen von 1,50 m seitlich an der Rinnenwandung befestigten und über die Rinne hinübergreifenden L-Eisen unterstützt werden. Ebenso wird die Bodenwandung durch Querriegel aus ⊥-Eisen in Abständen von 1,50 m gestützt.

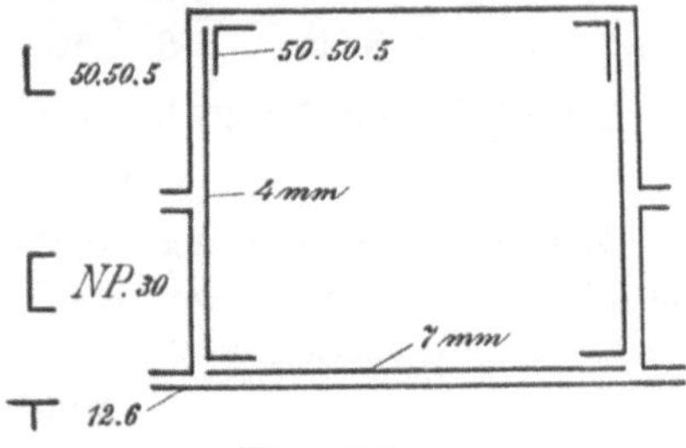

Fig. 122.

Statische Berechnung der Eisenkonstruktion.

1. **Boden des Gerinnes.** Der Boden ruht auf Querriegeln und ist außerdem noch seitlich durch Vernietung befestigt. Er kann daher als eingespannter, gleichmäßig belasteter Träger angesehen werden. (Fig. 122.)

Die Belastung setzt sich zusammen aus

Eigengewicht und Auflast. — Eigengewicht $= 1{,}5 \cdot 0{,}9 = 1{,}35$ m²

Eisenblech, 7 mm stark, zu 55 kg = ...	74,25 kg
Auflast : Wasserdruck $= 0{,}9 \cdot 0{,}6 \cdot 1{,}5 \cdot 1000$ kg = ...	810,25 kg
zusammen	884,25 kg
rund	885,00 kg.

2. **Oberes Winkeleisen.** Stützweite = Abstand der Querriegel = 1,5 m. Das obere Winkeleisen hat den Auflagedruck bei A = 107 kg aufzunehmen und wird auf Biegung beansprucht.

$$W = \frac{P \cdot l}{8 \cdot K} = \frac{107 \cdot 150}{8 \cdot 750} = 2{,}7 \text{ cm}^3.$$

Gewählt ist ein L 50/50/5 mit einem W = 3,05 cm³.

3. **Seitenträger.** Die Stützweite ist $= 1{,}10 \cdot 9{,}0 + 0{,}40 = 9{,}50$ m. Die Seitenträger haben das Eigengewicht der ganzen Eisenkonstruktion und die mobile Belastung aufzunehmen.

Eigengewicht: ⊏-Träger Nr. 30,2 · 9,5 · 46,2 kg . .	877,8 kg
Eisenblech 7 mm = 9,5 · 0,9 · 55,0 kg	470,3 „
Eisenbleche 4 mm = 9,5 · 2 · 0,725 · 31,4 kg . . .	433,3 „
L-Eisen 50/50/5 = [1,80 · 7 + 2 · 9,5] · 3,77 kg . .	119,1 „
⊥-Eisen 12/6 = 7 · 1,10 · 13,4 kg	103,2 „
Summa Eigengewicht	2003,7 kg
Hierzu Wassergewicht: 0,65 · 0,9 · 9,5 · 1000 . . .	5557,5 „
Für Nieten und zur Abrundung	38,8 „
Belastung	7600,0 kg.

Es entfällt auf jeden Träger

$$\frac{7600}{2} = 3800 \text{ kg}.$$

Hierfür ergibt sich ein notwendiges Widerstandsmoment:

$$W = \frac{P \cdot l}{8 \cdot k} = \frac{3800 \cdot 950}{8 \cdot 850} = 531 \text{ cm}^3 \cdot (K = 850).$$

Der [-Träger Nr. 30 hat ein Widerstandsmoment

$$W = 535 \text{ cm}^3.$$

Zur Ausgleichung der durch Temperaturwechsel stattfindenden Längenänderungen der Eisenkonstruktion soll die Kandel mit einer Ausdehnvorrichtung und einem beweglichen Auflager versehen werden. Da die Ausdehnung des Schmiedeeisens 0,000 011 8 m für 1° C beträgt, so ergibt sich bei der Annahme, daß der größte Temperaturunterschied von + 45° bis — 30° C = 75° beträgt, bei einer Trägerlänge von 9,0 m eine allfällige Ausdehnung von

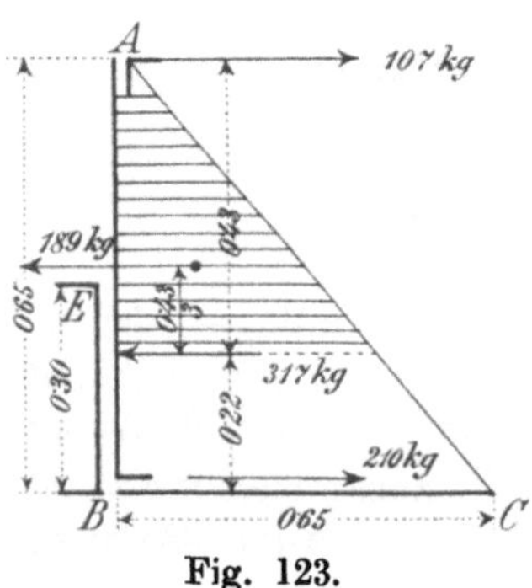

Fig. 123.

$$0{,}000\,011\,8 \cdot 75 \cdot 9 = 0{,}007\,965 \text{ m},$$

rund ·1 cm. Diese Ausdehnung ist durch eine eingespannte Bleiwelle aufgenommen. Der Spielraum in den Gelenken des beweglichen Lagers ist durch Futterplatten derart reguliert, daß die gestrichenen 25 mm Gelenkplatten zwischen den Tragwinkeln sich gerade noch, aber geführt, bewegen können. Es sind daher die Futterplatten allenfalls schwächer zu nehmen oder abzuarbeiten.

$$W = \frac{P \cdot l}{12 \cdot k} = \frac{885 \cdot 90}{12 \cdot 750} = 8{,}85 \text{ cm}^3.$$

Demgegenüber steht das Widerstandsmoment der inneren Kräfte

$$W = \frac{b \cdot h^2}{6}.$$

Auf die Stärke h des Bodens bezogen gibt

$$h = \frac{\sqrt{6 \cdot W}}{b} = \frac{\sqrt{6 \cdot 8{,}85}}{150} = 0{,}85 \text{ cm},$$

rund 6 mm. Mit Rücksicht auf das Rosten wurde 7 mm Blech gewählt.

2. Seitenwände des Gerinnes. Fig. 123. Die Belastung des zwischen den Versteifungen liegenden Wandstückes ist gleich dem Wasserdruck auf diese Fläche. Der Wasserdruck berechnet sich zu

$$1{,}50 \cdot 0{,}65 \cdot \frac{0{,}65}{2} \cdot 1000 = 317 \text{ kg}$$

bei ganz gefülltem Gerinne und ist in nebenstehendem Druckdreieck A B C graphisch dargestellt.

Sieht man davon ab, daß der Seitendruck bis zur Höhe der [-Eisen von diesen aufgenommen wird, und daß lediglich mit dem Wasserdruck auf die obere Hälfte der Wandungen zu rechnen ist, so können die oberen Längswinkeleisen und der untere Flansch des Trägers als Auflager der Seitenwandungen betrachtet werden. Der Schwerpunkt des Druckdreieckes A B C liegt in der Höhe von $\frac{6}{3} = \frac{0{,}65}{3}$ = rund 22 cm von B. Es ergeben sich hieraus die Auflagereaktionen

$$A = \frac{317 \cdot 22}{65} = \text{rund } 107 \text{ kg}$$

$$B = \frac{317 \cdot 43}{65} = \text{rund } 210 \text{ kg}$$

Zusammen 317 kg, wie oben.

Für den Angriffspunkt E des Druckes ergibt sich ein

$$M_{max} = 107 \cdot 43 - 1{,}5 \cdot 0{,}43 \cdot \frac{0{,}43}{2} \cdot 1000 \cdot \frac{0{,}43}{3} = 1892 \text{ cm/kg}.$$

$$W = \frac{1892}{750} = 2{,}5 \text{ cm}^3.$$

Das Widerstandsmoment $W = \frac{b \cdot h^2}{6}$ der Seitenwand muß also gleich 2,5 sein, mithin

$$h = \sqrt{\frac{6 \cdot 2{,}5}{150}} = 0{,}32 \text{ cm} = \text{rund } 4 \text{ mm}.$$

Zu den Seitenwandungen sind 4-mm-Bleche verwendet worden.

Maximalmoment von

$$\frac{(60 + \text{rund } 20)\text{ kg} \cdot 100 \text{ cm}}{8} = 1000 \text{ kg/cm}$$

$$x = \frac{15 \cdot 0{,}36}{10}\left[\sqrt{1 + \frac{2 \cdot 10 \cdot 8}{15 \cdot 0{,}36}} - 1\right] = 2{,}46 \text{ cm}$$

$$\sigma_b = \frac{2 \cdot 1000}{10 \cdot 2{,}46\,(8 - 0{,}82)} = \text{rund } 11{,}3 \text{ kg/cm}^2$$

$$\sigma_0 = \frac{1000}{0{,}36 \cdot 7{,}18} = \ldots \text{ rund } 387 \text{ kg/cm}^2.$$

Trotzdem diese Werte klein sind, empfiehlt sich eine Verschwächung der Platte wegen der Dichtung gegen Wasser nicht.

Der Auflagedruck beträgt, wie oben berechnet, 7301 kg; er verteilt sich auf $50 \cdot 24 = 1200$ cm².

Das Widerlager wird demnach mit

$$\frac{7301}{1200} = 6{,}1 \text{ kg/cm}^2$$

belastet. Die Bodenbelastung ist gleich

$$2{,}0 \cdot 0{,}8 \cdot 0{,}8 \cdot 2200 \text{ kg} + 7301 \text{ kg} = 10\,117 \text{ kg}$$

und für 1 cm² Bodenfläche gleich

$$\frac{10\,117}{80 \cdot 80} = \text{rund } 1{,}58 \text{ kg}.$$

c) Überleitung in Eisenbeton. Wo keine Pfeilereinbauten, Verstrebungen usw. im Bachprofil zulässig sind und deswegen die Überleitung eine größere Spannweite erhalten muß, wird zur Übersetzung des Wasserlaufes die Herstellung einer Kandel aus Eisenbeton als Balkenbrücke in Vorschlag gebracht. Das Ganze bildet sodann ein Kastengerinne, dessen Seitenwandungen zu Trägern ausgebildet werden, während der Boden ein scheitrechtes Gewölbe darstellt. In Abständen von ungefähr je 3 m erhalten die Träger eine obere Querverbindung zur Aussteifung. Die beiderseitigen Auflager werden aus Beton hergestellt.

Beispiel. Die Überleitung soll 1,0 m lichte Weite und 0,60 m Bordhöhe erhalten; der Wasserstand beträgt 0,50 m, die ganze Länge 15,0m.

Statische Berechnung (Fig. 124). Die Stützweite der Kandel beträgt 15,6 m. Das Eigengewicht beträgt für den laufenden Meter

$$2\left[(0{,}90 \cdot 0{,}20 + \frac{0{,}30 + 0{,}40}{2} \cdot 0{,}1 + 0{,}1 \cdot 0{,}5) \cdot 2400\right] = 1272 \text{ kg}.$$

Hierzu mobile Belastung (Wasser) $= 1{,}0 \cdot 0{,}6 \cdot 1000 =$ 600 „

Zusammen 1872 kg/m.

Bei der symmetrischen Anordnung entfällt also auf einen Träger $\frac{1872}{2} = 936$ kg und auf die ganze Länge $936 \cdot 15{,}6 = 14\,601{,}6$, rund 14 602 kg.

Da ein einfacher Balkenträger, auf 2 Stützen frei aufgelagert in Betracht kommt, wird das Angriffsmoment

$$M_{max} = \frac{14\,602 \cdot 1560}{8} = 2{,}847\,390 \text{ kg/cm}.$$

Es ist nunmehr der Nachweis zu führen, daß das Widerstandsmoment der Träger größer ist als das Angriffsmoment, bzw. daß die im Betonbalken auftretenden Spannungen innerhalb der zulässigen Grenze bleiben. Es soll hierbei nach der Methode des Professors W. Ritter, welche auf jede Querschnittform und Armierungsart verwendbar ist, verfahren werden. Da der Elastizitätsmodul des Eisens 15 mal so groß ist als derjenige des Betons, so wird zur einheitlichen Berechnung der Eisenquerschnitt mit 15 zu multiplizieren sein. Es sind zunächst die Flächen der Trägerquerschnitte, die statischen und Trägheitsmomente sowie die Lage der neutralen Achse zu ermitteln:

	Flächeninhalt F	Statisches Moment S	Trägheitsmoment J
Beton	$20 \cdot 90 = 1800$	$\cdot 45 = 81\,000$	$\cdot 60 = 4\,860\,000$
	$10 \cdot 30 = 300$	$\cdot 15 = 4\,500$	$\cdot 20 = 90\,000$
	$10 \cdot {}^{10}/_{2} = 50$	$\cdot 33{,}3 = 1\,665$	$\cdot 33{,}3 = 55\,445$
Eisen	$18{,}75 \cdot 15 = 281{,}25$	$\cdot 3 = 843{,}75$	$\cdot 3 = 2\,531$
	$37{,}5 \cdot 15 = 562{,}50$	$\cdot 85 = 47\,812{,}50$	$\cdot 85 = 4\,064\,063$
	$F = 2993{,}75$	$S = 135\,821{,}25$	$J_0 = 9\,072\,039$

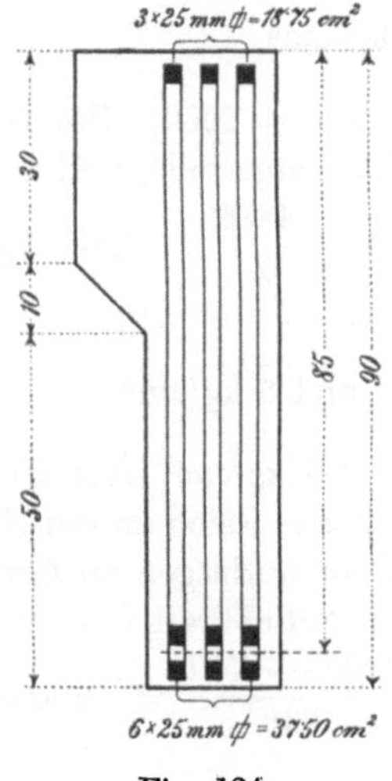

Fig. 124.

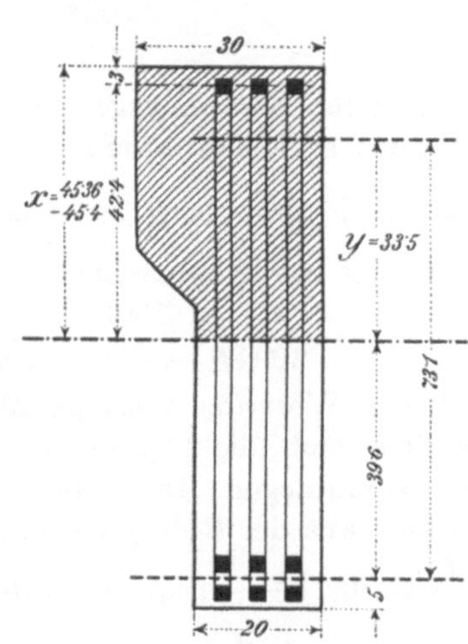

Fig. 125.

Die neutrale Achse x berechnet sich zu

$$\frac{S}{F} = \frac{135\,822}{2994} = 45{,}36, \text{ rund } 45{,}4 \text{ cm}$$

und das Trägheitsmoment, bezogen auf diese neutrale Achse,

$$J\,x = J_0 - F\,x^2 = 9\,072\,039 - 2994 \cdot 45{,}36 = 2\,912\,309 \text{ cm}^4.$$

Nach dem Biegungsgesetz erhält man nunmehr die Spannung des Betons

$$\sigma_b = \frac{45{,}40 \cdot 2\,847\,390}{2\,912\,309} = \text{rund } 44{,}4 \text{ kg/cm}^2.$$

Diese Beanspruchung des Betons geht zwar über die in der Ministerial-Verordnung angegebene Grenze hinaus, dürfte jedoch bei der gleichmäßig verteilten nahezu ruhenden Last noch als zulässig erachtet werden.

Um die Beanspruchung des Eisens zu ermitteln, ist zunächst der Druckmittelpunkt des Querschnittes über der neutralen Achse festzustellen (Fig. 125). Es ermitteln sich hierfür Querschnitt und Momente nach der obigen Methode

$$F_1 = 1539{,}25; \; S_1 = 42\,261{,}6; \; J_1 = 1\,414\,719 \text{ cm}^4.$$

Die Entfernung des oberen Druckmittelpunktes von der neutralen Achse ist nun

$$y = \frac{J_1}{S_1} = \frac{1\,414\,719}{42\,262} = \text{rund } 33{,}5 \text{ cm}$$

und die Entfernung vom oberen bis zum unteren Druckmittelpunkt $= 33{,}5 + 39{,}6 =$ rund 73 cm, so daß sich eine Zugkraft z von $\frac{2\,847\,390}{73}$ rund 39 005 kg auf 37,5 m² Eisenquerschnitt verteilt. Es ergibt dies

$$\sigma_0 = \frac{39\,004}{37{,}5} = 1040 \text{ kg/cm}^2$$

(zulässig nach den Bestimmungen vom 24. 5. 07 $\sigma_0 = 1000$). Die Gesamtlast der einen Kandelhälfte wurde zu 14 602 kg festgestellt, und der Auflagedruck wird also gleich der Querkraft $= \frac{14\,602}{2} = 7301$ kg; die Schubspannung im Beton rechnet sich hieraus zu

$$\sigma_0 = \frac{7301}{20\,(85 - 45{,}4 + 33{,}5)} = \text{rund } 5 \text{ kg/cm}^2.$$

Da dieser Wert das zulässige Maß von 4,5 kg/cm² überschreitet, so empfiehlt es sich, die 3 Quadrateisen der oberen Reihe an den Enden nach oben aufzubiegen. Die Stelle, wo mit dem Aufbiegen zu beginnen ist, findet sich aus der Bedingung, daß hier die Schubkraft nur sein darf $\frac{7301 \cdot 4{,}5}{5{,}0} = 6571$ kg. Dies ist erfüllt bei $\frac{7301 - 6571}{936} =$ rund 0,78 m Entfernung vom Auflager.

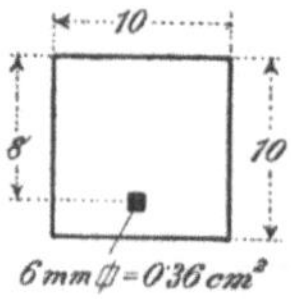

Die Haftsspannung an den 3 unteren Eisen beträgt am Auflager

$$e_1 = \frac{20 \cdot 5{,}0}{3 \cdot 4 \cdot 2{,}5} = \text{rund } 3{,}33 \text{ kg/cm}^2.$$

10 | 8 | 10 | 6 mm ⌀ = 0·36 cm²

Fig. 126.

Bei der Berechnung der Bodenplatte soll davon abgesehen werden, daß diese eingespannt ist, es berechnet sich demnach gemäß den Ministerialbestimmungen vom 24. Mai 1907 unter Berücksichtigung des gewählten Querschnittes für einen 10 cm breiten Einheitsstreifen (Fig. 126) und ein Maximalmoment von

$$\frac{(60 + \text{rd } 20)\text{ kg} \cdot 100 \text{ cm}}{8} = 1000 \text{ kg/cm}$$

$$x = \frac{15 \cdot 0{,}36}{10}\left[\sqrt{1 + \frac{2 \cdot 10 \cdot 8}{15 \cdot 0{,}36}} - 1\right] = 2{,}46 \text{ cm}$$

$$\sigma_b = \frac{2 \cdot 1000}{10 \cdot 2{,}46 \;\; (8 - 0{,}82)} = \text{rund } 11{,}3 \text{ kg/cm}^2$$

$$\sigma_e = \frac{1000}{0{,}36 \cdot 7{,}18} = \text{rund } 387 \text{ kg/cm}^2.$$

Trotzdem diese Werte sehr klein sind, empfiehlt sich eine Verschwächung der Platte wegen der Dichtung gegen Wasser nicht.

Der Auflagedruck beträgt wie oben berechnet 7301 kg; er verteilt sich auf $50 \cdot 20 = 1200\ \text{cm}^2$. Das Widerlager wird demnach mit $\frac{7301}{1200} = 6{,}1\ \text{kg/cm}^2$ belastet. Die Bodenbelastung ist =

$$2{,}0 \cdot 0{,}8 \cdot 0{,}8 \cdot 2200\ \text{kg} + 7301\ \text{kg} = 10\,117\ \text{kg}$$

und für $1\ \text{cm}^2$ Bodenfläche $= \frac{10\,117}{80 \cdot 80}$

= rd. 1,58 kg.

68. Wasserzuleitung durch Unterführung des Zubringers (Dücker).

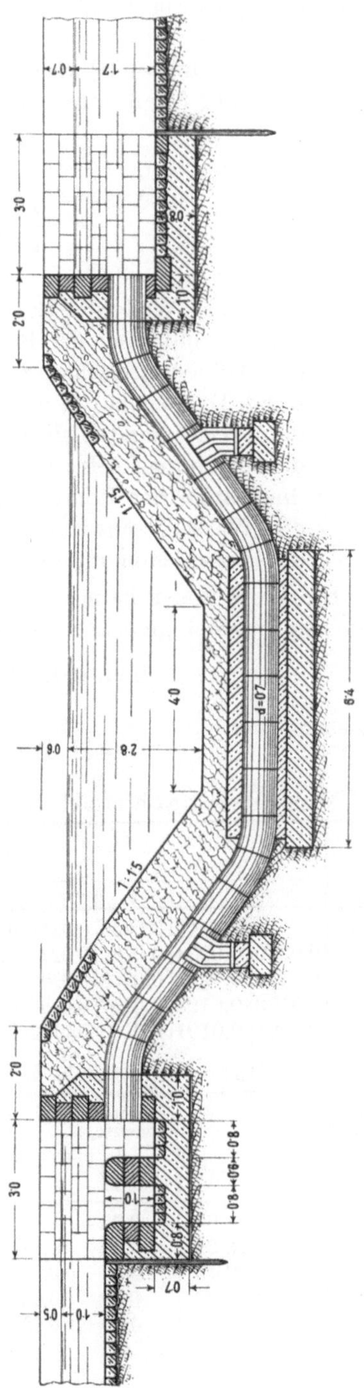

Gestatten es die Niveau-Verhältnisse nicht, das zum Speisen eines Teiches erforderliche Wasser über einen in der Richtung des Zuleiters gelegenen Bach oder Graben führen zu können, dann wird das Wasser mit Röhren (Zement, Eisen) unter dem Wasserlauf geleitet. Ein derartiger Fall kann in einer flachen Gegend zutreffen, weshalb auf diese Art der Zuleitung des näheren eingegangen werden soll.

Zu der in der Fig. 127 gezeichneten Unterführung eines Zubringers unter einen 14,0 m breiten und 3,4 m tiefen Wassergraben sind genietete schmiedeeiserne Rohre von 0,7 m lichter Weite verwendet worden. Beim Einflusse ist ein Sandfang zum Zurückhalten der im Wasser vorkommenden festen Bestandteile angeordnet. Gegen das

Unterspülen des aus Bruchsteinen oder Beton hergestellten Bauwerkes beim Einlaufe ist eine Spundwand hergestellt. Die Rohrleitungen sind behufs Vermeidung schädlichen Senkens mehrmals unterstützt.

Das durchfließende Wasser wird vermittels der Formel

$$Q = F \cdot v$$

berechnet, wenn

$$v = \sqrt{\frac{2 \cdot g \cdot h}{1 + e + k \frac{l}{\alpha}}}$$

angenommen wird, wobei

F die lichte Weite der Rohrleitung in m,
d den Durchmesser der Rohre in m,
h den Höhenunterschied zwischen Ober- und Unterwasser (wirksame Druckhöhe) in m,
e den Widerstandskoeffizienten in m, im Mittel etwa 0,505 m,
k den Reibungskoeffizienten,
l die Länge der Rohrleitung in m,
v die Wassergeschwindigkeit in m,
g die Beschleunigung der Schwere (9,81) bedeuten.

Der Wert von k kann nach der von Weißbach oder Darey aufgestellten Formel gerechnet werden

$$k = 0{,}014439 + \frac{0{,}0094711}{\sqrt{v}}$$

beziehungsweise

$$k = 0{,}01989 + \frac{0{,}005078}{d}.$$

Nach Weißbach ergibt sich der Wert für k:

Ganze Meter	Zehntel Meter									
v	0	1	2	3	4	5	6	7	8	9
0	—	0,0443	0,0356	0,0317	0,0294	0,0278	0,0266	0,0257	0,0250	0,0244
1	0,0239	0,0234	0,0230	0,0227	0,0224	0,0221	0,0219	0,0217	0,0215	0,0213
2	0,0211	0,0209	0,0208	0,0206	0,0205	0,0204	0,0203	0,0202	0,0201	0,0200
3	0,0199	0,0198	0,0197	0,0196	0,0195	0,0195	0,0194	0,0193	0,0193	0,0192
4	0,0191	0,0191	0,0190	0,0189	0,0189	0,0189	0,0188	0,0188	0,0187	0,0187

Nach Darcy für runde Rohre:

Durchmesser d in m	k	Durchmesser d in m	k	Durchmesser d in m	k	Durchmesser d in m	k
0,1	0,024 97	0,35	0,021 34	0,7	0,020 62	1,2	0,020 31
0,15	0,023 28	0,40	0,021 16	0,8	0,020 52	1,3	0,020 28
0,2	0,022 43	0,45	0,021 02	0,9	0,020 45	1,4	0,020 25
0,25	0,021 92	0 50	0,020 91	1,0	0,020 40	1,5	0,020 23
0,30	0,021 58	0,60	0,020 74	1,10	0,020 35	—	—

Bei größeren Dückern, bei denen die Fallkessel zu groß würden, werden sie mit schrägem Ein- und Auslauf hergestellt, so daß sich die Druckhöhe h für die Erzeugung der Geschwindigkeit v im Dückerquerschnitt, unter Berücksichtigung der Kontraktion und der Richtungsänderungen, ergibt zu $h = 2\frac{v^2}{r\,g}$ + Rohrwiderstandshöhe (nach Weißbach).

Für die Berechnung unter Druck liegender Bauwerke sind, sofern der Koeffiziente ausfällt oder vernachlässigt werden kann (große Radien oder der Winkel beim Knie sehr klein), die Hürtenschen Tafeln zu empfehlen.

Beispiel. Berechnung der Wasserführung: Rohrweite des Dückers = 0,35 m; Länge desselben = 9,50 m; nutzbare Druckhöhe = 0,25; e Widerstandskoeffizient für den Eintritt des Wassers = 0,505 i. M.; k für eine angenommene Geschwindigkeit im Rohr von 2 m/s = 0,021.

Setzen wir diese Werte in die Formel für die Geschwindigkeit v ein, so erhalten wir

$$v = \frac{\sqrt{2 \cdot g \cdot h}}{\sqrt{1 + e \cdot k \cdot \frac{e}{\alpha}}} = \text{rund } 1{,}52 \text{ m/sec}.$$

Die Wassermenge

$$Q = F \cdot v = \frac{3{,}14 \cdot 0{,}35^2}{4} \cdot 1{,}52 = 0{,}146 \text{ m}^3/\text{sec}.$$

XIII. Stauspiegel und Staukurven.

69. Der Stau.

Durch jede Einengung eines fließenden Gewässers tritt eine beschleunigte Bewegung des Wassers ein; dies hat zur Folge, daß die beim Beginn dieser Bewegung vorhandene Geschwindigkeit kleiner wird, als die ursprüngliche Geschwindigkeit des Gewässers ist. Untersuchen wir, wie sich die Geschwindigkeiten und die Lage des Wasserspiegels oberhalb jener Einengung gestalten, so bemerken wir, daß die ursprüngliche Geschwindigkeit allmählich in die kleinere des durch den Stau vergrößerten Durchflußquerschnitts übergeht und die Bewegung des Wassers eine verzögerte wird.

Der Stau kann bewirkt werden durch Höherlegung der Kanalsohle, wie bei den Überfallwehren, durch eine obere Abschlußwand bei Schleusenwehren oder durch eine seitliche Verengung mittels Brückenpfeiler. Unsere Aufgabe soll sein, bloß die zwei ersten Fälle einer näheren Untersuchung zu unterziehen.

Es entsteht auf die Weise ein sogenannter Rückstau, im Bereiche desselben ein Stauspiegel und im Höhenplane des Gewässers eine Staukurve.

70. Berechnung der Staukurve.

Die Berechnung der Staukurve ist von großer praktischer Bedeutung in jenem Falle, wenn in einem Wasserlauf irgendeine Stauvorrichtung eingebaut werden soll. Dabei geben die verschiedenen Berechnungsmethoden nicht ganz dieselben Werte. Man muß daher um sicher zu gehen, eine und dieselbe Aufgabe nach verschiedenen Methoden durchrechnen. Dies ist aus dem Grunde von Wichtigkeit, nachdem durch Verkiesung der Bach- oder Flußsohle oberhalb eines Wehres die Stauweite nachträglich noch zunehmen kann.

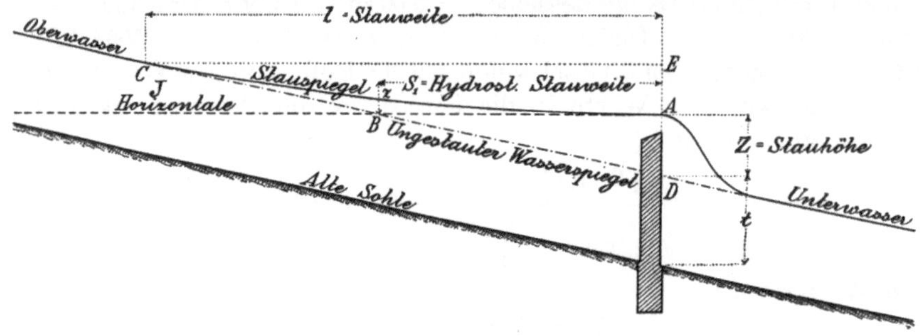

Fig. 128.

In den folgenden Gleichungen sollen bedeuten:

a = das normale Gefälle des Wasserlaufes,
B = die normale Breite des Wasserlaufes,
U = den benetzten Umfang des normalen Profiles,
t = die mittlere normale Wassertiefe,
F = B · t den Querschnitt.
Q = die Wassermenge,
$v = \frac{Q}{t \cdot B}$ die mittlere Geschwindigkeit im ungestauten Wasserspiegel,
Z = die Stauhöhe am Wehr,
z = die Stauhöhe in der Entfernung x vom Wehre,
l = die Stauweite.

Es ist mehrfach beobachtet worden (Fig. 128), daß die Staukurve da beginnt, wo sie die Horizontale durch die Wehrkrone gegen den Fußboden des Oberwassers schneidet. Dann ist

$$l = \frac{Z + t}{J}.$$

A. **Staukurven für kleine Stauhöhen.** Wir denken uns das Durchschnittsprofil des Wasserlaufes als eine Parabel.

Bezeichnet F den Querschnitt, t die Fallhöhe und B die Wasserspiegelbreite, so ist

$$F = \frac{2}{3} \cdot t \cdot B,$$

$$t = \frac{3}{2} \cdot \frac{F}{B}.$$

Die Staukurve wird sodann gefunden:

$$l = \frac{t}{J} \cdot N,$$

$$x = \frac{t}{J} (N - n),$$

für N ist

$$M = \frac{t + Z}{t},$$

für n ist

$$m = \frac{t + z}{t}.$$

M, N, m sind aus nachstehender Tabelle zu entnehmen.

Tabelle zur Berechnung der Staukurven.

M	N	M	N	M	N	M	N
1,00	∞	1,16	0,865	1,37	1,221	1,90	1,850
1,005	− 0,102	1,17	0,887	1,38	1,235	1,95	1,904
1,01	+ 0,074	1,18	0,908	1,39	1,249	2,00	1,957
1,015	0,179	1,19	0,928	1,40	1,262	2,10	2,063
1,02	0,254	1,20	0,948	1,41	1,276	2,2	2,168
1,025	0,313	1,21	0,967	1,42	1,289	2,3	2,272
1,03	0,362	1,22	0,985	1,43	1,302	2,4	2,376
1,035	0,403	1,23	1,003	1,44	1,315	2,5	2,478
1,04	0,440	1,24	1,021	1,45	1,328	2,6	2,581
1,045	0,473	1,25	1,038	1,46	1,341	2,7	2,683
1,05	0,502	1,26	1,055	1,47	1,354	2,8	2,785
1,06	0,554	1,27	1,071	1,48	1,367	2,9	2,886
1,07	0,599	1,28	1,087	1,49	1,379	3,0	2,988
1,08	0,639	1,29	1,103	1,50	1,392	3,5	2,492
1,09	0,675	1,30	1,119	1,55	1,453	4,0	3,995
1,10	0,708	1,31	1,134	1,60	1,513	4,5	4,496
1,11	0,738	1,32	1,149	1,65	1,571	5,0	4,997
1,12	0,766	1,33	1,164	1,70	1,628	6,0	5,998
1,13	0,793	1,34	1,178	1,75	1,685	8,0	7,999
1,14	0,818	1,35	1,193	1,80	1,740	10,0	10,000
1,15	0,842	1,36	1,207	1,85	1,795	∞	∞
m	n	m	n	m	n	m	n

Beispiele. α) Wie groß ist die Stauweite eines Wehres, wenn am ungestauten Bache das relative Gefälle $J = 0{,}001$, der Querschnitt $F = 4\,m^2$, die Spiegelbreite $= 3{,}0$ m und die Stauhöhe 0,80 m beträgt.

$$t = \frac{3}{2} \cdot \frac{F}{B} = \frac{3 \cdot 4}{2 \cdot 3} = \frac{12}{6} = 2{,}0 \text{ m}$$

$$M = \frac{t + Z}{t} = \frac{2 + 0{,}8}{2} = 1{,}40 \text{ m}.$$

Diesem M entspricht nach der Tabelle ein $N = 1{,}262$, folglich ist nach der Formel für Stauweiten:

$$l = \frac{t}{J} \cdot N = \frac{2{,}0}{0{,}001} \cdot 1{,}262 = 2524 \text{ m}.$$

Die Stauweite reicht bis 2524 m von der Stauvorrichtung stromaufwärts.

β) In welcher Entfernung x von der Wehrkrone beträgt bei dem vorberechneten Wehre die Stauhöhe 10 cm.

$$m = \frac{t + z}{t} = \frac{2{,}00 + 0{,}1}{2{,}00} = 1{,}05.$$

Diesem m entspricht nach der Tabelle $n = 0{,}502$, nach der vorigen Aufgabe ist $N = 1{,}262$, folglich ist

$$x = \frac{t}{J}(N - n) = \frac{2{,}0}{0{,}001}(1{,}262 - 0{,}502) = 1520 \text{ m}.$$

γ) Welche Stauhöhe hat das Wasser in einer Entfernung von 1000 m von der Stauvorrichtung?

$$x = \frac{t}{J} \cdot (N - n),$$

$$n = N - x \cdot \frac{J}{t}, \text{ wobei } N = 1{,}262.$$

$$n = 1{,}262 - 1000 \frac{0{,}001}{2{,}00} = 0{,}762.$$

Diesem n entspricht nach der Tabelle ein $m = 1{,}12$.
Wenn

$$m = \frac{t + z}{t},$$

so ist

$$z = m \cdot t - t = 1{,}12 \cdot 2{,}0 - 2{,}0 = 0{,}24 \text{ m}.$$

δ) Wie groß ist die Stauhöhe am Wehr, wenn in dem Wasserlaufe das Wasser 1 200 m oberhalb des Wehres noch 20 cm gehoben wird?

$$x = \frac{t}{J}(N - n),$$

$$N = x \cdot \frac{J}{t} - n,$$

$$m = \frac{t + z}{t} = \frac{2,0 + 0,2}{2,0} = 1,10.$$

Diesem m entspricht nach der Tabelle ein $n = 0,708$.

$$N = x \cdot \frac{J}{t} + 0,708 = 1200 \cdot \frac{0,001}{2} + 0,708 = 1,308.$$

Diesem Werte von N entspricht nach der Tabelle ein

$$M = \frac{t + z}{t}$$

$$z = t \cdot M - t = 2,00 \cdot 1,43 - 2,0 = 0,86 \text{ m}.$$

B. **Methode von Rühlmann.** Voraussetzungen sind:

1. Gegeben ist J, Z, t.
2. B überragt t derart, daß man setzen kann:

$$P = \frac{B \cdot t}{B + 2t} = t.$$

3. Der Querschnitt des Wasserlaufes ist ein Rechteck.
4. Auf der betrachteten normalen Strecke des Wasserlaufes sind J und F konstant.
5. Ein Stau $z \leqq 0,01 \cdot t$ kann vernachlässigt werden.

Die Rühlmannsche Formel lautet für die Stauhöhe z in der Entfernung x vom Wehre:

$$\frac{J \cdot x}{t} = \varphi\left(\frac{z}{t}\right) - \varphi\left(\frac{z}{t}\right).$$

Mit $x - 1$ nimmt $\varphi\left(\frac{z}{t}\right)$ den Wert von 0,0067 an, und man erhält für die Stauweite

$$l = \frac{t}{J}\left[\varphi\left(\frac{z}{t}\right) - 0,0067\right].$$

Zur Berechnung der Stauweite dient die nachfolgende Tabelle nach Rühlmann.

Tabelle zur Stauberechnung nach Rühlmann.

$\frac{z}{t}$	$\varphi\left(\frac{z}{t}\right)$	Δ	$\frac{z}{t}$	$\varphi\left(\frac{z}{t}\right)$	Δ	$\frac{z}{t}$	$\varphi\left(\frac{z}{t}\right)$	Δ
0,01	0,0067	—	0,36	1,4473	0,0167	0,92	2,1916	0,0233
0,02	2444	0,2377	0,37	4638	0165	0,94	2148	0232
0,03	3863	1419	0,38	4801	0163	0,96	2380	0232
0,04	4889	1026	0,39	4962	0161	0,98	2611	0231
0,05	5701	0812	0,40	5119	0157	1,00	2839	0228
0,06	6376	0675	0,41	5275	0156	1,10	3971	1132
0,07	6958	0582	0,42	5430	0155	1,20	5084	1113
0,08	7482	0524	0,43	5583	0153	1,30	6179	1095
0,09	7933	0451	0,44	5734	0151	1,40	7264	1085
0,10	8353	0420	0,45	5884	0150	1,50	8337	1073
0,11	8739	0386	0,46	6032	0148	1,60	9401	1064
0,12	9098	0359	0,47	6179	0147	1,70	3,0458	1057
0,13	9434	0336	0,48	6324	0145	1,80	1508	1150
0,14	9751	0317	0,49	6468	0144	1,90	2553	1045
0,15	1,0051	0300	0,50	6611	0143	2,00	3594	1041
0,16	0335	0284	0,52	6893	0282	2,10	4631	1037
0,17	0608	0273	0,54	7170	0277	2,20	5664	1033
0,18	0869	0261	0,56	7444	0274	2,30	6694	1030
0,19	1119	0250	0,58	7714	0270	2,40	7720	1026
0,20	1361	0242	0,60	7980	0266	2,50	8745	1015
0,21	1595	0234	0,62	8243	0263	2,60	9768	1023
0,22	1821	0226	0,64	8503	0260	2,70	4,0789	1021
0,23	2040	0219	0,66	8759	0259	2,80	1808	1019
0,24	2254	0214	0,68	9014	0255	2,90	2826	1018
0,25	2461	0207	0,70	9266	0252	3,00	3843	1017
0,26	2664	0203	0,72	9517	0251	4,00	5,3958	1,0115
0,27	2861	0197	0,74	9765	0248	5,00	6,4020	1,0062
0,28	3054	0193	0,76	2,0010	0245	6,00	7,4056	1,0036
0,29	3243	0189	0,78	0254	0244	8,00	9,4097	2,0041
0,30	3428	0185	0,80	0495	0241	10,00	11,412	2,0023
0,31	3610	0182	0,82	0735	0240	15,00	16,414	5,002
0,32	3789	0179	0,84	0975	0240	20,00	21,415	5,001
0,33	3964	0175	0,86	1213	0238	30,00	31,415	10,000
0,34	4136	0172	0,88	1449	0236	50,00	51,416	20,001
0,35	4306	0170	0,90	1683	0234	100,00	101,420	50,004

C. **Methode von Tolkmitt.** Voraussetzungen sind:

1. Gegeben: α, B, t, Z.
2. Q, α, F sind auf der untersuchten Strecke konstant.

Aus F und B ergibt sich als Fallhöhe die das Flußprofil ersetzende Parabelfläche.

$$a = \frac{3}{2} \cdot \frac{F}{B}.$$

Zur Berechnung dienen sodann folgende Gleichungen:

$$x = \frac{a}{\alpha}\left[\varphi \cdot \left(\frac{Z + \alpha}{a}\right) \cdot \left(\frac{Z + a}{\alpha}\right)\right]$$

und für die Stauweite:

$$l = \frac{a}{\alpha} \cdot \varphi \cdot \left(\frac{Z + a}{\alpha}\right).$$

Zur Berechnung dient die Tabelle zur Stauberechnung nach Tolkmitt.

Tabelle zur Stauberechnung nach Tolkmitt.

$\frac{t + Z}{t}$	$\varphi\left(\frac{t + Z}{t}\right)$	$\frac{t + Z}{t}$	$\varphi\left(\frac{t + Z}{t}\right)$	$\frac{t + Z}{t}$	$\varphi\left(\frac{t + Z}{t}\right)$	$\frac{t + Z}{t}$	$\varphi\left(\frac{t + Z}{t}\right)$
1,00	∞	1,16	0,865	1,37	1,221	1,90	1,850
1,005	— 0,102	1,17	0,887	1,38	1,235	1,95	1,904
1,01	+ 0,074	1,18	0,908	1,39	1,249	2,00	1,957
1,015	0,179	1,19	0,928	1,40	1,262	2,1	2,063
1,02	0,254	1,20	0,948	1,41	1,276	2,2	2,168
1,025	0,313	1,21	0,967	1,42	1,289	2,3	2,272
1,03	0,362	1,22	0,985	1,43	1,302	2,4	2,376
1,035	0,403	1,23	1,003	1,44	1,315	2,5	2,478
1,04	0,440	1,24	1,021	1,45	1,328	2,6	2,581
1,045	0,473	1,25	1,038	1,46	1,341	2,7	2,683
1,05	0,502	1,26	1,055	1,47	1,354	2,8	2,785
1,06	0,554	1,27	1,071	1,48	1,367	2,9	2,886
1,07	0,599	1,28	1,087	1,49	1,379	3,0	2,988
1,08	0,639	1,29	1,103	1,50	1,392	3,5	3,492
1,09	0,675	1,30	1,119	1,55	1,453	4,0	3,995
1,10	0,708	1,31	1,134	1,60	1,513	4,5	4,496
1,11	0,738	1,32	1,149	1,65	1,571	5,0	4,997
1,12	0,766	1,33	1,164	1,70	1,628	6,0	5,998
1,13	0,793	1,34	1,178	1,75	1,685	8,0	7,999
1,14	0,818	1,35	1,193	1,80	1,740	10,0	10,000
1,15	0,842	1,36	1,207	1,85	1,795	∞	∞

D. **Regel von Dubuat und d'Aubuisson.** Nach einer älteren Regel von Dubuat und d'Aubuisson kann die Staukurve bei geraden und regelmäßigen Strecken von mäßigem Gefälle annähernd als eine Parabel angenommen werden, welche ihren Scheitel über der Wehrkrone hat und sich an die ursprüngliche Wasserfläche tangierend anschließt. Ist daher h die Stauhöhe und α der Neigungswinkel des ungestauten Wasserspiegels gegen die Horizontale, so läßt sich die Parabel unmittelbar konstruieren beziehentlich berechnen, und es wäre hernach die Stauweite annähernd:

$$l = \frac{2 \cdot h}{\operatorname{tg} \alpha} = \frac{2 \cdot h}{J}.$$

Nachdem aber der Aufstau an jeder Stelle oberhalb des Wehres eine Vergrößerung des Querprofiles und somit eine Verminderung der Geschwindigkeit zur Folge hat, welche wieder auf das nächste, oberhalb befindliche Querprofil verzögernd zurückwirkt, so muß die Staukurve in Wirklichkeit eine Kurve sein, welche sich der ursprünglichen Wasserfläche asymptotisch nähert, ohne sie je zu erreichen. Hierbei wird aber auf jeden Fall in einer gewissen Entfernung vom Wehre die Stauhöhe so klein, daß sie kleiner ist als die Schwankungen des Wasserspiegels durch die Strömung, und es kann daher der Aufstau von dieser Stelle an praktisch vernachlässigt und ihre Entfernung vom Wehre als die Stauweite betrachtet werden.

Wir wollen im nachstehenden einige Beispiele, wobei die Art der Berechnung sowohl nach dem Verfahren nach Rühlmann als auch nach jenem von Tolkmitt zur Anwendung gelangt, vorführen, um zu zeigen, daß bei beiden Berechnungsarten ziemlich nahmhafte Unterschiede in den berechneten Größen zum Vorschein kommen.

Beispiel. Wie groß ist die Stauweite eines Wehres, wenn am ungestauten Flusse das relative Gefälle $J = 0{,}0005$, der Querschnitt $F = 28\,m^2$, die Spiegelbreite $B = 21$ m, die Wassertiefe $= 1{,}8$ m, und die Stauhöhe Z beträgt?

$$\alpha = \frac{3}{2} \cdot \frac{F}{B} = \frac{3}{2} \cdot \frac{28}{21} = 2{,}0\,m,$$

$$\frac{a}{\alpha} = \frac{2}{0{,}0005} = 4000.$$

Weil z an der Staugrenze einen sehr kleinen Wert hat, so können die Werte

$$\varphi\left(\frac{z}{t}\right) \text{ und } \varphi\left(\frac{t+Z}{t}\right)$$

unberücksichtigt bleiben.

Die gesuchte Stauweite l wird alsdann nach Rühlmann:

$$l = \frac{t}{J} \cdot \varphi\left(\frac{Z}{t}\right) = 4000\,\varphi\left(\frac{0{,}8}{2}\right) = 4000\,\varphi\,(0{,}4),$$

$$\varphi\,(0{,}4) = 1{,}512,$$

$$l = 4000 \cdot 1{,}512 = 6048\,m;$$

nach Tolkmitt:

$$l = \frac{t}{J} \cdot \varphi\left(\frac{t+Z}{t}\right) = 4000\,\varphi\left(\frac{2{,}0+0{,}8}{2}\right) = 4000\,\varphi\,(1{,}40),$$

$$\varphi\,(1{,}40) = 1{,}262,$$

$$l = 4000 \cdot 1{,}262 = 5048\,m.$$

Beispiel. In welcher Entfernung l von der Wehrkrone beträgt bei dem vorerwähnten Wehr die Stauhöhe noch 10 cm?

Nach **Rühlmann** ist:

$$l = \frac{t}{J} \cdot \left[\varphi\left(\frac{z}{t}\right) \varphi\left(\frac{z}{t}\right)\right] = 4000 \cdot \left[1{,}512\ \varphi\left(\frac{0{,}1}{2{,}0}\right)\right],$$

$$\varphi\left(\frac{0{,}1}{2{,}0}\right) = \varphi\,(0{,}05) = 0{,}570$$

$$l = 4000 \cdot (1{,}512 - 0{,}570) = 3768 \text{ m}.$$

Nach **Tolkmitt** ist:

$$l = 4000 \cdot \left[1{,}262 - \varphi \cdot \left(\frac{2{,}0 + 0{,}1}{2{,}0}\right)\right],$$

$$\varphi\left(\frac{2{,}0 + 0{,}1}{2{,}0}\right) = \varphi\,(1{,}05) = 0{,}502$$

$$l = 4000 \cdot (1{,}262 - 0{,}502) = 3040 \text{ m}.$$

Beispiel. Welche Stauhöhe hat das Wasser in einer Entfernung von 3600 m von der Wehrkrone?

Nach **Rühlmann** ist:

$$3600 = 4000 \cdot \left[1{,}512 - \varphi\left(\frac{z}{a}\right)\right],$$

$$\varphi\left(\frac{z}{a}\right) = 1{,}512 - \frac{3600}{4000} = 0{,}162$$

$$\varphi\left(\frac{z}{a}\right) = 0{,}055$$

$$Z = 0{,}055 \cdot 2{,}0 = 0{,}11 \text{ m}.$$

Nach **Tolkmitt** ist:

$$3600 = 4000 \cdot \left[1{,}262 - \varphi\left(\frac{a + z}{a}\right)\right],$$

$$\varphi\left(\frac{a + z}{a}\right) = 1{,}262 - \frac{3600}{4000} = 0{,}362$$

$$\varphi\left(\frac{a + z}{a}\right) = 1{,}03$$

$$Z = 1{,}03 \cdot 2{,}0 - 2{,}0 = 0{,}06 \text{ m}.$$

XIV. Einfluß der Teiche.

71. Einfluß der Teiche auf den Betrieb der am Teichabflusse gelegenen Wassertriebwerke[1]).

Bei Errichtung oder Auflassung von Teichen ist die Ermittelung des Einflusses des Teichretentionsvermögens auf die Betriebsverhältnisse der am Teichabflusse gelegenen Wassertriebwerke immer notwendig.

Wir bringen den folgenden Aufsatz aus dem Grunde, weil ein derartiger Spezialfall oft genug vorkommt, außerdem dürfte jedoch die Ermittelung des Zusammenhanges zwischen dem Wasserstande und der Retentionszeitdauer eines Teiches auch ein allgemeines Interesse berühren.

Die hydrotechnische Bedeutung eines Teiches für ein an seinem Abflusse gelegenes Wassertriebwerk besteht darin, daß der Teich bei einem ergiebigen Niederschlage den überschüssigen, zum Betriebe des Triebwerkes nicht notwendigen Teil des Wasserzuflusses teilweise aufspeichern und sodann in zweckmäßiger Weise wieder an das Triebwerk abgeben kann. Dieser Vorteil macht sich namentlich dort bemerkbar, wo das den Teich speisende Gewässer unbeständig und großen Schwankungen in bezug auf die Wassermenge unterworfen ist.

Es handelt sich darum, diesen Vorteil zu ermitteln, und dies geschieht am zweckmäßigsten, wenn die Zeitdauer der nützlichen Teichretention mit Rücksicht auf den Wasserwerkbetrieb bestimmt wird.

Bedeutet Z die in einer Zeiteinheit dem Teiche zufließende Wassermenge, dt einen unendlich kleinen Zeitabschnitt, A die in einer Zeiteinheit aus dem Teiche abfließende Wassermenge, F die Wasserspiegelfläche des Teiches und dh eine unendlich kleine, im Zeitabschnitte dt auftretende Differenz des Teichwasserstandes h, so gilt für die einander zugeordneten Größen Z, A, F, dt und dh die Differentialgleichung

$$Z\,dt - A\,dt - F\,dh \qquad 1)$$

Der Teichzufluß Z ist eine unabhängige Funktion von der Zeit t. Der Teichabfluß A ist dagegen eine bekannte, von der Konstruktion und Handhabung der Teichabflußvorrichtungen abhängige Funktion des Teichwasserstandes h. Die Teichwasserspiegelfläche F ist ebenfalls eine bekannte Funktion von h, in den meisten Fällen eine ziemlich konstante Größe. Es stellt somit die Differentialgleichung 1) eine

---

[1]) Österreichische Monatsschrift für den öffentlichen Baudienst 1899, S. 76.

Relation zwischen der Zeit und dem korrespondierenden Teichwasserstande h vor, und man kann somit durch eine Integration der Gleichung 1) die Zeit t als eine Funktion des Wasserstandes h bestimmen, wenn Z, A und F bekannt sind.

Hiermit ist aber die Aufgabe gelöst, denn dem Wasserstande h entspricht eine bekannte Teichabflußmenge und dieser wieder eine bestimmte Lüftungsfähigkeit des Triebwerkes, von welcher nunmehr nicht nur die Größe, sondern auch die Zeitdauer bekannt wird.

Wir wollen zunächst die Bedeutung der als bekannt vorausgesetzten Größen Z, A und F näher erörtern.

Der Teichzufluß Z ist in den seltensten Fällen in seinem ganzen Verlaufe bekannt, zumeist aber wird man sich mit einer den örtlichen Verhältnissen und den bekannten empirischen Niederschlagsabflußformeln angepaßten Annahme zufrieden stellen müssen, wenn unmittelbare diesbezügliche Messungsresultate oder Beobachtungen nicht vorhanden sein sollten.

In jeder Talsperre befindet sich eine Vorrichtung, gewöhnlich eine Latte, an welcher der vorhandene Wasserstand beziehentlich die in der Talsperre befindliche Wassermenge abgelesen werden kann. Nach den Ablesungen vor und nach einem Niederschlag kann der Zufluß Z genau bestimmt werden.

Die Wasserspiegelfläche F ist von der Form des Teichbettes und vom Wasserstande h abhängig.

Der Teichabfluß A ergibt sich ebenfalls als eine bekannte Funktion des Teichwasserstandes h. Der Teichabfluß geschieht gewöhnlich mittels eines Überfalles, durch eine Schützenöffnung oder durch ein Rohr.

Im nachfolgenden werden einzelne typische Fälle rechnerisch behandelt, wodurch genügende theoretische Anhaltspunkte gegeben werden, um den Einfluß der Teiche in ausreichender Weise klarstellen zu können.

1. Fall. Der Teich entleert sich ohne Zufluß bei einer konstanten Wasserspiegelfläche mittels Überfalles.

Es sei:

F die konstante Wasserspiegelfläche,
h die Höhe des veränderlichen Überfalles,
b die konstante Breite des Überfalles,
μ_1 der empirische Abflußkoeffizient,
g die Beschleunigung der Schwerkraft,

so übergeht die Differentialgleichung 1) in:

$$\tfrac{2}{3}\,\mu_1 \cdot b \cdot h \cdot \sqrt{2\,g \cdot h} \cdot dt = F \cdot dh,$$

woraus:

$$t = \frac{3\,F}{\mu_1 \cdot b \cdot \sqrt{2\,g}} \cdot \frac{1}{\sqrt{h}} + \text{Konst.}$$

Der Zeitwert t, wenn h_1 die Höhe des Überfalles beim gespannten Teiche und h_2 jene des teilweise entleerten Teiches bezeichnet, wird berechnet:

$$t_{h = h_1}^{h = h_2} = \frac{3\,F}{\mu_1 \cdot b \cdot \sqrt{2\,g}} \left(\frac{1}{\sqrt{h_2}} - \frac{1}{\sqrt{h_1}}\right).$$

Die Wahl des Abflußkoeffizienten μ_1 bleibt jedem speziellen Falle vorbehalten.

2. Fall. Der Teich entleert sich ohne Zufluß bei konstanter Wasserspiegelfläche durch die konstante Öffnung einer Schütze oder durch ein Rohr.

Ist die Höhe der Schützenöffnung oder die lichte Höhe des Rohrquerschnittes im Verhältnisse zu der Wasserhöhe h nicht sehr bedeutend, und wird der Querschnitt mit f, der Abflußkoeffizient mit μ_2 bezeichnet, so lautet die Differentialgleichung des Teichzustandes:

$$\mu_2 \cdot f \cdot \sqrt{2\,g \cdot h} \cdot dt = F \cdot dh,$$

daher

$$t = \frac{2\,F}{\mu_2 \cdot f \cdot \sqrt{2\,g}} \cdot \sqrt{h} + \text{Konst.}$$

und

$$t_{t = h_1}^{h = h_2} = \frac{2\,F}{\mu_2 \cdot f \cdot \sqrt{2\,g}} \cdot (\sqrt{h_2} - \sqrt{h_1})\,.$$

3. Fall. Der Teich hat keinen Abfluß und füllt sich bei konstanter Wasserspiegelfläche durch einen proportional wachsenden Zufluß.

Der Teichzufluß hat dann die Form $Z = \alpha + \beta\,t$, wobei α und β bekannte Größen sind.

Die Differentialgleichung 1) lautet dann:

$$(\alpha + \beta\,t)\,dt = F \cdot dh,$$

$$t = \frac{-\alpha + \sqrt{\alpha^2 + 2\,\beta \cdot F \cdot h}}{\beta}.$$

4. Fall. Der Teich entleert sich bei einem durch Handhabung der Abflußvorrichtungen konstant erhaltenen Abflusse, konstanter Wasserspiegelfläche und einem proportional abnehmenden Zuflusse.

Der Zufluß habe die Form $\alpha - \beta\,t$ und der konstante Abfluß in einer Zeiteinheit sei A. Dann lautet die Differentialgleichung:

$$A \cdot dt - (\alpha - \beta\,t) \cdot dt = F \cdot dh,$$

woraus

$$t = \frac{(\alpha - A) + \sqrt{(\alpha - A)^2 - 2\beta \cdot F \cdot (h_1 - h)}}{\beta}.$$

Hierbei muß stets $\alpha - \beta t < A$ bleiben und somit auch $\alpha \leqq A$ sein.

5. Fall. Der Teich entleert sich bei konstanter Wasserspiegelfläche und konstantem Zuflusse mittels eines Überfalles.

Für diesen Fall lautet die Differentialgleichung:

$$\tfrac{2}{3}\mu_1 \cdot b \cdot h \cdot \sqrt{2\,g \cdot h} \cdot dt - Z \cdot dt = F \cdot dh,$$

$$\alpha = Z = \tfrac{2}{3}\mu_1 \cdot b \cdot \sqrt{2\,g} \cdot \beta.$$

6. Fall. Der Teich entleert sich bei konstanter Wasserspiegelfläche und einem konstanten Zuflusse Z durch eine konstante Schützenöffnung oder durch ein Rohr.

Sodann gilt die Gleichung:

$$\mu_2 \cdot f \cdot \sqrt{2\,g \cdot h} \cdot dt - Z \cdot dt = F \cdot dh,$$

hieraus ist

$$t = \frac{2\,F}{\alpha} \cdot \left\{ \sqrt{h} + \frac{z}{\alpha} \log.\,\text{nat.}\,(\alpha \cdot \sqrt{h} - z) \right\} + \text{Konst.},$$

wobei

$$\alpha = \mu_2 \cdot f \cdot \sqrt{2\,g}.$$

7. Fall. Der Teich füllt sich bei einem konstanten Zuflusse, konstanter Wasserspiegelfläche und einem freien Abflusse mittels eines Überfalles.

Dann gilt die Gleichung:

$$Z \cdot dt - \tfrac{2}{3}\mu_1 \cdot b \cdot h \cdot \sqrt{2\,g \cdot h} \cdot dt = F \cdot dh.$$

Die Lösung dieser Aufgabe erfolgt nach den Formeln des Falles 5. Das negative Vorzeichen hat hier nur eine theoretische Bedeutung.

8. Fall. Der Teich füllt sich bei einem konstanten Zuflusse, konstanter Wasserspiegelfläche und einem freien Abflusse durch eine konstante Schützenöffnung oder ein Rohr.

Die Lösung geschieht wie im Fall 6.

XV. Rechtliche Gesichtspunkte bei Anlage von Fischteichen.

Im folgenden sollen die hauptsächlichen Gesichtspunkte rechtlicher Natur erörtert werden, die bei Anlage von Fischteichen in Bayern, Österreich, Preußen und Sachsen in Frage kommen.

Es ist nicht beabsichtigt, eine erschöpfende Darstellung des ganzen einschlägigen Gesetzmaterials zu geben, noch sollen die gesetzlichen Bestimmungen aufgezählt und deren rechtliche Natur erörtert werden. Dies würde das vorgestreckte Ziel des vorliegenden Buches weit überschreiten.

Es wurde der Versuch gemacht, durch einfache Aufzählung der gesetzlichen Bestimmungen und der betreffenden Ministerialverordnungen den Bauherrn bei Anlage von neuen Teichen auf die einschlägigen Gesetzsammlungen aufmerksam zu machen, und ihn auf den einzuschlagenden Weg hinzuweisen.

In allen den aufgezählten Ländern hat der Gesetzgeber die Anordnung getroffen, daß bei jeder Anlage, durch welche der Wasserlauf eine wesentliche Änderung erfährt, um die Erlaubnis, Genehmigung, allenfalls um die Erteilung des Baukonsenses angesucht werden muß.

72. Königreich Bayern.

Für das Königreich Bayern kommen folgende Gesetze in Betracht:

Das neue Wassergesetz für das Königreich Bayern vom 23. März 1907.

Fischereigesetz vom 15. August 1908.

Unter einem „Teiche“ (Weiher) versteht man eine Wasseransammlung, meist mit einer Vorrichtung zum gänzlichen Ablassen des Wassers. Die gleiche Vorrichtung dient dazu, den Teich nach Trockenlegung zu füllen, zu bespannen.

Ihrer Bestimmung nach können Teiche und Weiher dienen: Zur Speisung von Triebwerken, zur Aufbewahrung von Wasser für Brandgefahr, zur Bewässerung, Eisgewinnung u. a. m. und endlich zur Fischzucht und Fischhaltung.

Ein Teich kann entweder durch atmosphärische Niederschläge oder durch Wasserzuflüsse von Flüssen und Bächen gespeist werden. Nach Art. 16 des Wassergesetzes besteht kein Unterschied, ob ein Teich oder Weiher künstlich angelegt ist oder nicht. Er ist in jedem Falle „geschlossenes Gewässer“. Nach Art. 2 des Fischereigesetzes ist dagegen ein Teich oder Weiher nur dann geschlossenes Gewässer, wenn er künstlich angelegt, d. h. „auf eine in die Kulturzeit hineinreichende künstliche Tätigkeit des Menschen zurückzuführen ist.“

Will nun jemand auf seinem Grundeigentum einen Fischteich anlegen, so kommen neben fischereitechnisch-wirtschaftlichen Gesichtspunkten eine ganze Reihe rechtlicher Beweggründe in Betracht.

Soweit nicht andere Rechtsverhältnisse bestehen, erstreckt sich das Eigentumsrecht an einem Grundstück auf das Wasser, welches auf dem Grundstück in Seen, Weihern (Teichen) und anderen Behältern, in künstlich angelegten Wasserleitungen, Kanälen und Gräben sich befindet (Art. 16, 1).

Der Eigentümer ist nicht befugt, dem auf seinem Grundstück entspringenden oder darauf sich natürlich sammelnden Wasser zum Abfluß auf fremdes Eigentum eine dieses belästigende andere Leitung, als wohin nach der Beschaffenheit des Bodens der natürliche Lauf geht, oder eine belästigende größere als die natürliche Stärke zu geben.

Der Eigentümer des niedriger liegenden Grundstücks ist nicht befugt, den natürlichen Abfluß des Wassers von dem höher liegenden Grundstücke zu dessen Nachteile zu hindern (Art. 17, 1, 2).

Die Zutageförderung oder Abteilung von Grund- und Quellwasser, sowie die Änderung am Abfluß eines Sees oder Weihers unterliegen der Erlaubnis der Verwaltungsbehörde (Art. 19).

Abs. 2. Die Erlaubnis ist zu versagen, wenn und soweit Rücksichten des Gemeindewohls es erfordern.

Abs. 3. Erleiden durch die in Abs. 1 bezeichneten Maßnahmen Beteiligte erheblichen Schaden, die als Besitzer von Wasserbenutzungsanlagen das Wasser seit mindestens dreißig Jahren ununterbrochen benutzt, so ist in allen Fällen dem Gesuchsteller die angemessene Entschädigung, nach billigem Ermessen der Verwaltungsbehörde, der einzelnen Beteiligten aufzuerlegen.

Die vorgängige Genehmigung der Verwaltungsbehörde ist erforderlich:

1. zur Errichtung von Stauanlagen oder Triebwerken mit gespannter Wasserkraft an öffentlichen Gewässern oder Privatflüssen und Bächent;

2. für Änderung an solchen Anlagen, wenn die Änderung auf den Verbrauch des Wassers, die Wassermenge, die Art des Verbrauchs, das Gefälle oder die Höhe des Oberwassers Einfluß hat;

3. zu jeder Abänderung oder Auswechslung von Hauptteilen bestehender Stau- und Triebwerkanlagen, selbst wenn dadurch die in Ziffer 2 bezeichneten Wirkungen nicht verursacht werden.

Bei Anlagen an öffentlichen Gewässern und an den im Staatseigentum stehenden Privatflüssen und -bächen hat die Verwaltungsbehörde in dem Bescheide, der auf das Gesuch um Erteilung der Genehmigung zu erlassen ist, gesonderten Anspruch darüber zu treffen, ob

1. nach Maßgabe der Bestimmungen in Art. 43, Abs. 1, 2 und in Art. 46 die Erlaubnis zur Wasserbenutzung, dann
2. gemäß § 18, Satz 1 bis 3 und § 19 der Gewerbeordnung die Genehmigung der Stauanlage

erteilt, von Bedingungen abhängig gemacht oder versagt wird.

Abs. 2. Bezüglich der Anlagen an den übrigen Privatflüssen und Bächen hat die Verwaltungsbehörde zu prüfen, ob mit Rücksicht auf die Bestimmungen der Art. 44, 45 und des Art. 47 dieses Gesetzes, dann des § 18, Satz 1 bis 3 und des § 19 der Gewerbeordnung oder aus sonstigen Gründen die Genehmigung zu versagen oder nur unter Bedingungen zu erteilen ist.

Art. 26. In den öffentlichen sowie in den Privatgewässern ist der Gemeingebrauch des Wassers gestattet.

Abs. 2. Zur Entnahme von Eis, Sand, Kies, Steinen, Schlamm, Erde und Pflanzen aus dem Flußbett öffentlicher und Privatgewässer ist die Erlaubnis der Verwaltungsbehörde erforderlich.

Der Gemeinverbrauch darf nur in der Weise ausgeübt werden, daß dadurch die Rechte Dritter nicht gefährdet oder ausgeschlossen werden.

Jede Art von Wasserbenutzung, die sich nicht als Gemeingebrauch darstellt, Wasser-, Aus- und Einleitungen, unterliegt der Erlaubnis der Verwaltungsbehörde (Art. 42).

Jeder Ufereigentümer darf das an seinem Grundstücke vorüberfließende Wasser nur so benutzen (Art. 45):

1. daß keine schädliche Stauung, keine Überschwemmung, Versumpfung, schädliche Austrocknung oder sonstige Beschädigung fremder Grundstücke und Anlagen verursacht wird;

2. daß dem unverbrauchten Wasser der Abfluß in das eigentliche Bett des Wasserlaufs gegeben wird.

Art. 48. Die Benutzung aller Privatflüsse und Bäche unterliegt der ständigen Beaufsichtigung durch die Verwaltungsbehörden.

Abs. 2. Vor der Herstellung oder Abänderung bleibender Anlagen an oder in Privatflüssen und Bächen hat der Wasserberechtigte Anzeige an die Verwaltungsbehörde zu erstatten. Diese hat zu untersuchen, ob die beabsichtigte Anlage nicht den in Abs. 1 bezeichneten Anordnungen und Rücksichten zuwiderläuft.

Stauanlagen.

Art. 50. Die vorgängige Genehmigung der Verwaltungsbehörde ist erforderlich

1. zur Errichtung von Stauanlagen oder Triebwerken mit gespannter Wasserkraft an öffentlichen Gewässern oder Privatflüssen und Bächen;

2. für Änderungen an solchen Anlagen, wenn die Änderung auf den Verbrauch des Wassers, die Wassermenge, die Art des Verbrauches, das Gefälle oder die Höhe des Oberwassers Einfluß hat;

3. zu jeder Abänderung oder Auswechslung von Hauptteilen bestehender Stau- und Triebwerksanlagen, selbst wenn dadurch die in Ziffer 2 bezeichneten Wirkungen nicht verursacht werden.

Bei jeder Stauanlage und jedem Triebwerke mit gespannter Wasserkraft ist nach Anordnung der Verwaltungsbehörde auf Kosten des Unternehmers ein bleibendes Höhenmaß (Eichmarke, Eichpfahl, Pegel) aufzustellen (Art. 52).

Zur Errichtung eines Teiches ist zufolge des Art. 77 die Erlaubnis der Verwaltungsbehörde erforderlich.

Vor der Erteilung der Erlaubnis oder Genehmigung zu Anlagen für die Wasserbenutzung an öffentlichen und Privatgewässern, zur Zuführung von Flüssigkeiten oder anderen nicht festen Stoffen sind die Fischereiberechtigten zu hören (Art. 109. Wird durch die Wasserbenutzungsanlage, die Zuführung oder den Regulierungsbau das Fischereirecht beeinträchtigt, so hat der Unternehmer dem Berechtigten den daraus entstehenden Schaden zu ersetzen. Die gleiche Verpflichtung trifft den Staat und die Kreisgemeinde als Unternehmer von Regulierungsbauten.

Über die Stauanlagen (Teiche), soweit die Anlagen mit Erlaubnis oder Genehmigung der Behörde errichtet sind, ist bei jeder Distriktsverwaltungsbehörde ein Wasserbuch zu führen (Art. 196–200).

Zur Handhabung der Aufsicht über die Benutzung und Instandsetzung der Gewässer werden regelmäßig wiederkehrende technische Besichtigungen an den Gewässern vorgenommen (Wasserschau). Die näheren Bestimmungen über die Art der Vornahme der Wasserschau werden durch Ministerialvorschrift getroffen.

73. Kaisertum Österreich.

Für Österreich kommen folgende Gesetze in Betracht:

1. Landesgesetz für das Königreich Böhmen vom 28. August 1870, L.G.Bl. Nr. XXII, Nr. 71, über die Benutzung, Leitung und Abwehr der Gewässer.

2. II. Verordnung des Ackerbauministeriums im Einvernehmen mit den Ministerien des Innern, der Justiz und des Handels vom 20. September 1872, betreffend die Einrichtung und Führung des Wasserbuches mit der Wasserkarten- und Urkundensammlung (L.G.Bl. vom 4. Dezember 1872 XIX, Stück Nr. 52).

3. I. Verordnung des Ackerbauministeriums im Einvernehmen mit den Ministerien des Innern, der Justiz und des Handels vom 20. September 1872, betreffend die Form der Staumaße und die bei deren Aufstellung zu beobachtenden Vorschriften (L.G.Bl. vom 7. Dezember 1872 XX, Stück Nr. 53).

4. Die Verordnung der Ministerien für Ackerbau, des Innern und des Handels vom 14. Februar 1894, R.G.Bl., Nr. 45 betreffend die Anlage, Erhaltung, Benutzung und Auflassung von Teichen.

Im § 4 Absatz c des unter 1. angeführten Landesgesetzes ist deutlich ausgedrückt, daß das in Brunnen, Teichen und Zisternen oder anderen auf Grund und Boden des Grundbesitzers befindlichen Behältern oder in von demselben zu seinem Privatzwecke angelegten Kanälen, Röhren usw. eingeschlossene Wasser dem Grundbesitzer gehört, sofern nicht von anderen erworbene Rechte bestehen.

An dem Privatcharakter eines Teiches ändert sich nichts, wenn er durch ein öffentliches Gewässer gespeist wird, und daß bloß in dem Falle, als ein solcher Teich eigentlich nur ein erweiterter öffentlicher Fluß wäre, die Bestimmung des § 17 Abs. 2 des Wassergesetzes anzuwenden wäre.

§ 10 lautet: Derjenige, welchem ein Privatgewässer zugehört, kann dasselbe unbeschadet der durch besondere Rechtstitel begründeten Ausnahme für sich und andere nach Belieben gebrauchen und verbrauchen.

Zur Errichtung von neuen Teichen ist die Bewilligung der politischen Behörde erster Instanz (k. k. Bezirkshauptmannschaft) nötig (§§ 17, 18, 19, 20 bis 27 des Wasserrechtsgesetzes vom 28. August 1870, und die Ministerialverordnung vom 14. Februar 1894, Nr. 45). Durch die gesetzliche Bestimmung ist der Weg gekennzeichten, welcher bei Anlage von neuen Teichen eingeschlagen werden muß, um den wasserbehördlichen Konsens oder die Konzession seitens der k. k. Bezirkshauptmannschaft als der politischen Instanz erster Stufe zu erhalten.

Nicht nur die Anlage des Teiches, sondern auch die Speisung desselben bis zur Füllung, dann spätere Änderungen und Wiederherstellung der Anlagen, schließlich die Beseitigung oder Auflassung des Teiches bedarf einer wasserbehördlichen Konzession.

Im § 40 wird bloß der Anspruch, nicht das Recht des Widerspruches für Fischereiberechtigte gegen die Ausübung anderer Wasserbenutzungsrechte zugesprochen.

Die §§ 43 und 44 behandeln die Leitung und Abwehr der Gewässer, Herstellung und Erhaltung der Anlagen.

Sollten Teiche im genossenschaftlichen Wege zur Herstellung gelangen und die vom Lande und Staate zu diesem Zweck verliehenen Unterstützungen beansprucht werden, dann ist das betreffende Gesuch um Errichtung eines Teiches den Bedingungen des § 78 lit. a bis e des Wassergesetzes entsprechend zu belegen, und im Falle eines genossenschaftlichen Unternehmens sind überdies noch die Vorschriften des § 78 lit. f bis h zu berücksichtigen.

Der Wasserbezug der Teichanlagen wird durch die Bestimmungen des § 94 des mehrfach erwähnten Gesetzes geregelt.

Bei Anwendung der für die Wasserteilung im § 94 des Wasserrechtsgesetzes aufgestellten Grundsätze hat die Administrativbehörde stets unter Bedachtnahme auf eventuell vorliegende Übereinkommen und besondere Rechte vorzugehen; insoweit die getroffenen Verfügungen auf derlei besondere Titel sich stützen, kann von den Parteien eine

Änderung derselben dadurch herbeigeführt werden, daß sie durch richterlichen Spruch den Inhalt und die Tragweite dieser besonderen Titel feststellen lassen.

Bei der im § 94 geregelten Wasserteilung ist Grundsatz, daß vor allem die rechtmäßigen Ansprüche in bezug auf schon (konsensgemäß) bestehende Anlagen sicherzustellen bzw. bei eintretendem Wassermangel bestehende Übereinkommen oder erworbene besondere Rechte vor allem zu schützen sind; dann erst sollen volkswirtschaftliche Nützlichkeitsrücksichten, ferner, wenn noch Zweifel bleibt, Rücksichten der Billigkeit maßgebend sein.

In der Verordnung des Ackerbauministeriums vom 20. September 1872 wird die Einrichtung und Führung des Wasserbuches mit der Wasserkarten- und Urkundensammlung näher erläutert.

Im Wasserbuche ist für jedes einzutragende Wasserrecht nach Maßgabe des Umfanges der Eintragung die erforderliche Zahl von Blättern zu eröffnen.

Die Wasserkartensammlung besteht aus einer Übersichtskarte, sodann den Detail- und Spezialmappen.

In der Urkundensammlung sind die Urkunden, welche den in das Wasserbuch eingetragenen Wasserrechten zugrunde liegen, bezüglich der Wassergenossenschaften insbesondere die Anerkennungsurkunden, Statuten und die Mitgliederverzeichnisse, in amtlichen Abschriften aufzubewahren.

Eine weitere Verordnung des Ackerbauministeriums vom 20. September 1872 gibt die Anweisung für die Form der Staumaße und die bei deren Aufstellung zu beobachtenden Vorschriften bekannt.

Der höchste und niedrigste Wasserstand einer jeden Stauvorrichtung muß durch ein leicht sichtbares Staumaß kenntlich gemacht werden, welches durch das Wasser bespült wird und jederzeit leicht beobachtet werden kann.

Überdies muß die Höhenlage des Staumaßes durch mindestens einen nahegelegenen unveränderbaren Bau (Festpunkt, Fixpunkt), welcher zugleich zur Nachprüfung der Höhenlage aller wesentlichen Teile der Stau- und Werkvorrichtungen zu dienen hat, festgestellt werden.

In den folgenden Figuren sind verschiedene Herstellungsarten der Festpunkte dargestellt, und zwar:

Fig. 129 Schnitt und Draufsicht in unmittelbarer Nähe des angestauten Wassers.

Fig. 130 Festpunkt an einer Quaderwand.

Fig. 131 Festpunkt an Felswänden.

In der Fig. 132, 133 Schnitt und Grundriß, ist die Art und Weise dargestellt, wie Festpunkte dauernd zu setzen sind.

Plan des Staumaßes im Sinne der Verordnung vom 17. Dezember 1872.
Nr. 53 L.G.Bl.

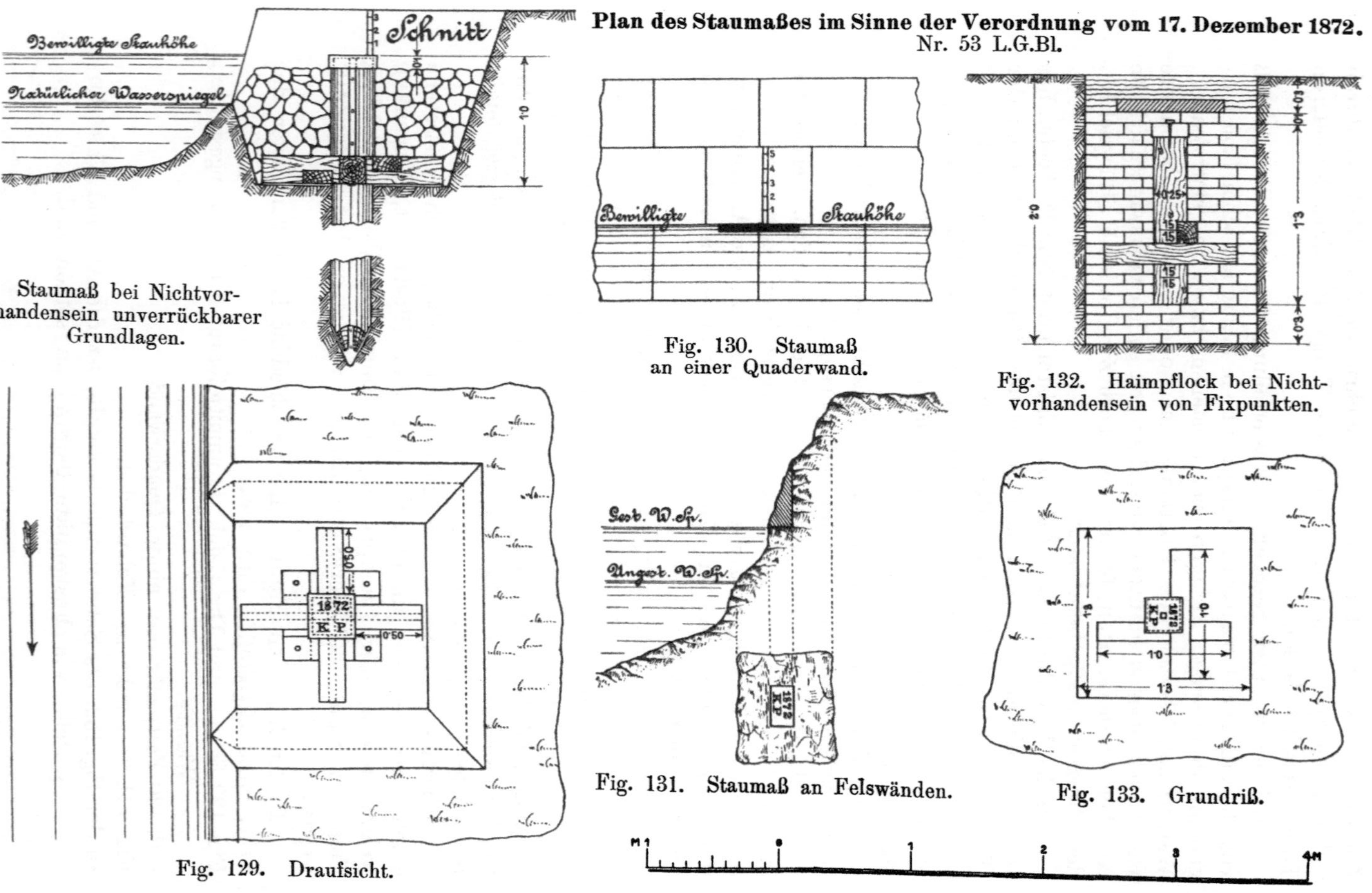

Staumaß bei Nichtvorhandensein unverrückbarer Grundlagen.

Fig. 129. Draufsicht.

Fig. 130. Staumaß an einer Quaderwand.

Fig. 131. Staumaß an Felswänden.

Fig. 132. Haimpflock bei Nichtvorhandensein von Fixpunkten.

Fig. 133. Grundriß.

Selbstverständlich muß die Lage der Festpunkte durch einen Plan worin die in genügender Menge in der Natur erhobenen Maße eingezeichnet sind, festgelegt werden.

Schließlich kommt noch die Verordnung der Ministerien für Ackerbau, des Innern und des Handels vom 14. Februar 1894, betreffend die Anlage, Erhaltung, Benützung und Auflassung von Teichen, in Betracht, welche ungekürzt zur Wiedergabe gelangt:

Verordnung der Ministerien für Ackerbau, des Innern und des Handels vom 14. Februar 1894. betreffend die Anlage, Erhaltung, Benützung und Auflassung von Teichen.

Behufs zweckentsprechender Handhabung der auf die Anlage, Erhaltung, Benützung und Auflassung von Teichen Anwendung findenden Bestimmungen der Wasserrechtsgesetze wird nachstehendes verordnet:

A.

Anlage neuer und Abänderung bestehender Teiche.

§ 1.

Die nach Maßgabe der bestehenden Landesgesetze über Benützung, Leitung und Abwehr der Gewässer erforderliche behördliche Bewilligung zur Anlage neuer Teiche, mögen dieselben für die Fischzucht, für Triebwerke, als Sammelbassins für Bewässerungen, als Regulatoren der Zu- und Abflüsse der Gewässer, für Wasserleitungen oder zu irgend welchem anderen Zwecke dienen, darf nur auf Grund des wasserrechtlichen Verfahrens erteilt werden.

Bei der nach den bezüglichen Bestimmungen dieser Landesgesetze (§ 74 für die Bukowina, § 78 für Istrien, § 57 für Krain, § 75 für Niederösterreich, § 73 für Steiermark, § 79 für die übrigen Länder) von der Behörde vorzunehmenden Vorprüfung der bezüglichen Gesuche ist insbesondere zu ermitteln, ob der anzulegende Teich einen Einfluß auf eine Eisenbahn hat oder haben kann.

Im bejahenden Falle ist der Bewilligungswerber zu verhalten, das Projekt durch eine Planskizze, aus welcher die örtliche Lage des Teiches sowie der hierdurch berührten Eisenbahnanlage erkennbar ist, zu ergänzen.

Von der zu pflegenden Verhandlung (Lokalerhebung) ist die betreffende Eisenbahnunternehmung und die k. k. Generalinspektion der österreichischen Eisenbahnen — letztere unter Mitteilung der vorerwähnten Skizze — mit der Einladung zu verständigen, sich an derselben, wenn sie das Eisenbahninteresse durch das Projekt für berührt erachten. zu beteiligen.

Bei der Entscheidung über das Projekt ist nicht bloß der voraussichtliche Einfluß des anzulegenden Teiches auf die nächste Umgebung, sondern auch die Einwirkung desselben auf das Sammel- und Abflußgebiet in Betracht zu ziehen.

Bei Feststellung der besonderen Bedingungen, an welche die Bewilligung zur Anlage neuer Teiche zu knüpfen ist, haben die Verwaltungsbehörden auf die in den nachfolgenden §§ 2—14 enthaltenen Bestimmungen entsprechend Bedacht zu nehmen.

§ 2.

Behufs Hintanhaltung von Teichdurchbrüchen ist in jenen Fällen, wo dem Unternehmer mehrere Plätze zur Anlegung des Teiches zur Verfügung stehen, dahin zu streben, daß der Teich, soweit es die Bodenkonfiguration und der wirtschaftliche Zweck gestatten, in einer Terrainmulde angelegt und möglichst von natürlichen Ufern umgeben sei.

Ist dies nicht tunlich, so ist auf den soliden Bau der zur Umfassung des Teiches notwendigen Dämme das Augenmerk zu richten.

§ 3.

Die Dämme müssen entsprechend dem jeweilig zur Verwendung gelangenden Materiale derart kunstgerecht konstruiert und in solchen Dimensionen hergestellt werden, daß sie dem Drucke des Wassers auch bei höchstem Wasserstande vollkommen Widerstand leisten.

Ist ein Damm nicht zur Gänze aus wasserundurchlässigem Materiale hergestellt, so muß derselbe in seiner ganzen Länge mindestens einen wasserdichten Kern erhalten oder durch eine Verkleidung von Tegel, Lehmschlag, Beton, wasserdichtem Mauerwerk, durch in Zementmörtel gelegtes Pflaster usw. gegen das Durchsickern des Wassers geschützt werden.

Die Höhe der Dämme muß derart gewählt sein, daß sie weder bei dem höchsten Wasserstande noch beim Wellenschlage überronnen werden können.

Jedenfalls aber muß die Dammkrone mindestens 0,60 m über dem höchsten Wasserstande liegen.

Bei der Anlage der Dämme ist stets für einen guten Verband mit dem gewachsenen Untergrunde vorzusorgen; ferner ist in allen Fällen auch auf eine angemessene Entwässerung desselben hinzuwirken.

Die Dämme müssen wasserdicht hergestellt und wasserseitig bis auf eine Höhe von mindestens 0,50 m über den höchsten Wasserstand gegen die Angriffe des Wassers geschützt werden.

Bei Erddämmen ist das Material in horizontalen Schichten von höchstens 0,20 m Höhe aufzuführen, sodann abzugleichen und zu stampfen.

Das zur Verwendung gelangende Erdmaterial muß hinreichend feucht sein; gefrorenes Material und größere Erdknollen sind von der Verwendung auszuschließen.

Die Dammkrone muß eine Mindestbreite von 1,50 m erhalten.

Soll die Dammkrone auch als Fahrweg benützt werden, so hat die politische Behörde — bei öffentlichen Fahrwegen im Einvernehmen mit der Straßenverwaltung — die Konstruktion der Fahrbahn sowie die Art der Benützung und Erhaltung derselben festzustellen.

§ 4.

Die Böschungsverhältnisse der Dämme sind nach Maßgabe des zur Verwendung gelangenden Materiales, der Höhe der Anlagen und des eingestauten Wassers zu bestimmen.

Erhalten Erddämme nicht besondere Versicherungen, so sind deren landseitige Böschungen im Verhältnisse von mindestens 1:1,5, die wasserseitigen Böschungen im Verhältnisse von mindestens 1 : 2 herzustellen.

Die Oberflächenform der Dammkrone muß einen leichten Abfluß der Tagewässer gegen den Teich gestatten.

Sollte der obere Dammkörper aus nicht ausreichend widerstandsfähigem Materiale geschüttet sein und zudem auch der Schutz durch eine genügend feste Fahrbahn mangeln, so ist die Dammkrone in einer Stärke von mindestens 0,40 m aus hinlänglich widerstandsfähigem und wasserdichtem Materiale zu bilden.

§ 5.

Sollen Rohrleitungen oder Kanäle durch den Dammkörper geführt werden, so ist für deren bestmögliche Abdichtung vorzusorgen, etwa anschließendes Erdmaterial ist daher sorgfältig zu stampfen.

Es wird jedoch empfohlen, in allen Fällen, wo dies tunlich ist, Röhren und Kanäle seitlich durch den gewachsenen Boden statt durch die Dämme zu leiten.

§ 6.

Über die Zulässigkeit einer Bepflanzung des Dammes mit Bäumen oder Sträuchern ist nach Einvernahme des Forsttechnikers der politischen Verwaltung zu entscheiden.

Im Falle der Zulässigkeit ist auch die Art der Bepflanzung (Holzart, Verband usw.) festzustellen, wobei insbesondere darauf Bedacht zu nehmen ist, daß nicht durch die auf den Bestand wirkenden Stürme der Damm aufgelockert werde, oder durch das Verfaulen der Wurzeln Löcher und Höhlungen in demselben entstehen.

Dämme von weniger als 2 m Kronenbreite sind an den Kronen überhaupt nicht zu bepflanzen.

§ 7.

Die zulässige Höhe der Wasserspannung im Teiche ist derart zu bemessen, daß der durch dieselbe hervorgerufene Rückstau des den Teich speisenden oder durchziehenden Gewässers auf fremde Rechte einen nachteiligen Einfluß nicht ausüben kann.

§ 8.

Jeder Teich soll nach Verhältnis seiner Lage, Größe und seines Wasserzuflusses mit einer oder nach Umständen mit mehreren solid und in den tiefsten Punkten des Dammes eingebauten Grundschleusen oder mit einem Abflusse durch den gewachsenen Boden versehen sein.

Die Dimensionen der Grundschleusen oder des Abflusses müssen auch für den Fall des Eintrittes außerordentlicher Niederschläge ausreichen.

Die Anbringung von Überfällen in den Dämmen enthebt nicht von der Verpflichtung zur Herstellung von Grundschleusen oder Abflüssen durch den gewachsenen Boden.

Überfälle sind daher nur bei gleichzeitiger Anwendung von Grundschleusen oder solchen Abflüssen zu bewilligen, und zwar auch nur dann, wenn die Abflußkanäle den durch das Überfallwasser vermehrten Abfluß gestatten, so daß eine Gefährdung der unterhalb gelegenen fremden Anlagen und Liegenschaften nicht zu befürchten ist.

Die Konstruktion der Überfälle ist nach Maßgabe des verwendeten Materiales, der über dieselben abzuleitenden Wassermenge und der Überfallshöhe festzusetzen, wobei zugleich die angemessene Vorsorge gegen die Gefahr einer eventuellen seitlichen Auswaschung und Umgehung des Bauwerkes sowie einer allfälligen Auskolkung des Vorgrundes zu treffen ist.

§ 9.

Die Höhe der Schleusenschützen ist derart zu bemessen, daß deren obere Kante bei geschlossener Schleuse genau mit dem Wasserspiegel der bewilligten Teichspannung zusammentrifft.

Die Absperrungen (Schützen) an den Schleusen müssen mit Aufzugsvorrichtungen derart versehen werden, daß die Manipulation des Aufziehens und Ablassens der Schützen leicht, sicher und gefahrlos vorgenommen werden kann.

Ferner sind an den eben erwähnten Aufzügen Sperrvorrichtungen anzubringen, um ein mutwilliges Eingreifen unberufener Personen zu verhüten.

§ 10.

Den Ableitungskanälen müssen solche Querschnittsdimensionen gegeben werden, daß sie nicht nur das unter normalen Verhältnissen abfließende, sondern auch das bei außerordentlichen Niederschlägen abzulassende Teichwasser aufzunehmen und abzuführen imstande sind.

Selbstverständlich müssen diese Kanäle von der Teichschleuse bis zur Einmündung in den Fluß oder Bach derart gesichert werden, daß aus ihrem Bestande Beschädigungen oder Überflutungen fremder Ufergründe nicht zu befürchten sind.

Das gleiche gilt hinsichtlich der Zuleitungskanäle, wo solche zur Ausführung kommen, sowie hinsichtlich der natürlichen Zuflußgerinne, insoweit sich in diese letzteren der Rückstau des Teiches erstreckt.

§ 11.

Rechen am Ein- oder Ausflusse des Teiches sind so herzustellen, daß die Zwischenweiten der Latten oder Sprossen zusammen ausreichen, um die von oben herabkommende Wassermenge ungehindert durchziehen zu lassen.

Dem Teichbesitzer ist es zur Pflicht zu machen, das an die Rechen sich anlegende Gesträuch, Heu, Stroh, Wurzeln u. dgl. jedesmal ungesäumt und sorgfältig zu beseitigen.

§ 12.

Wenngleich die Konstruktion der Dämme und der Anlage im allgemeinen in den der politischen Behörde vorzulegenden Plänen und Baubeschreibungen in allen Teilen ersichtlich gemacht werden muß, so sind die behördlichen Sachverständigen dennoch verpflichtet, entweder gelegentlich der kommissionellen Verhandlung oder schon vor derselben nicht nur die Solidität, Tragfähigkeit und Durchlässigkeit des Untergrundes genau zu untersuchen, sondern auch das zum Baue zu verwendende Material auf seine Zulässigkeit zu prüfen.

Das Resultat dieser Untersuchungen ist in dem Verhandlungsprotokolle zum Ausdrucke zu bringen.

§ 13.

Jede bewilligte Teichanlage muß noch vor der Füllung mit Wasser nach den Bestimmungen der Wasserrechtsgesetze kollaudiert und durch ein Staumaß verhaimt werden.

Ebenso sind auch die Ableitungskanäle zu verhaimen und mit Staumaßen zu versehen.

§ 14.

Von der uneingeschränkten Anwendung der Bestimmungen der §§ 2—12 kann bei Teichanlagen von geringer Bedeutung abgegangen werden, wenn bei der Lokalerhebung festgestellt wird, daß die beabsichtigte Anlage ihrer Situation, ihrer Ausdehnung, ihrem Fassungsraume und Zwecke nach auch unter erleichterten Bedingungen ohne Gefahr für öffentliche Interessen oder Rechte Dritter zulässig ist.

§ 15.

Die Bestimmungen der §§ 1—14 finden auch auf eine Abänderung bestehender Teichanlagen, zu welcher nach den Wasserrechtsgesetzen eine behördliche Bewilligung erforderlich ist, sinngemäße Anwendung.

B.

Erhaltung und Benützung der Teiche.

§ 16.

Im Sinne der bestehenden Wasserrechtsgesetze sind alle Bestandteile der Teichanlagen stets in solchem Zustande zu erhalten, daß sie fremden Rechten nicht nachteilig sind und Überschwemmungen tunlichst vorgebeugt wird.

Um die Erfüllung dieser allgemeinen Verpflichtung in den einzelnen Fällen möglichst zu sichern und Zweifel oder Streitigkeiten von vornherein auszuschließen, sind schon bei der behördlichen Bewilligung der Anlage neuer Teiche auch jene Maßnahmen genau festzustellen, welche rücksichtlich der Instandhaltung der Anlage von den hierzu nach den Wasserrechtsgesetzen Verpflichteten zu beobachten sind.

Hierzu gehört insbesondere die fortgesetzte Überwachung des Zustandes der Dämme, Gräben, Kanäle und der sonstigen Objekte, insbesondere bei Hochwässern, dann die eingehende Untersuchung nach Verlauf eines jeden Hochwassers.

Die wahrgenommenen Schäden sind, auch wenn scheinbar unbedeutend, sofort zu reparieren.

Bei größeren Teichen ist den zur Erhaltung der Anlage Verpflichteten die Bestellung von Teichwächtern aufzutragen, welche ihr besonderes Augenmerk auf die Ablaßschleusen zu richten und sich durch häufige Versuche zu überzeugen haben, daß die Abzugsvorrichtungen stets gut funktionieren, und daß die zu den Sperrvorrichtungen führenden Stege die nötige Sicherheit gewähren.

Die zeitweise Reinigung der Teiche, dann ihrer Zu- und Abflüsse ist den zur Erhaltung Verpflichteten ausdrücklich vorzuschreiben.

§ 17.

Bei Bewilligung neuer Teichanlagen sind auch die geeigneten Bestimmungen zu erlassen, damit durch das Absperren des Wasserzuflusses oder das Ablassen des Wassers aus dem Teiche, sei es anläßlich einer Reparatur, Reinigung, Fischung oder aus irgend einem anderen

Grunde, die in der Nähe der Teichanlage bestehenden Anlagen, Gebäude, Grundstücke und Wasserrechte in keinerlei Weise geschädigt werden.

Auch sind hierbei eventuell durch die Erfahrung gebotene nachträgliche Änderungen dieser Bestimmungen ausdrücklich vorzubehalten.

C.
Auflassung bestehender Teiche.

§ 18.

Die Auflassung von Teichen darf nur mit Bewilligung der kompetenten Verwaltungsbehörde nach Durchführung des in den Wasserrechtsgesetzen vorgeschriebenen Verfahrens erfolgen.

Mit Rücksicht auf die eventuelle Einwirkung der Teichauflassung auf Eisenbahnen ist die Vorschrift des zweiten und dritten Absatzes des § 1 dieser Verordnung sinngemäß anzuwenden.

§ 19.

Bei der aus Anlaß eines Ansuchens um Auflassung eines Teiches vorzunehmenden kommissionellen Verhandlung ist nicht nur die Rückwirkung dieser Auflassung auf die unmittelbare Umgebung des Teiches zu prüfen, sondern es sind auch alle Wasserabflußverhältnisse, auf welche die Auflassung des Teiches selbst in weiterer Entfernung einen Einfluß üben kann, zu berücksichtigen.

Auch ist die Einwirkung auf etwaige zu Recht bestehende Triebwerke, Stauanlagen und sonstige mit dem aufzulassenden Teiche in Verbindung stehende Wasserbezugsanlagen und Rechte in Betracht zu ziehen.

§ 20.

In der Entscheidung über das Ansuchen um Auflassung eines Teiches ist auszusprechen, ob und unter welchen Bedingungen der bisherige Wasserlauf im öffentlichen Interesse oder zur Wahrung bestehender Rechte Dritter (§ 19) weiter zu erhalten sei, oder ob und welche Vorkehrungen der Teichbesitzer zu treffen verpflichtet sei, um den vor der Teichanlage bestandenen Wasserlauf wiederherzustellen oder um die durch die Teichanlage herbeigeführten Änderungen des früheren Zustandes für die Anrainer und für andere Wasserberechtigte, eventuell im öffentlichen Interesse unschädlich zu machen.

Hierbei ist darauf Bedacht zu nehmen, daß die Bauobjekte dort, wo deren weiterer Bestand nicht geboten und deren Erhaltung in gutem Zustande nicht sichergestellt erscheint, vom Besitzer des aufzulassenden Teiches beseitigt werden, insofern ihrer weiterer Bestand ohne ordentliche Erhaltung fremden Rechten oder öffentlichen Interessen nachteilig werden könnte.

D.
Behördliche Überwachung der Teiche.

§ 21.

Die politischen Behörden haben darüber zu wachen, daß die Erhaltung und Benützung der Teiche jederzeit den Bestimmungen der behördlichen Bewilligung entspreche.

Nimmt die politische Behörde wahr, daß aus dem Zustande oder der Bewirtschaftung von Teichen, welche aus früherer Zeit her, ohne nachweisbare Konzession, aber doch rechtmäßig bestehen, Nachteile für fremde Rechte oder öffentliche Interessen sich ergeben, so hat sie das Nötige zur Abstellung der Übelstände nach Maßgabe der Wasserrechtsgesetze vorzukehren.

§ 22.

In dem Falle, als eine Eisenbahnverwaltung oder ein anderer Interessent unter Anführung der Gründe das Ansuchen um die behördliche Untersuchung des Zustandes einer Teichanlage, insbesondere einer solchen, welche nach längerer Zeit wieder bespannt werden soll, stellt, hat die politische Bezirksbehörde ohne Verzug die Erhebung durch einen technischen Sachverständigen unter Beiziehung des Gesuchstellers und des Teichbesitzers oder ihrer Bevollmächtigten zu veranlassen.

Auf Grund der bei der Revision gemachten Wahrnehmungen hat die politische Behörde im Sinne des § 21 vorzugehen.

Über die Verpflichtung zur Zahlung der diesfälligen Kommissionskosten entscheidet die politische Behörde nach Maßgabe der Bestimmungen der Wasserrechtsgesetze.

Windisch-Graetz m. p. Falkenhayn m. p.
Bacquehem m. p. Wurmbrand m. p.

74. Königreich Preußen.

Bestehende Teiche fallen, dem Preußischen Wassergesetze vom 7. April 1913 zufolge, unter den Begriff „See“. Sie unterscheiden sich von diesen durch eine geringe Ausdehnung und sind in der Regel künstlich hergestellt, doch ist letzteres kein Begriffsmerkmal. Auch sie müssen oberirdischen Ablauf haben. Grundstücke, die zur Fischzucht oder Fischhaltung oder zu sonstigen Zwecken mit Wasser bespannt werden und mit einem Wasserlauf nur dadurch in Verbindung stehen, daß sie mittels künstlicher Vorrichtungen aus dem Wasserlauf gefüllt oder in einen solchen abgelassen werden, gelten nicht als Wasserläufe.

Bei beabsichtigter Anlage von neuen Teichen muß der Antragsteller, gemäß § 46 des Wassergesetzes, um Verleihung eines Privatrechtes, welches ihn zur Benutzung eines Wasserlaufes berechtigt, bittlich werden. Dem Verleihungsgesuche muß ein Plan, mit Zeichnungen und Erläuterungen versehen, aus dem die notwendigen Unterlagen für eine zuverlässige Beurteilung des Unternehmens, seiner Bedeutung, seines Wasserbedarfes und seiner voraussichtlichen Einwirkung auf die Verhältnisse des Wasserlaufs ersichtlich sind, beigeschlossen werden. Über den Antrag auf Verleihung des angesuchten Rechtes beschließt die Verleihungsbehörde — der Bezirksausschuß. Die zweite und letzte Instanz bidet das Landeswasseramt.

Das Verleihungsgesuch ist durch die Verleihungsbehörde (Bezirksausschuß) von Amts wegen zu überprüfen, ob gesetzliche Voraussetzungen für die Verleihung vorliegen, ob die beabsichtigte Benutzung des Wasserlaufes den polizeilichen Vorschriften entspricht. Die Wasserpolizeibehörde soll gehört werden.

Der Beschluß über den Verleihungsantrag ist dem Unternehmer und allen Behörden und Personen, die Widersprüche oder Ansprüche erhoben haben, zuzustellen. Er muß mit Gründen versehen sein, wenn die Verleihung nicht dem Antrage gemäß oder unter Zurückweisung von Widersprüchen oder Ansprüchen erteilt wird.

Die Kosten des Verleihungsverfahrens fallen dem Unternehmer zur Last.

Gegen den Beschluß über den Verleihungsantrag steht, die zu leistende Entschädigung ausgenommen, dem Unternehmer und den übrigen Parteien binnen zwei Wochen die Beschwerde bei dem Landeswasseramte zu.

Die Verleihungsurkunde unterliegt einer Stempelabgabe von 1—100 M., wenn der Wert des verliehenen Rechtes 1000—100 000 M. beträgt, und für weitere je 50 000 M. 50 M.

Der Unternehmer kann durch die Wasserpolizeibehörde zur Erfüllung der ihm im Verleihungsbeschluß auferlegten Bedingungen angehalten werden.

Wegen überwiegender Nachteile oder Gefahren für das öffentliche Wohl kann die Verleihung gegen Entschädigung des Unternehmers durch Beschluß der Verleihungsbehörde jederzeit zurückgenommen oder beschränkt werden (§ 84). Im § 85 werden jene Fälle aufgezählt, in welchen die Verleihung ohne Entschädigung zurückgenommen werden kann.

Durch die §§ 87—90 wird die Möglichkeit geregelt, unter bereits bestehenden Benutzungsrechten, bei deren Ausübung eine Kollision stattfindet, einen tunlichst allen gerecht werdenden Ausgleich herbeizuführen.

Jede auf Grund eines verliehenen Rechtes oder mit gewerbepolizeilicher Genehmigung errichtete Stauanlage (Teich) muß mindestens mit einer Staumarke, Merk-, Pegel-, Spiegel-, Meß-, Eichpfahl, Eichmarke, Stauziel versehen werden, an denen die verliehenen Stauhöhen deutlich angegeben sind. Über das durch die Wasserpolizeibehörde vorgenommene Setzen der Staumarke und der Festpunkte wird eine Urkunde aufgenommen.

Eine Stauanlage, die mit einer Staumarke versehen ist, darf nur mit Genehmigung der Wasserpolizeibehörde dauernd außer Betrieb gesetzt oder beseitigt werden.

Durch die Einführung der Wasserbücher, einer Neuschöpfung Preußens, verfolgt der Gesetzgeber den Zweck, eine möglichst große, Klarheit über die Rechtsverhältnisse an den Wasserläufen zu schaffen, gleichzeitig aber auch den Berechtigten einen weiteren Schutz für ihre eintragungsfähigen Rechte zu gewähren. In den §§ 182—195 ist das Wesen des Wasserbuches, die Eintragung und Einsichtnahme erläutert.

Wasserpolizeibehörde ist:

1. für Wasserläufe erster Ordnung der Regierungspräsident;
2. für Wasserläufe zweiter Ordnung und die nicht zu den Wasserläufen gehörenden Gewässer der Landrat, in Stadtkreisen die Ortspolizeibehörde. Die Städte, deren Polizeiverwaltung der Aufsicht des Landrats nicht untersteht, stehen den Stadtkreisen gleich;
3. fffr Wasserläufe dritter Ordnung die Ortspolizeibehörde.

Als Berater der Wasserpolizeibehörden werden technisch genügend vorgebildete Beamte bestellt.

Schauämter sollen in erster Linie eine Unterstützung für die Wasserpolizeibehörde sein, und sie haben dieser etwa festgestellte Mängel hinsichtlich der ordnungsmäßigen Unterhaltung und unzulässige Verunreinigungen der Wasserläufe mitzuteilen (§ 356—366). Auch sind sie befugt und auf Aufforderung verpflichtet, wasserwirtschaftliche Gutachten über die ihnen zugeteilten Wasserläufe zu erstatten. In dieser Beziehung stehen sie an der Seite der Wasserbeiräte, doch lediglich bei Fragen lokaler Bedeutung.

Die Tätigkeit des in §§ 367—369 geschaffenen Wasserbeirates ist ausschließlich eine begutachtende. Er hat auf Ersuchen der zuständigen Minister oder der Verleihungsbehörde sich gutachtlich zu äußern und ist auch berechtigt, auf eigene Initiative Gutachten den zuständigen Ministern vorzulegen. Das Gutachten des Wasserbeirates soll dann eingeholt werden, wenn es sich um Fragen von allgemeiner Bedeutung handelt.

Durch das Landeswasseramt wurde für die ganze Monarchie eine Zentralbehörde geschaffen, von der in zweiter und letzter Instanz alle das Verleihungsverfahren und verwandte Materien betreffenden tatsächlichen und rechtlichen Fragen im Beschlußverfahren entschieden werden.

Im Anhange sind sodann die wichtigsten Paragraphen des Wassergesetzes vom 7. April 1913, soweit sie auf die Errichtung von Teichen Bezug finden, vollinhaltlich abgedruckt.

75. Königreich Sachsen.

Wassergesetz für das Königreich Sachsen vom 12. März 1909.

Die Teiche sind im Sinne des Gesetzes (§ 4) Eigentumsgewässer, welche der Aufsicht des Staates nach den Vorschriften dieses Gesetzes unterliegen (§ 1).

Fließende Gewässer kann jedermann zu häuslichen und wirtschaftlichen Zwecken gebrauchen, soweit dies ohne Änderung oder Beschädigung des Wasserlaufes, des Bettes oder der Ufer und ohne Beeinträchtigung der Rechte Dritter geschehen kann. (§ 22.) Zur Errichtung von Stauanlagen jedweder Art in einem fließenden Gewässer oder zur dauernden Ableitung von Wasser (§ 23) bedarf es der Erlaubnis seitens der Verwaltungsbehörde. Die Erlaubnis hat sich auf das bei sachgemäßer und wirtschaftlicher Einrichtung wirklich Erforderliche zu beschränken (§ 26).

Die besondere Wasserbenutzung darf nur unter billiger Berücksichtigung der zulässigen besonderen Benutzung anderer ausgeübt werden (§ 31).

Dem Antrag auf Erlaubnis einer besonderen Wasserbenutzung (§ 33) müssen die zur Beurteilung erforderlichen Zeichnungen und Erläuterungen beigefügt werden. Die Unterlagen sind in je drei Stücken einzureichen (§ 8 d. Ausf.-V. v. 21. 9. 1909). Sie müssen über alle für die Beurteilung des Antrages wichtigen Verhältnisse Aufschluß geben und aus den zur Erläuterung erforderlichen, auf Pausleinwand ausgeführten und mit Maßstab versehenen Plänen, Beschreibungen, Berechnungen und Gutachten bestehen.

Bei Stauanlagen insbesondere ist eine Zeichnung der gesamten Stauvorrichtungen beizubringen. Außerdem sind, soweit die Wirkungen der Stauanlage reichen, ein Längenprofil des zum Betriebe bestimmten Wasserlaufes sowie eine Anzahl von Querprofilen von beiden einzureichen. Die Profile sind auf ein und dieselbe, an einen unverrückbaren Festpunkt anzuschließende Horizontallinie zu beziehen. Es bedarf ferner der Angabe über die Höhe des gewöhnlichen, des niedrigsten und des höchsten Wasserstandes und der Wassermengen, die der Wasserlauf in der Regel führt, sowie der Angabe der Stauwerke, die sich zunächst oberhalb und unterhalb der geplanten Anlage befinden.

Im Lagerplane sind auch die Grundstücke, die an den Wasserlauf stoßen, soweit der Rückstau reicht, mit der Flur- und Grundbuchnummer und den Namen der Eigentümer zu bezeichnen.

Von den Unterlagen verbleiben zwei Stück bei der Verwaltungsbehörde, während das dritte zugleich mit dem Bescheide, im Falle der Erlaubniserteilung mit entsprechender Bemerkung versehen, dem Antragsteller wieder zugefertigt wird.

Die Verwaltungsbehörde hat den Antrag in den Amtsblättern der Verwaltungsbezirke, in denen die beabsichtigte Anlage ausgeführt werden soll, mit der Aufforderung bekanntzumachen, etwaige Einwendungen gegen die begehrte besondere Benutzung binnen zwei Wochen anzuführen.

§ 34. Nach Ablauf der Frist hat die Behörde den Antrag zu prüfen, die dagegen erhobenen Einwendungen zu erörtern und sodann den Parteien schriftlichen Bescheid zu erteilen.

Bildet ein fließendes Gewässer den Zufluß oder Abfluß eines Teiches, so finden die Vorschriften der §§ 23—39 dann Anwendung, wenn durch Benutzung des Teiches auf das fließende Gewässer in einer nach § 23 der behördlichen Erlaubnis bedürfenden Weise eingewirkt wird.

2. Diese Vorschriften stehen der Wiederauffüllung eines abgeschlagenen oder sonst entleerten Teiches nicht entgegen.

3. Bei dem Abschlagen eines Teiches, bei dem Ablassen von Wasser und bei der Wiederauffüllung eines Teiches ist nach Möglichkeit auf Schonung der Ufer des fließenden Gewässers und auf die Bedürfnisse der Benutzungsberechtigten Bedacht zu nehmen. Die Verwaltungsbehörde kann hierüber auf Antrag eines Beteiligten oder, wenn das Gemeinwohl berührt wird, von Amts wegen besondere Vorschriften treffen.

Bei Stauanlagen (Teichen) ist die zulässige Höhe der Wasseranspannung, das etwa vorgeschriebene niedrigste Staumaß sowie die Höhe des festen Stauwerks auf Kosten des Stauberechtigten von der Verwaltungsbehörde festzustellen. Die Stauzeichen sind durch die Beteiligten nach Anweisung und unter Mitwirkung der Verwaltungsbehörden in dauerhafter Weise an einer leicht sichtbaren Stelle anzubringen. Hierüber ist von der Behörde eine Urkunde aufzunehmen (§ 43).

Zur Beseitigung zum oder Umbau einer Stauanlage ist die Erlaubnis der Verwaltungsbehörde erforderlich. §§ 45 und 46.

Es ist verboten (§ 47), aufgestaute Wassermassen plötzlich abzulassen. Jeder Besitzer einer Stauanlage ist verpflichtet, die Schleuse, Grundablässe usw. in Ordnung zu halten und für Abführung des Wassers zu sorgen.

Im § 50 wird die Führung von Wasserbüchern angeordnet.

In die Wasserbücher sind alle in den fließenden Gewässern bestehenden Wasserbenutzungen, deren wesentliche Änderungen oder Erlöschen einzutragen. Die Einsichtnahme in die Wasserbücher steht jedem Interessenten frei zu.

Das Wasserbuch besteht aus drei Abteilungen. Die erste Abteilung enthält die fließenden Gewässer, die zweite die Wasserbenutzung, die dritte die Genossenschaften und Genossenschaftsverbände.

Für die Führung der Wasserbücher ist die Dienstanweisung für die mit der Vollziehung des Wassergesetzes vom 12. März 1909 (G.- u. V.-Bl. S. 227) und der dazu erlassenen Ausführungsverordnung vom 21. September 1909 (G.- u. V.-Bl. S. 527) betrauten Verwaltungsbehörden vom 21. Oktober 1909 maßgebend.

Literatur.

1. Allgemeine Fischerei.

Bosse, C. A. H. v., Allg. prakt. Wörterbuch der Fischerei. 1816, Heinrichs, Leipzig.
Fischbuch, Vollständiges. 1824, Basse, Quedlinburg.
Reider, J. E. v., Das Ganze der Fischerei. 1825, Könnecke, Nürnberg.
Schilling, E. M., Die wilde Fischerei. 1831, Baumgärtner, Leipzig.
Hartig, Lehrbuch der Teichwirtschaft. 1831, Kassel.
Teichmann, Teichfischerei. 1831, Baumgärtner, Leipzig.
Clinton, Lord, Die Geheimnisse der Angel- und Netzfischerei. 1849, Krause, Jüterbog.
Neu, J. T., Die Teichwirtschaft, Die Teichfischerei. 1859, Bautzen.
Boccius, Gl., Die Fluß-, Bach- und Teichfischerei. 1861, Voigt, Weimar.
Wirth, J. G., Der praktische Fischereibetrieb. 1862, Reichenbach, Leipzig.
Biermann, A., Neuestes ill. Fischereibuch. 1865, Cohen, Hannover.
Beta, Dr., Die Bewirtschaftung des Wassers und die Ernte daraus. 1868, Leipzig.
Horäk, W., Die Teichwirtschaft mit besonderer Rücksicht auf das südliche Böhmen. 1869, Prag.
Lindemann, Die arktische Fischerei der deutschen Seestädte (1620—1868). 1869, Gotha.
Beta, H., Neue Werke und Winke für die Bewirtschaftung des Wassers. 1870, Heidelberg.
Marcard, Darstellung der preußischen Fischerei und ihre jetzige Lage. 1870, Berlin.
Frič, Dr., Die Flußfischerei in Böhmen. 1871, Prag.
Finsch, Dr. O., u. Dr. M. Lindemann, Bericht über ihre während einer Reise in den Vereinigten Staaten von Nordamerika gemachten Erfahrungen auf dem Gebiete der Fischerei. 1873, Berlin.
Peyerer, Fischereibetrieb und Fischereirecht in Österreich. 1874, Wien.
Kraft, Die neuesten Erhebungen über die Zustände der Fischerei in Österreich. 1874, Wien.
Döbl, Die Fischereigesetzgebung des preußischen Staates. 1875, Berlin.
Michaelis, Vertrag über Fischpässe. 1880, Berlin.
Borne, Max von, Die Fischereiverhältnisse des Deutschen Reiches, Österreich-Ungarns usw. 1880, Berlin.
Lindemann, Dr. M., u. Prof. Dr. Metzger, Amtlicher Bericht über die internationale Ausstellung in Berlin. 1880.
Brüssow, Bericht, betreffend eine Reise nach England. 1881, Schwerin.
Meyer, J., Handbuch des Fischerei-Sports. 1881, Wien.
Wirth, J. G., Der praktische Fischereibetrieb. 1882, Wittenberg.
Keller, H., Die Anlage der Fischwege. 1885, Berlin.
Tesdorpf, A., Norddeutscher Binnenfischerei-Ratgeber. 1888, Kiel.

Gärtner, Fhr. von, Meine Reise nach Galizien, Österreich.-Schlesien und Böhmen. 1900, Breslau.
Zenk, F., Die Verunreinigung der Wasserläufe und die Fischerei. 1895.
Hofer, Über Fischkrankheiten. 1897, Charlottenburg.
Dröscher, Dr. W., Die Besetzung des Saaler Boddens und der Unterwarnow mit Karpfen. 1900.
Weigelt, C., Vorschriften für die Entnahme und Untersuchung von Abwässern und Fischwässern. 1900, Berlin.
Debschitz, Hans von, Das Jahr des Teichwirtes und Fischzüchters. 1901, Neumann, Neudamm.
Führer, Jagd- und Fischereiverhältnisse im westl. Balkan. 1902.
von Buchwald, Dr. G., Regenten aus den Fischerei-Urkunden der Mark Brandenburg. 1903, Berlin.
Linke, Rud., und Fr. Böhm, Anleitung zum Bau und zur Bewirtschaftung von Teichanlagen. 1907, Tharandt.
Knauthe, Das Süßwasser. 1907, Neudamm.
Löschner, Dr. H., Über die Anlage von Fischwegen. 1908, Wien.
Doel, Dienstvorschriften und Dienstaufträge für die Fischmeister usw. 1908, Berlin.
Trinks, Zd., Teichwirtschaft und Fischzucht. 1908, Wien.
Schubart, Forelle und deren Fang. 1908, Berlin.
Hofer, B., Bericht aus der Königl. Bayer. Biologischen Versuchsstation in München. 1908, Stuttgart.
Seligs, Grundsatz für die Besatzung der Seen mit Fischen. 1908, Danzig.
Borne-Berneuchen, Max von dem, Das Wasser für Fischerei und Fischzucht. Neudamm. Aus Deutscher Fischerei. 1911, Neudamm.

2. Fischzucht.

Dubravius, J., Buch von den Teichen und Fischen, welche in denselben gezüchtet werden. 1547, Breslau.
Ganze, Das, der Karpfenzucht oder praktische Anweisung, neue Teiche anzulegen. 1843, Jüterbog.
Hermann, K., Der Teichwärter für das ganze Jahr. 1846, Port, Kolberg.
Géhin und Remy, Anweisung zur künstlichen Fortpflanzung der Fische. 1851, Comptoir, Wurzen.
Coste, Die neuesten Verbesserungen der Fischzucht. 1853, Basse, Quedlinburg.
Haxo zu Epinal, Die künstliche Fischerzeugung. 1853, Spamer, Leipzig.
Fraas, C., Die künstliche Fischerzeugung. 1854, Cotta, Stuttgart.
Haxo, Dr., Die künstliche Fischerzeugung. 1855, Cohen, Hannover.
Geheimnisse der künstlichen Fischzucht. 1858, Domrich, Naumburg.
Stölter, G. F., Über die möglichst gewinnreiche Benutzung von Bächen und Teichen zur künstlichen Fortpflanzung von Fischen. 1859, Lax, Hildesheim.
Vogl, K., Die künstliche Fischzucht. 1859, Leipzig.
Stölter, G. F., Weitere Mitteilungen aus der Praxis der künstlichen Fischzucht. 1860, Lax, Hildesheim.
Gründerlich, A., Die Fischvermehrung. 1861, Voigt, Weimar.
Hamm, Dr., Die künstliche Fischzucht. 1861.
Holmberg, H., Über Fischkultur in Finnland. 1862, Schnackenberg, Dorpat.
Fichtner, J., Über künstliche Fischzucht. 1862, Wien.
Wirth, Dr. M., Anleitung zur rationellen Fischzucht. 1864, Reichenbach, Leipzig.
Molin, Dr., Die rationelle Zucht der Süßwasserfische. 1864, Wien.

Hetting, M., Anleitung für die künstliche Zucht der Winterlaichfische. Berlin.
Jaeger, Die Fischzucht. 1871, Calve, Prag.
Knauthe, K., Die Karpfenzucht. Neumann, Neudamm.
Haack, Die rationelle Fischzucht. 1872, Peter, Leipzig.
Frič, Dr., Die künstliche Fischzucht in Böhmen. 1874, Prag.
Fitzinger, Dr., Bericht über die künstliche Fischzucht. 1875, Gerold Sohn, Wien.
Vogl, Karl, Die künstliche Fischzucht. 1875, Brockhaus, Leipzig.
Borne, Max von, Die Fischzucht. 1875, Wiegand, Berlin.
—, Die Fischzucht. 1875, Parey, Berlin.
Meyer, J., Die praktische Zucht der Forelle und ihrer Verwandten. 1876, Prag.
—, Der praktische Fischzüchter oder der rationelle Fischzuchtbetrieb. 1877, Stuttgart.
Dallmer, E., Fische und Fischerei im süßen Wasser in der Provinz Schleswig-Holstein. 1877, Segeberg.
Strauß, Betreibung der künstlichen Fischzucht. 1879, Mauter, Straubing.
Frič, Dr., Bericht über die Lachszucht in Böhmen. 1879, Prag.
Borne, Max von, Handbuch der Fischzucht und Fischerei. 1886, Parey, Berlin.
Stropahl, E., Die Schleienzucht. Herrcke u. Lebeling, Stettin.
Borne, Max von, Das Wasser für Fischerei und Fischzucht. 1887, Neudamm.
Susta, Josef, Die Ernährung des Karpfens und seiner Teichgenossen. 1888, Herrcke u. Lebeling, Stettin.
Jäger, Dr., Künstliche Fischzucht. 1887, Prag.
Valette, La, Der Fischbrutapparat. 1887, Kohen, Bonn.
Kintze, Karpfenzucht und Teichbau. 1888, Creba.
Susta, Josef, Fünf Jahrhunderte der Teichwirtschaft in Wittingau. 1888, Herrcke u. Lebeling, Stettin.
Weeger, E., Die Aufzucht der Forelle. 1892, Wien.
Borne, Max von, Kurze Anleitung zur Fischzucht in Teichen. 1897, Neudamm.
Mönkemeyer, Die Sumpf- und Wasserpflanzen. 1897, Berlin.
Jaffé, Intensive Forellenzucht. 1897.
Bode, E., Die künstliche Fischzucht. 1897, Kreutzer, Magdeburg.
Burda, V., Über Karpfenzucht. 1898.
Schinke, Karl, Praktische Fischzucht und Teichwirtschaft. Herrcke u. Lebeling, Stettin.
Staudinger, Dr. J., Fische in Waldgewässern. 1901, Berlin.
Knauthe, K., Die Karpfenzucht. 1901, Neumann, Neudamm.
Vogel, P., Illustrierter praktischer Ratgeber für die rationelle Besatzung von Fischteichen. 1901, Bautzen.
Borne, von d., und Debschitz, Kurze Anleitung zur Fischzucht in Teichen. 1912, Neudamm.
Eckstein, Fischerei und Fischzucht. 1902, Leipzig.
Debschitz, H. von, Kurze Anleitung zur Fischzucht in Teichen. Neumann, Neudamm.
Walter, Dr. Emil, Die Karpfenzucht in kleinen Teichen. 1903, Neumann, Neudamm.
Biesenbach, Künstliche Fischzucht und Teichwirtschaft.
Dießner, Bruno, Die künstliche Zucht der Forelle. Neumann, Neudamm.
Walter, Dr. E., Die Schleienzucht. 1904, Neumann, Neudamm.
Weeger, F., Die Aufzucht der Forelle und der Salmoiden. 1905, Wien.
Weeger-Gerl, Aufzucht der Forellen. 1905, Wien.
Vogel, P., Fischfütterung. 1906, Bautzen.
Cronheim, Dr. W., Die Fischzucht. 1907, Hannover.

Clodi, Dr. Ed., Anleitung zur künstlichen Fischzucht und Teichwirtschaft. 1908, Parey, Berlin.
Taurke, F., Die Fischzucht und Fischhaltung in Gewässern aller Art und Größe. 1908, Bautzen.
Cronheim, Fischzucht. 1909, Hannover.
Lampe, Fischzucht. 1909, Charlottenburg.
Walter, Dr. E., Das Plankton und die Methoden der quantitativen Untersuchung der Fischnahrung. Neudamm.
Nicklas, Karl, Lehrbuch der Teichwirtschaft. Herrcke u. Lebeling, Stettin.
Vogel, P., Die Teichwirtschaft des Königreichs Böhmen und der anderen Länder Österreich-Ungarns. 1907, Bautzen.
Weber-Sandau, Teichwirtschaftliche Rente.
Liebscher, Anlage, Besatz und Ausführung von Fischteichen. 1908, Leipzig.
Brühl und Törlitz, Fische und Fischerei. Jahresbericht über die Literatur für das Jahr 1908.
Schubert, Ott., Die Teichwirtschaft mit besonderer Berücksichtigung der kleinbäuerlichen Verhältnisse. 1909, Prag.
Diesner, Bruno, Die künstliche Zucht der Forelle. Neudamm.
Borne, Max von, Kurze Anleitung zur Fischzucht in Teichen. Neudamm.
Walter, Dr. E., Die Kleinteichwirtschaft. Neudamm.
Friedrichs, Dr. K., Der Fischereipachtvertrag. 1912, Neudamm.
Hoffbauer, Dr. K., Unsere Süßwasserfische und die Feichzucht. 1912, Leipzig, Thomann.

3. Teichfischerei, Teichwirtschaft.

Gudme, A., Anweisung zur Anlegung einer Tischfischerei. 1827, Hammerich, Altona.
La Bergerie, R. de, Anweisung, Fischteiche usw. 1839, Bassei, Quedlinburg.
Wirth, J. G., Die Teichfischerei in ihrem höchsten Ertrage. 1840, Baensch, Dresden.
Stark, F. A., Praktische Anleitung zur Anlegung der Fischerei. 1847, Landherr in Heilbronn.
Ackerhof, A., Die Nutzung der Teiche und Gewässer durch Fischzucht. 1869, Quedlinburg.
Kraft, C., Die neuesten Erhebungen über die Zustände der Fischerei in Österreich. 1874, Prag.
Sofka, Teiche und Wälder. 1874, Becker, Wien.
Delius, Dr. Ad., Die Teichwirtschaft. 1874, Voigt, Leipzig.
Dallmer, E., Fische und Fischerei im süßen Wasser. 1877, Segeberg.
Nicklas, C., Lehrbuch der Teichwirtschaft. 1880, Stettin.
Wagner, C., Teichwirtschaft nach Beobachtungen und eigenen Erfahrungen. 1881, Bremerhaven.
Benecke, Prof. Dr., Fische, Fischerei und Fischzucht in Ost- und Westpreußen. 1881, Königsberg.
Egloffstein, von, Fischerei und Fischzucht. 1887, Berlin.
Stennes, Gebirgsteiche und Fischbrutanstalten zu Fürstenberg. 1889, Buren.
Seelig, F. W., Fischerei und einschlagendes Wasserrecht. 1889, Leipzig.
Schröder, E. A., Fischerei, Wirtschaftslehre der natürlichen Binnengewässer. 1889, Dresden.
Schroeder, Fischerei und Teichwirtschaft. 1889.
Benecke, Dr. B., Die Teichwirtschaft. Parey, Berlin.
Garel, A., Beiträge zur Teichwirtschaft. Stettin.

Bergmann, H., Die Fischerei im Walde. 1892, Berlin.
Linke, R., Anleitung zum Bau und zur Bewirtschaftung von kleinen Teichanlagen. 1893, Dresden.
Borne, Max von, Teichwirtschaft. 1894, Berlin.
Vogel, Paul, Ausführliches Lehrbuch der Teichwirtschaft. 3 Bände. 1898—1905, Hübner, Bautzen.
Gasch, Adolf, Beiträge zur Teichwirtschaft. Herrcke u. Lebeling, Stettin.
Benecke, Prof. Dr. B., Die Teichwirtschaft. 1902, Berlin.
Kreuz, A., Fischteiche in der Landwirtschaft, deren Bau und Bewirtschaftung. 1903, Münster.
Walter, Dr. Emil, Die Fischerei als Nebenbetrieb des Landwirts. 1903, Neumann, Neudamm.
Gerhardt, P., Fischwege und Fischteiche. Die Arbeit des Ingenieurs zum Nutzen der Fischerei. 1904, Leipzig.
Vogel, P., Die Bewirtschaftung der Moor- und Heideteiche. 1905, Bautzen.
Borne, Max von, Süßwasserfischerei, Teichwirtschaft 1906.
Hübner, A., Fischwirtschaft. 1906, Bautzen.
Walter, Dr. E., Die Kleinteichwirtschaft. 1906, Neumann, Neudamm.
Debschitz, H. von, Kurze Anleitung zur Fischzucht. Neudamm.

4. Naturgeschichte der Fische.

Artedi, Ichthyologia s. opera omnia de piscibus. Leid. 1738 und Greifswald 1788 bis 1793.
Bloch, Allgemeine Naturgeschichte der Fische. 1782—95, Berlin. 12 Bände. — Systema Ichthyologiae. 1801, Berlin.
Lacépède, Histoire naturelle des poissons. 6 Bde. 1798—1805, Paris.
Cuvier und Valenciennes, Histoire naturelle des poissons. 22 Bde. 1828—49 Paris und Straßburg.
Müller, Über den Bau und die Grenzen der Ganoiden und das natürliche System der Fische. 1846, Berlin.
Günther, Catalogue of the Fishes in the British Museum London. 5 Bde.
Rapp, W., Die Fische des Bodensees. 1854, Ebner u. Seubert, Stuttgart.
Heckel u. Kner, Die Süßwasserfische der österreichischen Monarchie. 1858, Leipzig.
Siebold, Die Süßwasserfische von Mitteleuropa. 1863, Leipzig.
Faist, A., Die Fische. 1871, Stahl, München.
Fitzinger, Dr. L., Versuch einer natürlichen Klassifikation der Fische. 1873, Gerold Sohn, Wien.
Mulder-Bosgoed, Bibliotheca ichthyologica et piscatoria. Haarl. 1874.
Toula, Prof. Dr., Die Fische, ihre Lebensgeschichte. 1874, Prag.
Heller, C., Fische Tirols. 1874, Wagner, Innsbruck.
Nitsche, Handbuch, die Süßwasserfische darstellend. 1898, Berlin.
Walter, Dr. Em., Die Brutschädlinge der Fische. 1900, Neumann, Neudamm.
Leonhardt, E., Der Karpfen. 1903, Neumann, Neudamm.

5. Fischereizeitungen.

Fischerei-Zeitung, Bayerische. 1879, Ackermann, München.
Fischerei-Zeitung, Deutsche. 1878, Herrcke u. Lebeling, Stettin.
Fischerei-Zeitung, Österreichische. 1883, Wien.
Journal der Fischerei. 1856—59, Ebner, Ulm.

Mitteilungen über Fischereiwesen. 1876, Ackermann, München.
Zirkulare des deutschen Fischereivereins. Berlin
Zeitschrift für Fischerei und deren Hilfswissenschaften. Leipzig-Reudnitz.
Korrespondenzblatt für Fischzüchter. Harburg-Elbe.
Fischerei-Zeitung, Schweizerische. Winterthur.
Fischerei-Zeitung. Neudamm.
Mitteilungen des Fischerei-Vereins für die Provinz Brandenburg.
Schimenz, Zeitschrift für Fischerei. Berlin.
Korrespondenzblatt für Fischzüchter. Hübner, Bautzen.

Benutzte Literatur.

Bechmann, Hydraulique agricole et urbain.
Franzius, Der Wasserbau.
Friedrich, Kulturtechnischer Wasserbau.
Gamann, Baukunde des Wiesenbautechnikers.
— Hydraulik.
Handbuch der Ingenieur-Wissenschaften.
„Hütte", Ingenieurs Taschenbuch.
Kulturtechniker.
Linke, Anleitung zum Baue und zur Bewirtschaftung von Teichanlagen.
Lorenz, Technische Physik.
Mohr, Die Wasserförderung.
Möller, Wasserbau.
Müller, Hydrometrie.
Österr. Zeitschrift f. d. ö. Baudienst.
Rühlmann, Hydromechanik.
Schewior, Hilfstafeln zur Bearbeitung von Meliorationsentwürfen.
Sonne, Elemente des Wasserbaues.
Strunkel, Der Wasserbau.
Tolkmitt, Grundlagen der Wasserbaukunst.
Vogler, Grundlehren der Kulturtechnik.
Wex, Hydrodynamik.
Weyrauch, Hydraulisches Rechnen.
Zeitschrift für Gewässerkunde.

Sachregister.

Additional material from *Der Teichbau*,
ISBN 978-3-662-24292-6 (978-3-662-24292-6_OSFO1),
is available at http://extras.springer.com

Additional material from *Der Teichbau,*
ISBN 978-3-662-24292-6 (978-3-662-24292-6_OSFO2),
is available at http://extras.springer.com

Additional material from *Der Teichbau,*
ISBN 978-3-662-24292-6 (978-3-662-24292-6_OSFO3),
is available at http://extras.springer.com